Josef H. Reichholf

Mensch

Evolution einer besonderen Spezies

Hanser

1. Auflage 2025

ISBN 978-3-446-28133-2

Vilshofener Straße 10 | 81679 München | info@hanser.de

Umschlag: Anzinger und Rasp, München
Motiv: © paffy / Adobe Stock
Satz: Greiner & Reichel, Köln
Druck und Bindung: GGP Media GmbH, Pößneck
Printed in Germany

FSC
www.fsc.org
MIX
Papier | Fördert
gute Waldnutzung
FSC® C014496

Inhalt

Eine Vorbemerkung über »uns«

Der Kalte Krieg ging zu Ende. Die Sowjetunion brach zusammen. Die von ihr besetzten Satellitenstaaten wurden frei. Der Wiedervereinigung Deutschlands stand nichts mehr im Wege. 1990 schien das neue Jahrtausend vorzeitig zu beginnen. Eine bessere, eine friedlichere Welt zeichnete sich ab. In jenem schicksalhaften Jahr der Großen Wende erschien mein Buch *Das Rätsel der Menschwerdung.* Darin ging es um die Evolution des Menschen, um seine fernen Ursprünge und die Ausbreitung über die Erde. Gemäß dem damaligen Kenntnisstand war es ein Blick zurück in die Tiefe der Vergangenheit.

Unberücksichtigt ließ ich darin aber jene Eigenheiten der Menschheit, die bis in die Gegenwart ihre Geschichte bestimmt hatten, die »dunklen Seiten«. Denn in der neuen Zeit wendete sich offenbar fast alles zum Guten, vom Wegfall der atomaren Bedrohung über Maßnahmen zum Schutz der Umwelt bis zur Verminderung des Hungers trotz weiteren starken Anwachsens der Menschheit. Der amerikanische Politikwissenschaftler Yoshihiro Francis Fukuyama veröffentlichte 1992 ein Buch mit dem Titel *Das Ende der Geschichte.* Zwar meinte er damit nicht, dass nun alles gut sei und es so bleiben würde, sondern dass die großen Konfrontationen »Geschichte sind«. Die Euphorie, die sich im »Westen« ausbreitete, war getragen von dieser Zuversicht. An ihr änderten die in dichter Folge kommenden Befunde zu immer stärkeren Belastungen der Umwelt, sogar der Erdatmosphäre, unserer Luft zum Atmen, kaum etwas, weil man 1992 auf dem »Erdgipfel von Rio« unter Führung des deutschen Umweltministers Klaus Töpfer in der Staatengemeinschaft der Erde übereingekommen war, eine nachhaltige Zukunft zu schaffen. In China hatte man zudem den harten Maoismus überwunden. Eine stürmische Entwicklung setzte ein. In wenigen Jahrzehnten wurde das neue China zur »Fabrik der Menschheit«. Sich als eine solche, als eine globale Gemeinschaft zu begreifen, das machte der Menschheit nun auch das Internet möglich. Liberale Haltungen und die Prinzipien der Menschenrechte sollten auf diesem neuartigen Weg in autoritäre politische Systeme eindringen und diese zu Fall bringen, so die Hoffnung. An Fake News und die Macht der Beeinflussung der Massen über die sozialen Medien dachte zunächst kaum jemand.

Das Erschrecken kam schnell. Mit der Auflösung des Ost-West-Konflikts drohte zwar nicht gleich wieder, wie gegenwärtig, ein neuer globaler Krieg, aber lokale und regionale Konflikte brachen aus, die man nicht mehr für möglich gehalten hatte. So beim Zerfall Jugoslawiens, im Irak-Krieg, in Afghanistan, jeweils mit zunehmenden Dimensionen. Die Kriege ließen sich nicht beschränken und auch nicht in einer Weise führen, die die Zivilbevölkerung hinreichend geschützt hätte. Nur drei Jahrzehnte nach der scheinbaren Wende zum Guten befinden wir uns jetzt an der Schwelle zu einem neuen ganz großen Konflikt. Sogar atomare Bewaffnung wird in Deutschland ernsthaft diskutiert. Zeitgleich schaukelten sich zwei andere große Gefahren auf, die die Menschheit bedrohen, Klimawandel und (zu) starkes Anwachsen der Weltbevölkerung. Migrationsströme gehen von dieser aus, die westliche Demokratien erschüttern, während fortschreitende Naturvernichtung und Klimawandel dazu zwingen, dass wir uns einstellen auf drastisch veränderte Lebensverhältnisse. Die Stabilität, die 1990 möglich schien, erwies sich als ein Wunschbild, das sich zum Trugbild verflüchtigte.

Dabei waren doch all die Vorstellungen von einer besseren Welt so gut, so erstrebenswert. Wie kann es sein, dass die Ziele nicht erreicht wurden und aller Wahrscheinlichkeit nach auch nicht zu erreichen sein werden, obwohl sie für alle eine gesicherte Zukunft bringen würden? Unsere Vorstellungen davon scheitern gegenwärtig genauso wie Goethes so nobler Rat »Edel sei der Mensch, hilfreich und gut!« und die bereits vor zweieinhalb Jahrtausenden zusammengestellten biblischen Gebote. Lagen die Verfasser der Bibel irgendwie richtig damit, dass der Mensch von der »Erbsünde« belastet sei? Jedenfalls konnten bislang weder Religionen und Philosophien noch politische Ideologien und Staatsformen am Verhalten der Menschen etwas grundlegend verändern.

Warum das so ist und was daraus folgt, dazu vermittelt uns die nähere Betrachtung der Natur der Menschen zumindest Hinweise. Viel zu idealisiert wurde bisher und wird nach wie vor »der Mensch« behandelt, zu standardisiert mit der noblen »conditio humana«. Menschen sind jedoch zuvörderst biologische Wesen, keine davon abgehobenen oder gar unabhängig von der Natur gewordenen »Geister«. Ihre Entstehungsgeschichte, die Millionen Jahre zurückreicht, hat sie, hat uns alle geformt. Die Gegenwart liegt lediglich als Tünche darüber, zudem als eine, die sich rasch wandeln kann, wie wir aus Erfahrung wissen.

In diesem Buch plädiere ich dafür, die Menschen so zu nehmen, wie sie sind, nicht wie sie sein sollen. Dann macht man sich keine falschen Hoffnungen. Selbstverständlich gehe ich nicht davon aus, eine umfassende oder hinreichend zutreffende Analyse bieten zu können. Jede Betrachtungsweise hängt zu sehr ab von der Zeit, in der sie vorgenommen wird, und sie ist unweigerlich stark persönlich eingefärbt. Aber wie die im ersten Teil behandelte Entstehungsgeschichte der Menschen von neuen Fakten und Entdeckungen modifiziert werden kann, können auch die Betrachtungen im zweiten und dritten Teil des Buches widerlegt, korrigiert oder durch bessere Befunde ersetzt werden. Ein Nachdenken über manche der vielleicht provokant wirkenden Ausführungen läge schon im Sinn des Buches. Das gilt insbesondere für meine drei Kernthesen, nämlich (1.) dass es »den Menschen« nicht gibt, (2.) dass die Natur der Menschen wirkmächtiger ist als ihr »Geist« und (3.) dass die Gegenwart ohne die Vergangenheit nicht zu verstehen und daher die Zukunft auf längere Sicht nicht zu planen ist.

Diagnose »Mensch«

Menschen sind Zweibeiner mit aufrechtem Gang, ziemlich großem, rundlichem Kopf und weitgehend nackter Haut. Mit diesen drei Merkmalen ließe sich der Mensch von anderen Lebewesen, insbesondere von den Menschenaffen, unterscheiden. Grundsätzlich, aber nicht absolut. Denn es gibt Zwischenbereiche, in denen diese Merkmale nicht so klar in Erscheinung treten. Das Problem der Abgrenzung wird an anderer Stelle ausführlicher erörtert. Hier soll genügen, anzumerken, dass wir unsere Nacktheit, von wenigen Ausnahmen in der inneren Tropenzone abgesehen, mit Kleidung zu bedecken pflegen. Sie ist nötig, denn ganz nackt würden wir in außertropischen Klimazonen zeitweise arg frieren. Dem Zweck des Warmhaltens dient Kleidung allerdings nur bedingt. Zumeist drückt sie weit mehr den menschlichen Hang zur Selbstdarstellung als den notwendigen Schutz aus. Die Zweibeinigkeit erreichen wir auch nicht gleich nach der Geburt. Es dauert ein Jahr oder etwas länger, bis wir uns vom unbeholfen vierbeinigen Krabbeln aufrichten und nach wackeligem Anfang schließlich weitgehend zweibeinig fortbewegen. Dass dies nicht so sein müsste, sehen wir an der großen Gruppe ganz anderer Zweibeiner, den Vögeln. Aus dem Ei geschlüpft oder ausgeflogen nach Verlassen des Nestes, bewegen sie sich am Boden sofort zweibeinig. Sie brauchen gegen Ende ihres Lebens auch keine Stützen, wie Stöcke, mit denen Senioren quasi dreibeinig gehen, von Gehwägelchen ganz zu schweigen. Vögel bleiben Zweibeiner bis zu ihrem Lebensende, so sie dieses natürlicherweise erreichen. Die dritte Eigenschaft, der im Verhältnis zu unserer Körpergröße so große Kopf, bereitet insbesondere bei der Geburt enorme Schwierigkeiten – bis zum Kopfzerbrechen geradezu. Für die allermeisten Menschen beginnt der sogenannte Eintritt ins Leben mit einer (sehr) schweren Geburt. Gut, dass wir uns daran nicht erinnern, was die Schmerzen der Gebärenden nicht mindert.

Diese drei Eigenschaften stehen aus guten Gründen am Anfang der Behandlung, denn sie stellen die weitaus bedeutendsten Neuentwicklungen in der Evolution des Menschen dar. Sie reichen zurück in die ferne Vergangenheit unseres Entstehungsweges. Zahlreiche weitere, nachgeordnete Neuerungen kommen hinzu und müssen bei der Behandlung unserer Ursprungsgeschichte als Aspekte der Kultur berücksichtigt werden. Zum Teil ergibt sich bei der Rekonstruktion des langen Weges zum Menschen ihre Einbeziehung von selbst. So hat die Menschheit eine globale Verbreitung erreicht, wie keine andere vergleichbare Art von Lebewesen, von Bakterien und Viren abgesehen. Sie nimmt keine »ökologische Nische« ein, sondern hat sich von der natürlichen Umwelt verselbstständigt, emanzipiert und sich eine eigene geschaffen. Zahlreiche Besonderheiten treten in speziellen Verhaltensweisen zutage, oder sie stecken in verborgenen Vorgängen unserer Körper, die uns zu schaffen machen oder zugutekommen. So zum Beispiel unser außerordentlich langes Leben. Mag es vielen Menschen auch viel zu kurz vorkommen, zumal wenn das Ende absehbar wird, so führt uns der Blick auf uns vertraute Tiere diese unsere Besonderheit deutlich vor Augen. Wir Menschen überleben unter halbwegs normalen Umständen nicht nur den Hund, den viele so sehr ins Leben mit einbinden, sondern auch weitaus größere Tiere wie Pferde oder Rinder. Das ist sonderbar, denn es gilt die biologische Regel, dass große Tiere allgemein eine größere Lebenserwartung haben als kleine. Diese und andere Abweichungen von der Lebensweise vergleichbarer Säugetiere werden uns in diesem Buch ebenfalls beschäftigen.

Die Erkenntnisse hierzu erweisen sich als höchst wesentlich für unser Leben. Langes Leben bedeutet mehr Krankheiten und gesundheitliche Schwierigkeiten, denen wir umso mehr ausgesetzt sind, je älter wir dank guter Lebensbedingungen werden. Zudem kann die Menschenfrau nach der Menopause, dem Ende ihrer Fortpflanzungsfähigkeit, etwa ein weiteres Drittel ihrer gesamten Lebenszeit erwarten. Warum ist das so? Warum blieb die Fortpflanzungsfähigkeit ihr nicht genauso lang erhalten wie dem Mann? Schließlich kommen wir für einen vertieften Blick auf die Natur der Menschen nicht umhin, uns mit der so problematischen Tatsache auseinanderzusetzen, dass es erhebliche Unterschiede im Aussehen gibt, am augenfälligsten in der Hautfarbe. Menschen sind einander äußerlich fremd*artig*, obgleich wir biologisch alle zu *einer Art – Homo sapiens* – gehören. Wie kann es da sein, dass Menschen andere Menschen wegen geringfügig anderen Aussehens entmenschlichen? Der Rassismus, der dahintersteckt, ist keine Besonderheit der Europäer und auch nicht allein Erblast ihres Kolonialismus. Es gibt ihn überall und es gab ihn wahrscheinlich zu allen Zeiten. Sogenannte »Naturvölker« pflegten sich selbst (sinngemäß) »Menschen« zu nennen, aber oft schon die ihnen benachbarten Stämme vom Menschsein auszuschließen. Und trachteten sie zu versklaven. Die Tendenz zur Abgrenzung gegen »die Anderen« reicht von offenem Rassismus über Stammesscharmützel bis zur Sonderung von Dorfgemeinschaften oder Bildung von Stadtviertel-Gangs. Seit alten Zeiten gibt es allerdings auch die Besonderheit der mehr oder weniger kurzfristigen »Verbrüderung« bei Festen mit dem berauschenden Hilfsmittel Alkohol. Gegenwärtig fahren insbesondere jüngere Menschen von fernen Kontinenten zu großen Volksfesten. Höchst seltsam, nicht wahr!

Noch fehlt in diesem kursorischen Überblick eine Eigenschaft der Menschen, eine die uns im Selbstverständnis erst so richtig zum Menschen macht, gleichzeitig aber äußerst wirksam trennt: die Sprache. Sie wird sich bei näherer Behandlung als schwierigster Aspekt des Menschseins herausstellen, gibt es doch – zumindest seit sehr langer Zeit – »die« Sprache gar nicht (mehr), sondern Tausende verschiedener Sprachen und noch mehr Dialekte. Allenfalls die Fähigkeit, Sprache zu entwickeln bzw. zu erlernen, gilt in der Menschheit als universell. Die Sprache wäre großartig genug, um sie als das höchste und beste unter den Kennzeichen der Art Mensch zu werten, wenn sie nicht auch die verhängnisvolle Eigenschaft hätte, sich in unterschiedlichste Dialekte und Sprachen aufzuspalten. Bis hin zum »kannnitverstaan«, mit dem sich bekanntlich schon die Verfasser der Bibel auseinandersetzen mussten. Sie schufen den Strafmythos der »babylonischen Sprachverwirrung«. Bei all den Schwierigkeiten, die mit der Differenzierung in verschiedene, wechselseitig nicht mehr verständliche Sprachen entstanden sind, kann man nur fassungslos den Kopf schütteln. Hatten die zur Sprache befähigten Menschen nichts Besseres zu tun, als sich mit diesem einzigartigen Verständigungssystem für andere Menschen unverständlich zu machen?

Diese Hinweise zum Beginn mögen und müssen genügen. Sie verraten, dass der Weg der Menschwerdung ziemlich verschlungen und skurril gewesen ist. Und dass wir mit der biblischen Selbsteinschätzung, »Krone der Schöpfung« zu sein, vorsichtiger umgehen sollten. Drücken wir die Lage zurückhaltend aus: Wo viel Licht, da fällt viel Schatten! Eine realistische, auf nachprüfbare Befunde aufgebaute Betrachtung von Entstehung und Wirken des Menschen muss die Schattenseiten genauso mit einbeziehen wie die großartigen Leistungen, mit denen sich *Homo sapiens* zur zentralen Wirkgröße in der Natur aufgeschwungen hat. Da helfen keine philosophischen Idealisierungen oder religiösen Hilfskonstruktionen, wie der Teufel. Wir alle müssen als Teile davon mit dieser sonderbaren Spezies leben wie unsere Vorfahren schon und die Nachfahren zukünftig auch. Allzu viele Menschen hat im Lauf der Geschichte das Leben mit ihresgleichen das Leben gekostet. Die mit weitem Abstand schlimmsten Feinde der Menschen sind andere Menschen, nicht Gefahren der Natur! Die Atombomben mit der möglichen Selbstvernichtung der Menschheit mahnen ein realistischeres Menschenbild an. Philosophischer Idealismus bringt wenig und nicht wirklich weiter. An der Verbesserung der Menschen scheiterten bislang alle Religionen, ausnahmslos. Wählen wir daher den viel bescheideneren Weg und fragen nach den Gründen und Hintergründen für die Probleme, die wir uns selbst machen und künftigen Generationen aufbürden. Das liefert konkretere Ansätze als die Ideologien zur Weltverbesserung, denen es an verlässlichen Diagnosen des Zustandes der Menschheit mangelt. Sie bewirken nur Schlimmeres. Das haben uns im letzten Jahrhundert die fatalen Experimente des Sozialismus, national, wie international, mit Millionen Toten gelehrt. Und die insgesamt noch verlustreicheren »Heiligen Kriege« in den Jahrhunderten davor.

Ideologien fielen nicht plötzlich vom Himmel. Sie hatten Vorgeschichte. Alle entsprangen sie dem zutiefst in den Menschen verankerten Prinzip: »Wir gegen die Anderen«. Wir wurden in grauer Vorzeit nicht einfach und plötzlich »Mensch«; wir wurden zu Menschen im Verlauf einer langen, Jahrmillionen zurückreichenden Entwicklungsgeschichte. Um diese geht es im ersten Teil des Buches, um die Evolution der Gattung Mensch *Homo* und um die unserer Art, die der schwedische Naturforscher Carl von Linné vor zweieinhalb Jahrhunderten mit dem wissenschaftlichen Namen *sapiens* in das System der Natur (systema naturae) eingefügt hatte – platziert nächst den Menschenaffen! Das hatte der Pastorensohn Linné keineswegs abwertend gemeint, als er dem Menschen auch (s)einen Platz im großen Gefüge der Natur zuwies. Vielmehr entsprach er damit den Empfindungen vieler, wenn nicht der allermeisten Menschen seiner Zeit und früherer Zeiten. Für diese war die Menschennähe der Menschenaffen und der anderen Affen eine Selbstverständlichkeit. Sie geriet nicht in Konflikt zu den religiösen Lehren, weil gemäß der biblischen Schöpfungsgeschichte, der Genesis, Gott alle Lebewesen und überhaupt alles geschaffen hatte. Und er sah, wie es geschrieben steht, »dass es gut war«! Nächst den (Menschen-)Affen zu stehen stellte keine Beleidigung des Menschseins dar. Eher sollte sich der Mensch über seine Nachbarschaft besser selbst erkennen, stand er doch »über der Natur« als »Ebenbild Gottes«. Wie sehr, mag für die christlichen Dogmatiker Auslegungssache (gewesen) sein.

Aber Christen waren nie die Repräsentanten der ganzen Menschheit und sind es auch heute nicht. In anderen Religionen und Kulturen war der Mensch von jeher nicht von der Natur getrennt, sondern integrierter Bestandteil. Dies übersieht die »westliche Sicht« in ihrer Überheblichkeit allzu geflissentlich, um ihre Philosophie, was der Mensch »ist«, nicht relativieren zu müssen. Wir haben uns im zweiten Teil damit vertiefter zu beschäftigen, weil die westliche Ideologie Weltgeltung beansprucht. Und verbindlich vorgeben will, wie »die Menschheit« zu denken hat und sich verhalten soll. Begeben wir uns nun nach diesen einführenden Worten zunächst auf den Weg der naturwissenschaftlichen Suche nach Fakten zu unserer Herkunft. Sie sind spannend genug und aufschlussreich für die Betrachtung unserer Absonderlichkeiten.

Teil eins

Mensch werden

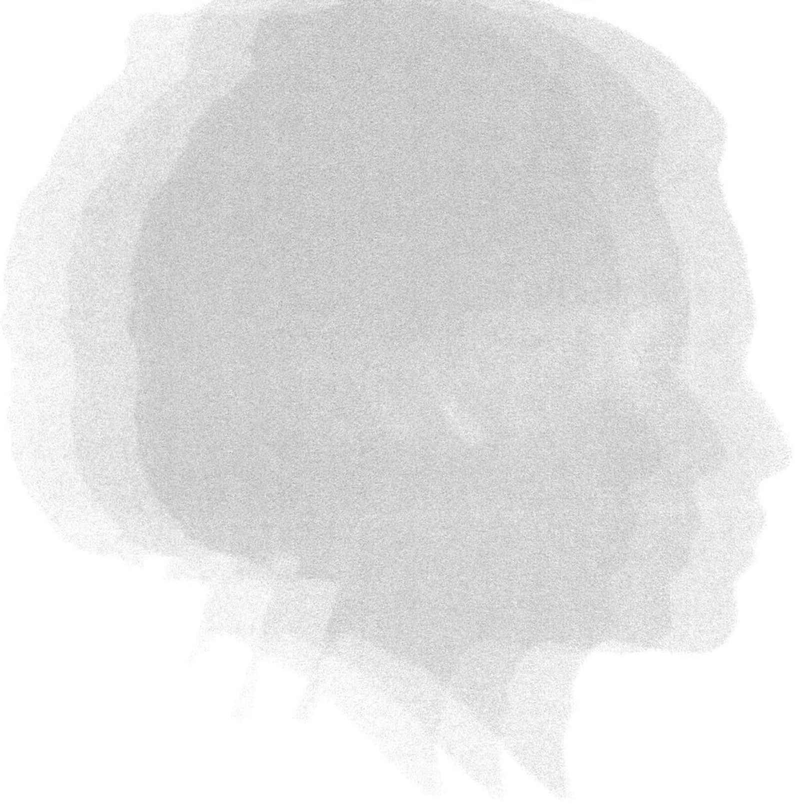

Verwandtschaft

Orang-Utan bedeutet in der Sprache der Malaien Waldmensch. Offenbar nicht irgendwie symbolisch, sondern ziemlich direkt. Der Orang-Utan ist der südostasiatische Vertreter der drei Gattungen von Menschenaffen, die es noch gibt. Seine Menschenähnlichkeit lässt sich nicht leugnen, insbesondere wenn Orangkinder betrachtet werden, die »so verdammt menschlich wirken«, wie es immer wieder ausgedrückt wurde. »Ergreifend menschlich« wäre besser, treffender! Wer einem Orang-Utan in die Augen schaut, und sei es durch die Glasscheibe eines Geheges, in dem viele Menschenaffen noch immer einsitzen müssen, als ob sie etwas verbrochen hätten, wird sich selbst gespiegelt empfinden und vielleicht irgendwie schuldig fühlen. Denn wir wissen, dass es gegenwärtig zu den schlimmsten Strafen für Menschen gehört, eingesperrt zu sein. Und dabei auch noch »ausgestellt« zu werden, war in früheren Zeiten eine Verschärfung der Strafe. Sie hieß, »an den Pranger gestellt« zu sein. Angeprangert werden will niemand, am wenigstens in den sogenannten sozialen Medien im Internet unserer Zeit. Die »Hater« können die betroffenen Menschen vernichten. Im Tierschutz versuchen starke Gruppierungen die Zoohaltung von Menschenaffen verboten zu bekommen, weil diese eine ebenso ungerechtfertigte wie in unserer Zeit untragbare Freiheitsberaubung darstellt. Es sind Emotionen, die sich dabei ausdrücken; Emotionen, die keiner besonderen Begründung bedürfen. Wie vieles im Tierschutz auch. Wer einen Hund von klein an großgezogen und in die Familie integriert hat, weiß, wie stark die emotionalen Bindungen werden. Ebenso spürbar vonseiten der Hunde.

Doch halten wir kurz inne. Der Orang-Utan lebt (noch) in zwei sehr nahe verwandten Arten in den (schrumpfenden) Tropenwäldern von Borneo und Sumatra. Seine Haltung in Zoos bringt ihn uns zwar körperlich näher, dabei aber zwangsläufig in verfremdeter Form. Orang-Utans können sich nicht mit uns durchs tägliche Leben bewegen wie unsere Hunde. Bei ihren entfernteren Verwandten in Südasien, insbesondere in Indien, ist das anders. Mitten unter Menschen leben dort die schlanken, smarten Hanuman-Languren in Städten, sogar in Großstädten. Als »Tempelaffen« sind sie akzeptiert und trotz mancher Dreistigkeiten geschätzt, weil sie als lebende Repräsentanten des Affengottes Hanuman gelten. So ein Status ist deutlich mehr als die Zuordnung der Orang-Utans zur Gruppierung Mensch als Wald-Mensch. Der Hinduismus steht mit dem Affengott Hanuman nicht allein. Uns in Europa und den Abkömmlingen der europäischen Kultur in anderen Regionen der Erde lag vor Entstehung des Christentums historisch viel näher der altägyptische Gott Anubis, im gleichnamigen Pavian verkörpert. Das Leben des Steppenpavians, seinem ostafrikanischen Vetter, ist in der zweiten Hälfte des 20. Jahrhunderts intensiv erforscht worden, unter anderem von der Primatologin Shirley Strum. Das Buch, das sie (1987) über die Paviane publiziert hatte, trägt den Titel *Almost human.* In der Tat ähneln Teile des sozialen Verhaltens der Paviane menschlichen Verhaltensweisen eher noch stärker als das ohnehin schier unfassbar Menschliche im Leben der Schimpansen, die Jane Goodall und andere erforschten. Bei diesem Schnellüberblick begeben wir uns nach kurzem Zwischenstopp in Gibraltar von (Alt-)Ägypten und Ostafrika nach Südamerika. Am Felsen von Gibraltar genießen Berberaffen, buchstäblich, weil sie gefüttert und gepflegt werden, das Privileg, Schützlinge des gewiss ansonsten nicht sentimentalen britischen Empires zu sein. Weil es heißt, das Empire bricht dann zusammen, wenn die Affen den Felsen von Gibraltar verlassen (müssen). Nun kann man inzwischen zwar ziemlich skeptisch sein, was Zustand und Fortbestand des Empires betrifft, aber das ficht die Royal Navy nicht an, weiterhin das Leben der Affen zu sichern.

Göttlich wurden die Affen Mittel- und Südamerikas hingegen nie, sondern insbesondere in Amazonien vornehmlich gejagt und gegessen. Aber trotzdem waren und sind sie gern gehaltene, von klein an großgezogene Haustiere. Oft wurden sie von Frauen gestillt, die gerade selbst Babys hatten. Unter den Scharrbildern der Pampa von Nasca in Peru gibt es einen riesigen Affen, der nur bei genügender Höhe aus der Luft zu erkennen ist. Seine Bedeutung ist unbekannt. Affenköpfe wurden früher am Westrand Amazoniens zu Schrumpfköpfen anstelle solcher von Menschen verarbeitet und galten diesen als ziemlich gleichwertige Trophäen. Diese kurze globale Übersicht lässt sich mit den Schneeaffen Japans beschließen. Sie erfreuen sich dort nicht nur allgemeiner Wertschätzung, sondern auch einer besonderen Toleranz. Für westliche Augen ist es gewiss höchst befremdlich, dass diese Japanmakaken in heißen Quellen baden dürfen, sogar zusammen mit Menschen, obgleich die japanische Bevölkerung so hygienebewusst ist. Uns im Westen ist allenfalls am Rande bekannt, zumal wenn wieder einmal Aktionen gegen Tierversuche mit Affen durchgeführt werden, welch immense Bedeutung diese tatsächlich für die medizinische Forschung haben. Nicht nur Menschenaffen, auch andere Affen stehen uns biologisch so nahe, dass ihre Körper fast genauso wie unsere funktionieren. Eine Unverträglichkeit, die bei Menschenfrauen zum vorzeitigen Verlust des Fötus führt, wenn die väterlichen und die mütterlichen Anlagen hierin nicht zusammenpassen, war an Rhesusaffen entdeckt worden und ist als Rhesusfaktor bekannt. Affen sind uns zweifellos sehr ähnlich. Wie ähnlich, hat die moderne Molekulargenetik festgestellt.

Ihren Befunden zufolge sind die beiden Schimpansenarten, der Schimpanse im engeren Sinne, *Pan troglodytes*, und der Bonobo, *Pan paniscus*, mit nur ein wenig mehr als ein Prozent Unterschied im Erbgut biologisch unsere allernächsten Artverwandten. Die beiden (Unter-)Arten des Gorillas *Gorilla gorilla* folgen mit knapp eineinhalb und die Orang-Utans mit etwas über zwei Prozent. Wir, *Homo sapiens*, der Mensch als biologische Art, gehören mit ihnen zusammen zur Gruppe der Menschenaffen. Aufgrund der großen genetischen Nähe betitelte der weltbekannte amerikanische Evolutionsbiologe Jared Diamond in einem seiner höchst erfolgreichen Bücher uns Menschen als *Der dritte Schimpanse* (1992). Von den Pavianen, den Rhesusaffen, den Languren und anderen Affen trennen uns etwas größere genetische Abstände. Zwischen ihnen und den großen Menschenaffen liegen die Kleinen, die Gibbons und ihre Verwandten in Südostasien. Ins Detail zu gehen ist hier nicht nötig. Die genetischen Befunde sind bestens abgesichert und vielfach überprüft worden. Was sie in Zahlen, in Prozenten Unterschied, ausdrücken, entspricht unseren Empfindungen recht gut. Wir fühlen uns den Menschenaffen näher als den anderen Affen. Mit diesen gehören wir in eine Familie, die Primaten. Carl von Linné hatte diese bereits in seinem System der Natur eingeführt. Die Eindeutschung »Herrentiere« ist außer Gebrauch gekommen. Das ist gut so, weil die Primaten in Linnés System nicht auf die Herren, sondern auf die Spitzenposition bezogen waren und daher keiner geschlechtergerechten Sprachbereinigung bedurften. »Primaten« schmeichelt uns dennoch ähnlich wie *sapiens*. Ob zu Recht, das soll, wie schon angemerkt, im zweiten Teil näher behandelt werden.

An dieser Stelle halten wir fest, dass die moderne Biologie mit ihren Methoden vollauf bestätigt, was uns von den natürlichen Empfindungen her geläufig ist: die abgestuften Unterschiede in der Nähe zu uns Menschen. Schweine stehen uns offensichtlich ferner als Affen. Mit Schweinen und Rindern wird in der Massenviehhaltung gegenwärtig umgegangen, als ob sie keine Lebewesen wären, die Empfindungen haben. Undenkbar, Affen oder gar Menschenaffen so zu behandeln. Vögel stehen uns noch ferner als die Säugetiere, zu denen wir als Primaten gehören, neben Fledermäusen, Mäusen, Ratten und anderen, deren Junge mit Muttermilch aufwachsen. Mit Hühnern empathische Beziehungen aufzubauen fällt schwerer als mit Ratten, die zeitweise bei Jugendlichen recht beliebte Heimtiere waren. Bei den wohl Cleversten unserer Vogelwelt, den Krähenvögeln mit den Raben, lassen wir nach wie vor zu, dass Jäger Zigtausende zu ihrem Jagdvergnügen abschießen. Und bei den Fischen hört die allgemeine Empathie ohnehin weitestgehend auf. Was sie empfinden, wenn sie an den Angelhaken geraten, scheint allenfalls kleinen Randgruppen im Tierschutz einer ernsthaften Diskussion wert.

Noch weniger emotional gehen wir mit Insekten, Schnecken oder Würmern um. Sie liegen außerhalb unseres inneren Mitleids. Die gesamte Pflanzenwelt wird behandelt, als ob sie nicht lebendig wäre. Blumen, die Fortpflanzungsorgane von Blütenpflanzen, stellen wohl auch

Veganerinnen als schmückenden Anblick in Vasen ins Zimmer. Vollends außerhalb der Sphäre von Anteilnahme liegen die anderen großen Reiche des Lebendigen, die die Pilze, Bakterien und Viren umfassen. Auf sie erstreckt sich die »Biophilie« nicht mehr, wie Edward O. Wilson in vielen Schriften und einem damit betitelten Buch darlegte. Seltsamerweise wird Steinen und Bergen eher wieder Wertschätzung zuteil. Edel-Steine werden als Schmuck getragen, ein Thema, das im zweiten Teil eingebunden im erweiterten Zusammenhang des Sich-Schmückens aufgegriffen wird, und Berge wurden vielfach zu Orten der Verehrung des Göttlichen. Auf einem Berg übergab Gott nach jüdisch-christlicher Tradition die »Zehn Gebote«. Offenbar waren strikte Gebote, wie eingangs schon angedeutet, bereits in dieser mythischen Zeit des Übergangs vom Dasein als nomadisch umherstreifende Jäger und Sammler zur sesshaften Lebensweise notwendig. Der Erfolg der Zehn Gebote hielt sich sehr in Grenzen, selbst innerhalb der jüdisch-christlichen Religion. Berggipfel »schmücken« Gipfelkreuze, die man aus allgemeiner Sicht wohl als Ersatz für die einstige mystische Verehrung der Berge als Sitz der Götter betrachten kann.

Mit allen Lebewesen verbindet uns also eine abgestufte Verwandtschaft. Sie umfasst alle Menschen in ihrer Unterschiedlichkeit und erstreckt sich über die nächstverwandten Menschenaffen, die anderen Primaten und die Säugetiere hinein in die ganze Fülle des Lebendigen. Die Verwandtschaft nimmt uns aber keine Eigenständigkeit. Als Menschen sind wir eindeutig verschieden von den Menschenaffen und im Wortsinn »einzig-artig«. Es gibt keine Zwischenformen. Wir haben keine Mühe, Schimpansen als Schimpansen, Gorillas und Orang-Utans als solche zu erkennen oder Paviane, Languren und so fort. Die Unterschiede können augenfällig sein, wie zwischen Schimpansen und Gorillas, oder geringer, sodass eine genauere Betrachtung nötig ist, wie bei Schimpansen und ihrer Zwillingsart, den Bonobos. Noch ähnlicher sehen sich untereinander die Orang-Utans von Borneo und Sumatra. Sie werden erst seit Kurzem als zwei eigenständige Arten betrachtet.

Hierzu kann man aus biologischer Sicht jedoch geteilter Meinung sein. Arten lassen sich nicht einfach und eindeutig festlegen, geschweige denn hinreichend sicher begründen. Warum die Unterschiede zwischen den verschiedenen Arten nicht ungefähr gleich groß (und damit ganz klar) sind, ergibt sich aus den Prozessen der Bildung von Arten und deren Zeitdauer. Als Faustregel gilt: Je länger die Trennung von den gemeinsamen Vorfahren zurückliegt, desto größer sind die genetischen Unterschiede und umso besser lassen sich die Arten erkennen – und umgekehrt. Diese Gegebenheit führt uns hinein in die Dimension der Zeit, in die Vergangenheit. Denn was wir gegenwärtig vorfinden, ist ein Zustand, der sich über lange Zeitspannen entwickelt hat und der nicht etwa deshalb abgeschlossen ist, weil wir unsere Schlüsse daraus ziehen, sondern der weiterlaufen wird.

Ein Blick auf unsere persönlichen Familiengeschichten drückt dies deutlich genug aus. Jeder Mensch hat eine familiäre Vorgeschichte aus Vorfahren, die oft verblüffend komplex ist, wo die Nachforschung dies genauer ausbreiten kann. Das zeigen die genetischen Untersuchungen, die in unserer Zeit möglich geworden sind. Genaue genetische Analysen sind nicht mehr teuer. Man kann sie sich privat erstellen lassen. Jeder Mensch weiß mit Blick auf eigene Kinder und Enkel, so vorhanden, wie es aussieht mit der möglichen Zukunft seiner Nachkommen. Wer ohne Nachkommen geblieben ist, hat keine Zukunft mehr. Dies einzusehen bedarf keiner tiefschürfenden Überlegungen. Zusammengefasst heißt es, die Vergangenheit wirkt über die Gegenwart in die Zukunft. Das Leben ist ein historischer Prozess, kein fester Zustand. Davon müssen wir ausgehen, wenn wir uns selbst, die Menschheit und die Zukunft der Erde verstehen wollen.

Blicken wir zuerst weiter zurück. Nicht zu den »Anfängen«, denn solche hat es im Strom des Lebens nicht gegeben. Sondern in jene Vergangenheit, in der unsere Linie, zu der wir gehören, noch nicht abgetrennt war von den nichtmenschlichen Primaten.

Der Weg zu den Ursprüngen

Wie wir gesehen haben, sind die Menschenaffen die uns nächstverwandten Arten. Zudem gehören wir wie sie zu den Säugetieren, den Mammalia. Damit können wir unsere Eigenheiten einordnen und vergleichen. Um die drei eingangs genannten Hauptmerkmale unseres Körperbaus soll es zuerst gehen. Bei diesen handelt es sich um buchstäblich sicht- und greifbare Anatomie, die uns ganz unabhängig von philosophischen Vorstellungen oder religiösen Sichtweisen eigen ist. Greifbar, weil wir Knochen von unserem Skelett mit denen von Schimpansen und anderen Primaten vergleichend untersuchen können. Und die mit dem Körperbau verbundenen Leistungen dazu. Was geht aus dem Vergleich der Zustände hier und jetzt hervor? Das ist die erste und einfacher zu behandelnde Frage. Die zweite betrifft das Zustandekommen. Wenn wir, wie es die genetischen Vergleiche anzeigen, so nahe mit den Menschenaffen verwandt sind, muss es irgendwann in fernerer Vergangenheit einen gemeinsamen Vorgänger gegeben haben. Diesen aufzuspüren und den Weg der Menschwerdung über die Veränderungen im Körperbau zu verfolgen stellt die zweite Aufgabe in diesem Teil dar.

Der erstgenannte Unterschied ist offensichtlich. Wir brauchen uns nur mit in Zoos gehaltenen Schimpansen und anderen Primaten zu vergleichen. Anders als sie alle sind wir aufrecht gehende Zweibeiner mit weitgehend nackter Haut. Diese beiden Unterschiede sind eindeutig. Nicht so direkt hingegen lässt sich die relative Kopfgröße erkennen. Denn der Gorilla hat einen gewaltigen, unseren erheblich übertreffenden Schädel. Schimpansenkinder wirken auf den ersten Blick jedoch menschlich in den Proportionen von Kopf und Körper. Stellen wir die Kopfgröße kurz zurück. Sie wird als tatsächlich ganz beträchtlicher Unterschied zu den anderen Primaten erst dann wichtig, wenn wir sie im Zusammenhang von Geburt und Wachstum des Kopfes nach der Geburt betrachten – bezogen auf die Körpermasse der Erwachsenen. Aufrechter Gang und Nacktheit sind auch voneinander zunächst getrennt zu behandeln, weil die Zweibeinigkeit eine bedeutende anatomische Veränderung darstellt, die weitgehende Verminderung der primatentypischen Behaarung aber sehr eigenständig, ja eigenartig ist. Tragen doch alle Primaten und die allermeisten Säugetiere ein mehr oder weniger dichtes Fell. Die Ausnahmen bilden Arten, die uns offensichtlich nicht gerade nahe verwandt sind, wie die Nilpferde und die Elefanten oder der maulwurfsähnlich unterirdisch lebende Nacktmull. Meeressäugetiere, wie die großen Wale und die Delfine ohne Fell bilden ohnehin eigene, gänzlich anders geartete Gruppierungen von Säugetieren.

Also zuerst zum aufrechten Gang: Schimpansen und andere Menschenaffen schaffen die zweibeinige Fortbewegung nur auf kurzen Strecken. Dabei halten sie sich mehr oder weniger stark vornübergebeugt. Jüngere Schimpansen, die sich öfters zweibeinig aufrichten, sehen aus, als ob sie wie Kleinkinder mit Windeln laufen. Der aufgerichtete Gang ist offensichtlich sehr mühsam für Schimpansen. Er wird dann angewandt, wenn es darum geht, etwas Wichtiges gezielt wegzutragen, wie ein Büschel Bananen oder einen Gegenstand beim Spielen im Zoogehege. Sobald eine nennenswerte Wegstrecke zurückgelegt werden soll, wechseln Schimpansen und Gorillas in den vierbeinigen Knöchelgang. Dieser wird so genannt, weil sie dabei die Hände faustartig einsetzen und nicht flach wie Füße auf den Boden aufsetzen.

Orang-Utans gehen zwar auch auf diese Weise, aber nicht allzu gern. Sie hangeln sich lieber im Geäst weiter, ähnlich wie die als Kleine Menschenaffen zusammengefassten Arten der Gibbon-Gruppe. Dieses ihr Schwinghangeln drückt sich im Verhältnis der Arm- zur Beinlänge klar aus. Orang-Utans und Gibbons sehen auf dem Boden aus, als ob sie nicht so recht wüssten, wohin mit den Armen. Vielfach balancieren sie damit halb ausgestreckt wie auf großen Ästen in den Baumkronen, bevor sie zum Schwinghangeln wechseln. Bei Gorillas und Schimpansen ist die Überlänge der Arme nicht so ausgeprägt. Dennoch sind sie in ihren Proportionen von Arm- zu Beinlänge klar von den Menschen verschieden. Übrigens drücken sich diese Unterschiede auch aus in den Körperkräften. Menschliche Brachialgewalt unterliegt klar der von Schimpansen und Gorillas oder Orang-Utans, zumal wenn die Kraft auf gleiche Körpermasse bezogen wird.

Vereinfacht ausgedrückt: Körperkräfte und Leistungsfähigkeit sind beim Menschen zu den Beinen verlagert. Dass die Menschenaffen zudem ungleich besser im Klettern als Menschen sind, bedarf kaum einer Betonung. Wenn sich große alte Silberrücken-Männer der Gorillas dabei schwertun oder dies vermeiden, drückt sich lediglich ihr zu hohes Gewicht darin aus. Menschenmänner mit 100 Kilogramm sind auch keine Turn- und Kletterkünstler. Hinzu kommt, dass der Fuß der Menschen erheblich anders gestaltet ist als der aller Menschenaffen und anderer Primaten. Wir sehen dies beim Vergleichen unserer Füße mit den Händen. Diese ähneln weit stärker denen von Menschenaffen als die Füße. Beinlänge, Fußform und Verhältnis von Beinen zur Körperlänge charakterisieren die Menschen anatomisch eindeutig, und zwar als Läufer! In dieser Eigenheit unterscheiden wir uns am stärksten von allen Primaten und auch allen übrigen Säugetieren. Wie sich das auswirkt, wird gleich etwas näher ausgeführt.

Ein kurzer Einschub soll die Besonderheit als Zweibeiner weiter verdeutlichen. Bezug sind die Vögel. Viele Vögel sind ausgeprägte Läufer, zumal die größten Arten, wie die Straußenvögel, aber auch kleinere, wie die Trappen, die mit ihrem Körpergewicht an die Grenzgröße zur Flugfähigkeit reichen. Diese liegt bei etwa 20 bis 25 Kilogramm. Gute Läufer sind die uns vertrauten Hühner, sofern es sich nicht um arg überzüchtete, zu schwer geratene Formen handelt. Zwar pflegen wir das Charakteristische der Vögel in ihrer Flugfähigkeit zu sehen, der die Menschen früher oft so sehnsuchtsvoll nachblickten, wenn sie »frei wie ein Vogel« sein wollten. Aber ein großer Teil der Vogelarten kann gar nicht fliegen. Diese sind dann umso bessere Läufer oder Schwimmer und Taucher, wie die Pinguine. Deren Lebendgewicht zusammengerechnet dürfte die Gesamtmasse der flugfähigen Vögel durchaus übertroffen haben, bevor die Menschen mit ihrem Massenfischfang die Häufigkeit der Pinguine so sehr beeinträchtigten.

Der Seitenblick auf die Vögel ist in zweierlei Hinsicht gerechtfertigt. Erstens zeigen sie mit den unterschiedlichen Formen ihrer Füße, insbesondere mit der Anzahl und Ausrichtung der Zehen, ein ganzes Spektrum von Anpassungen an das Laufen. Der menschliche Fuß ist nicht die einzig mögliche Variante und sicherlich nicht die beste Version. Wichtiger noch ist der zweite Aspekt. Die echten Laufvögel bewegen sich nicht zweibeinig wie wir mit in die Senkrechte aufgerichtetem Körper und Kopf. Vielmehr tragen sie beide ziemlich waagerecht. Ihr mehr oder weniger langer Hals bringt den Kopf in die Höhe, doch wiederum mit dem Unterschied zu uns, dass dieser nicht wie bei uns der Halswirbelsäule oben aufsitzt, die die Schwere von Schädelknochen und Gehirn ausbalanciert tragen muss. Und mitunter noch viel größere Gewichte, etwa wenn Menschen Wasserkrüge, Nahrungsmittel oder Holz auf dem Kopf zu ihren Wohnstätten tragen. Diese anders geartete Körperstruktur des aufrecht gehenden Menschen im Vergleich zu den gleichfalls zweibeinigen Vögeln zeitigt Folgen in anderen, zunächst nicht erwarteten Bereichen. Sie seien hier nur angedeutet: Schwere Geburt durch den engen Beckenring, der nicht weiter werden durfte, weil sonst die Gedärme hinausdrücken würden. Bei der waagerechten Körperhaltung der zweibeinigen (Lauf-)Vögel treten solche Schwierigkeiten nicht auf. Sie können sogar vergleichsweise riesige Eier legen, wie etwa die Kiwis von Neuseeland. Bei ihnen macht das Ei ein Drittel des Weibchenkörpers aus. Dieser Hinweis soll hier genügen, weil der schweren Geburt des Menschenkindes eine vertiefte Betrachtung zu widmen ist. Mit zwei anderen Folgen der aufgerichteten Bewegungsweise sind viele, letztlich alle Menschen konfrontiert, wenn sie alt genug werden. Unsere Wirbelsäule erweist sich als nicht stabil genug, ein ganzes langes Leben lang den aufgerichteten Körper zu tragen und häufig schwere Arbeit in gebückter Stellung auszuhalten. Wir neigen zum angenehmeren Sitzen und beeinträchtigen mit zu viel Sitzen die Stabilität von Wirbelsäule und Bandscheiben noch mehr. Von den Vögeln kennen wir solche Probleme nicht. Ein altes Huhn steht und sitzt nachts »stehend« auf der Stange genauso wie die jungen Hühner. Ein automatisch wirkender

Zehengriff verhindert das Herunterfallen im Schlaf. Die Pinguine, als die in ihrer aufrechten Körperhaltung am menschenähnlichsten unter den Vögeln, zählen hier nicht, weil sie den weitaus größten Teil ihrer Fortbewegung schwimmend und tauchend ausführen, also dabei vom Wasser getragen werden. Ihr Watscheln an Land fällt viel unbeholfener aus als unser Gehen, vom Laufen ganz abgesehen.

Zurück zur zweibeinigen Fortbewegung des Menschen und dem Vergleich mit dem Knöchelgang der großen Menschenaffen oder, allgemein, dem vierbeinigen Laufen der Primaten am Boden. Schimpansen sausen damit sehr schnell. Auf kurzer Strecke hätten wir keine Chance, ihnen zu entkommen. Doch dies gilt sogar für aus unserer Sicht so unförmige Dickhäuter wie Nilpferde. Tatsächlich fällt es schwer, die Vorteilhaftigkeit des aufrechten Gangs zu begründen, wenn lediglich kurze Strecken berücksichtigt werden. Hinzu kommt, dass wir aufgrund der anatomischen Veränderungen viel schlechter im Erklettern von Bäumen oder von felsigem Gelände geworden sind als die Schimpansen. In ihren Augen müsste das Freestyle Climbing fitter junger Menschen wie eine Zeitlupendarbietung wirken, über die sie sich köstlich amüsieren könnten. Das höchst mühevolle Klettern an steilen Felswänden, nur um diese zu »bezwingen«, würden sie höchstwahrscheinlich für sinnlos und lebensgefährlich halten, was es de facto häufig auch ist. Es sei denn, in solchen Leistungen wird ein Wert an sich empfunden. Darauf ist zurückzukommen, wenn es um die inneren Belohnungssysteme mit Freisetzung von Endorphinen und ihre Rolle für das Verhalten von Menschen geht.

Die Sachlage ist insoweit klar, als die Aufrichtung des Körpers in die zweibeinige Fortbewegungsweise weder die Qualität und Stabilität der Laufvögel erreicht noch kurzfristige und unmittelbare Steigerungen der Geschwindigkeit, etwa bei notwendiger Flucht. Erschwerend kommt hinzu, dass unsere nächste Primatenverwandtschaft in Wäldern lebt und das Klettern und Hangeln für sie von zentraler Bedeutung ist. Die gemeinsamen Vorfahren von Schimpansen und Menschen sollten daher entweder auch Waldbewohner gewesen sein, oder die weiteren

Entwicklungen verliefen nach der Trennung in unterschiedliche Richtungen: hinein in die Wälder mit Verbesserung von Kletterfähigkeit und Schwinghangeln bei den Menschenaffen und weiter hinaus ins offene Land bei der Entwicklung zum Menschen.

Beide Sichtweisen werden in der Forschung zum Ursprung der Menschen vertreten, allerdings mit recht unterschiedlicher Gewichtung und ungleicher Zahl der Forscherinnen und Forscher, die sie jeweils favorisieren. In neuerer Zeit interessierten sich die darüber berichtenden Medien vornehmlich für die, wie man es nennen könnte, feministischen Deutungen von Forscherinnen, die zusammengefasst von der Wissenschaftsjournalistin Elaine Morgan sogar so weit gehen, die entscheidende Umbildung vormenschlicher Primaten zur Stammeslinie der Gattung *Homo* ins Wasser zu verlagern. Als sogenannte Wasseraffentheorie ist diese Sichtweise bekannt, aber allgemein wenig angenommen geworden. Sie wird in unterschiedlichem Zusammenhang immer wieder eine gewisse Rolle spielen. An dieser Stelle soll sie nicht weiter ausgebreitet werden, weil der anatomische Befund, dass wir unserem Körperbau zufolge Läufer sind, zu gewichtig dagegensteht. Bei der Behandlung der Nacktheit ist ohnehin alsbald darauf zurückzukommen. Folgen wir daher dem inzwischen in der Forschung zur Evolution des Menschen als klassisch zu bezeichnenden Szenario. Dieses geht davon aus, dass die Vormenschen von den Waldrändern den Weg hinaus in die Savanne genommen hatten und sich ihr Körperbau im Verlauf langer Zeiträume daran angepasst hat. Der zweite, ungleich bedeutendere Befund zum zweibeinigen Gang, nämlich die Leistungen im Laufen, bildet hierfür die solide Grundlage. Denn der Mensch ist tatsächlich der beste Läufer; der bei Weitem beste sogar. Diese Feststellung verdient es, genauer erläutert zu werden.

Marathonläufer

In Leichtathletikwettkämpfen sind der 100-Meter-Sprint und der Marathonlauf die beiden Königsdisziplinen. Sie repräsentieren die Enden des Spektrums von der nur kurz durchzuhaltenden Spitzengeschwindigkeit bis zum Dauerlauf. Im Sprint sind allerdings die Schnellsten den Guten unter den Säugetieren vergleichbarer Körpergröße unterlegen. Sogar Nilpferde, plumpe Dickhäuter, übertreffen, wie schon angemerkt, die Spitzenleistungen sprintender Menschen. Gegen wirklich schnelle Renner, wie den Schnellsten von allen, den Geparden mit über 100 Stundenkilometern Höchstgeschwindigkeit, oder die kaum langsameren Gazellen und Windhunde blieben sie chancenlos.

Sind Vergleiche von Sprints überhaupt sinnvoll? Warum sollten unsere einstigen Vorfahren im Zuge ihrer Menschwerdung Höchstleistungen dieser Art angestrebt und nach und nach verbessert haben, wenn wir Löwen oder Wölfen immer noch nicht davonlaufen können? Die in fast allen evolutionsbiologischen Erörterungen gängige Antwort geht dennoch von der Flucht vor Feinden aus. Der Volksmund hält offenbar nicht allzu viel von so einer Deutung, weiß er doch, dass »den Letzten die Hunde beißen«. Ohne hier schon näher auf die Lebensbedingungen der Vor- und Frühmenschen in der (afrikanischen) Savanne einzugehen, sei vermerkt, dass Kinder, schwangere Frauen und ältere Menschen weitaus gefährdeter gewesen sein müssten als die am schnellsten rennenden Männer. Für das Weiterkommen von Familiengruppen und Horden zählen aber genau die schnellen jungen Männer am wenigsten, Frauen und Kinder hingegen am meisten. Auf junge Männer wird bis in die Gegenwart am ehesten verzichtet, wie die Zusammensetzung der Kampftruppen zeigt, die in Kriege geschickt werden. Als Anmerkung zu den kleinen Kindern sei hier bereits vermerkt, dass sie mit ihrem durchdringenden Geschrei Angriffe von Raubkatzen geradezu auslösen müssten. Wären Verluste an sogenannte natürliche Feinde im langen Prozess der Menschwerdung wirklich bedeutsam gewesen, müssten die

Menschen anders aussehen, anderweitige Fähigkeiten entwickelt haben, und es dürfte kein Baby- und Kindergeschrei geben. Wer erlebt hat, wie Lämmer geboren werden und was sie kurz nach ihrer Geburt bereits zu leisten haben, um selbst unter Bedingungen der Tierhaltung richtig ins Leben zu kommen, wird sich des riesigen Unterschieds zum Menschenkind rasch voll bewusst werden. Um es nochmals und nachdrücklicher zu betonen: Von Frauen und Kindern hängt es ab, wie sich Familien, Gesellschaften und Völker entwickeln, weit weniger von Zahl und physischer Leistungsfähigkeit der Männer.

Bedeutet dies, dass die Einstufung des Menschen als Läufer die Argumentation in eine Sackgasse manövriert hat? Das wäre nur dann der Fall, wenn wir im Sprintvermögen den Schlüssel zum evolutionären Wandel und zum Erfolg suchen würden. Der Hinweis auf das gefährlich sprintende Nilpferd, das von den Afrikanern aus guten Gründen mehr gefürchtet wird als Löwen, drückt aus, dass wir damit viel zu kurz gegriffen hätten. Nilpferde sind keine Sprinter geworden, um vor irgendeinem anderen Tier erfolgreich zu flüchten. Sie können sprinten aufgrund der Leistungsfähigkeit ihrer Muskeln und ihres säugetiertypisch vierfüßigen Körperbaus. »Um zu«-Erklärungen sollten stets mit großer Vorsicht betrachtet werden. So direkt verwendet liegen sie zumeist ziemlich falsch.

Zurück zum Menschen als Läufer. Um diese unsere Besonderheit zutreffend einordnen zu können, müssen wir den Dauerlauf betrachten, also das andere Ende des Spektrums der Laufleistungen. Hierin sind »wir« tatsächlich spitze. Selbstverständlich nicht wir alle, zumal nicht all jene, die von Kindheit an zu wenig Bewegung mit zu viel sitzender Lebensweise hatten und damit zu füllig geworden sind. Aber dies sind sekundäre Effekte unserer Zeit des Überflusses an noch dazu sehr kalorienreicher Nahrung. Vielmehr geht es um menschliche Körperformen, die unserem Skelettbau und den Besonderheiten von Fuß und aufrechter Haltung entsprechen. Mit dazu passender Muskulatur nämlich und einer Ernährung, die nicht oder allenfalls kurzzeitig belastet. Dass Menschen unserer Zeit, die sich auf das Laufen spezialisieren, eine entsprechend passende Lebensweise zu führen haben, ist nicht nur ihnen bewusst. Wir alle, die wir vom Ideal abweichen, wissen darum. Manche kämpfen für eine sportliche Figur und trainieren hart dafür, ohne an Laufwettbewerben teilnehmen zu wollen. Zunehmend mehr werden es, weil wir die großen gesundheitlichen Risiken von Übergewicht und falscher Ernährung kennen und fürchten müssen. Letztlich strebt man mit Sport einen Zustand an, der wieder zu Läuferinnen und Läufern mit Ausdauer (!) machen würde. Die Erfolge, die Initiativen wie »Lauf 10« des Bayerischen Fernsehens erzielten, und die wachsende Zahl von Menschen, die an Langstreckenläufen teilnehmen, bekräftigen diese Sichtweise. »Lauf 10« hat zum Ziel, durch entsprechende Umstellung im Essen und über konsequentes Training die Teilnehmenden in die Lage zu versetzen, 10 Kilometer zu laufen. Seit einigen Jahrzehnten wissen wir, dass unser Körper aus sich heraus das Laufen und andere, körperlich anspruchsvolle Sportarten mit der Ausschüttung von Endorphinen belohnt. Mit dem Gefühl der Hochstimmung, die sie auslösen, entsprechen die Endorphine den Opiaten. Das sind Wirkstoffe, die süchtig machen können. Dass längerer Lauf vom damit geschundenen Körper selbst belohnt wird, unterstreicht die Bedeutung dieser Fortbewegungsweise. So ein Belohnungssystem muss triftige (Hinter-)Gründe haben.

Die solcherart geförderte Leistungsfähigkeit ist enorm. Menschen schaffen nicht nur Marathondistanzen von 42,2 Kilometern, sondern beträchtlich längere Strecken bei Ultra-Marathonläufen. Diese reichen über 100 Kilometer am Stück und bis zu etwa 600 Kilometern in einer Challenge. Als ultimative Steigerung sind sie zusammengefasst im Ironman-Wettbewerb mit Marathonlauf, 180 Kilometer Radfahren und 3,8 Kilometer Schwimmen: Gesamtdistanz 226 Kilometer. Kein land-, d.h. bodengebundenes Lebewesen schafft so etwas. Schon einen Marathonlauf halten fast alle vierfüßigen Säugetiere unmöglich durch. Am nächsten kommen dieser Leistung speziell trainierte Schlittenhunde. Aber nur, wenn der Lauf in hinreichend kalter Gegend stattfindet. Ansonsten würden sich ihre Körper hoffnungslos überhitzen. Die notwendige Kühlung durch Thermoregulation verweist auf die Bedeutung der Nacktheit, die gleich behandelt wird. An ihr hängt die Fähigkeit des Menschen, auf ganzer Körperoberfläche höchst effizient zu schwitzen. Sie ermöglicht es bei anhaltender Anstrengung, den Körper kühl genug zu halten, nicht wie bei den Hunden nur mit heraushängender Zunge und feuchten Pfotensohlen. Damit schaffen selbst gut trainierte Hunde nicht annähernd die extremen Laufleistungen von Menschen.

Mit ihrer Fähigkeit zum Dauerlauf waren Menschen in ihrem nomadischen Urzustand in der Lage, jedes größere flüchtende Säugetier einzuholen, das sich nicht in ein unzugängliches Loch im Boden zurückziehen und damit der Verfolgung entziehen konnte. Auch ein Pferd ließ sich müde laufen, obwohl Pferde an sich eine besondere Ausnahme sind, die sie in gewisser Weise dem Menschen ähnlich und als Reittier geeignet macht. Denn wie der Mensch verfügt das Pferd mit der Milz über einen bedeutenden Blutspeicher. Bei den Rinderartigen, zu denen auch die Antilopen und Gazellen gehören, und bei den Huftieren ganz allgemein wirkt die Milz mehr als Organ der Entgiftung der vom Blutkreislauf aufgenommenen Stoffe. Mit Seitenstechen macht sich die Milz bei uns bemerkbar, wenn wir ohne angemessenes Vortraining zu lange oder zu schnell laufen. Welche Konsequenz dies hat, lässt sich mit etwas Glück ganz unmittelbar auf einer Safari in einem afrikanischen Wildschutzgebiet erleben, wenn ein Gepard sich an eine Gazelle anschleicht und sie mit einem blitzartigen Sprint zu erbeuten versucht. Beide rennen dabei um ihr Leben. Die Gazelle direkt, weil sie getötet wird, so sie der Gepard erwischt. Dieser aber auch, weil er umkommt, wenn es ihm nicht gelingt, genügend Gazellen zu erjagen. In der Evolutionsbiologie gilt die Wechselwirkung zwischen Gepard und Gazelle als Musterbeispiel eines biologischen Wettrüstens in Richtung auf immer größere Geschwindigkeit: Schnelle Katzenbeine machen schnelle Gazellenbeine. Jeder noch so geringe Vorteil der einen gerät der anderen Seite zum Nachteil. Hinreichend stabil ist ein mittlerer Zustand, bei dem sowohl die Geparde im nötigen Maße Beute machen, die Gazellen aber gut genug überleben, zumal die Jungtiere. Diesen gelten die meisten Jagden der Geparde.

Dieser Seitenblick auf ein sogenanntes Räuber-Beute-System bekräftigt, dass bei der Menschwerdung die Verbesserung des Sprintens keine Bedeutung gehabt haben konnte. Andere, wie eben die Geparde, aber auch Löwen und weitere Raubkatzen, waren längst erfolgreich in ähnlichen Jäger-Gejagte-Verhältnissen. Die Vor- und Frühmenschen wären da von Anfang an hoffnungslos im Nachteil gewesen. Bei der Verbesserung ihrer Leistungen im anhaltenden Lauf sieht die Lage hingegen anders aus. Das obige konkrete Beispiel des Gepardensprints hat nämlich häufig ein Ende, bei dem beide völlig erschöpft wenige Meter voneinander entfernt verharren, bis sie sich wieder erholt haben. Der Gepard ist nicht mehr in der Lage, die letzten Meter durchzuhalten, die es bis zur Gazelle zu schaffen gälte. Und diese rennt nicht unnötig weiter, sobald sie bemerkt, dass der Gepard nicht mehr kann. Noch häufiger gibt dieser bereits nach kurzer Sprintstrecke auf, weil er erkennt, dass er nicht gut genug aufholen kann. 100 bis 200 Meter Sprint bilden oft die kritische Distanz. Wäre ein Mensch, ein Jäger aus der Gruppe der San-Buschleute der Kalahari zum Beispiel, auf Gazellenjagd, würde dieser den Sprint gar nicht erst starten, sondern das ins Auge gefasste Beutetier abzudrängen versuchen auf ein möglichst offenes Gelände, auf dem er dieses anhaltend bis zur Ermüdung verfolgen kann. Mit dieser Langstrecken-Hetzjagd ist der Mensch als Jagdmethode konkurrenzlos einzigartig. Lediglich im Rudel jagende Wildhunde oder Wölfe außerhalb Afrikas erzielen vergleichbar gute Erfolge. Doch auch die Menschen pflegten in Gruppen zu jagen, bevor die weit reichenden Gewehre das Erschießen auf Distanz ermöglichten.

Folgen wir dieser Argumentation, gestützt auf die Leistungen von Menschen im Dauerlauf und verbunden mit dem inneren Belohnungssystem der Ausschüttung von Endorphinen, so wird die anhaltende Verfolgung von größeren Tieren zur plausiblen Erklärung für die Entwicklung von zweibeinigem Gang und Läuferstatur. Führte der Weg zum Menschen also über eine Umstellung in der Ernährung, von einem mehr oder weniger von Pflanzen lebenden Primaten vom Typ der Menschenaffen zum Beute machenden Raubaffen, als den der bekannte südafrikanische Paläontologe Raymond Dart den Frühmenschen aufgefasst und charakterisiert hatte? Die heutigen Jäger pflegen ihre Passion auf dieses uralte Erbe zurückzuführen. Beute zu machen stecke ihnen im Blut und die Jagd gebe enorme, endorphinbegleitete Befriedigung. Vielleicht verraten die Jägerinnen mehr dazu, die in unserer Zeit in zunehmender Zahl auch auf die Jagd gehen. Indirekte Äußerungen im Jägerverhalten könnten darauf hindeuten. Dennoch bleibt das Problem, dass Jäger nur eine Minderheit in den Bevölkerungen darstellen. In Deutschland sind sie mit nur gut einem Prozent vertreten. Der Anteil der Jägerinnen ist mit Hundertstelprozenten verschwindend gering.

In anderen Ländern gibt es zwar unterschiedlich große Jägeranteile, aber insgesamt kann die Jagdausübung in Europa und bei den Abkömmlingen der Europäer global nicht als repräsentativ für die Menschheit angesehen werden. Was die Bezeichnung »Jäger-und-Sammler-Kulturen« bedeutet, erschließt sich aus den bloßen Worten nicht hinreichend. Stellen wir daher diesen Aspekt besser noch zurück. Denn hier geht es um die ungleich bedeutendere Frage, ob Jagderfolge durch Verfolgung mit Dauerlauf die entscheidende Triebkraft für die Evolution des Menschen aus vormenschlichen Primaten gewesen sein können. Ein gewichtiger Einwand liegt auf der Hand. Da es Raubtiere, die Beute machen, längst vor Entstehung der Menschen gegeben hat, stellt sich das gleiche Problem wie beim Sprint. Solange die Vormenschen noch wackelig auf ihren Beinen waren, hätten sie keine Chancen gehabt, den flinken, leichtfüßigen Gazellen oder Antilopen zu folgen. Die Ausdauer macht sich erst bezahlt, wenn der Laufapparat, um es so technisch auszudrücken, entsprechend optimiert ist. Doch genau dies dauert lange; viel zu lange für einen direkten Weg von Primaten, die Früchte und Triebe oder Knollen von Pflanzen verzehren, zu erfolgreichen Jägern. Wiederum gilt, ein unmittelbares »um zu« geht nicht. Zusätzlich ist zu fragen, wozu sie denn gut gewesen sein soll, die Fähigkeit zum ausdauernden Laufen. Denn wie wir heutigen Menschen verfügten auch unsere fernen Vorfahren über keine langen Krallen und spitzen Zähne zum Töten größerer Tiere. Tödliche Waffen mussten erst erfunden werden. Eine Gazelle mit bloßen Händen zu erwürgen, mag der mythische Herkules gekonnt haben. Als Ziel der Entwicklung zum Menschen ist das nicht vorstellbar.

Sortieren wir die Fakten an dieser Stelle. Sicher ist, dass wir unserer Statur nach sehr gute Dauerläufer sind. Geworden sind, um es präzise auszudrücken. Sicher ist auch, dass unsere nächsten Verwandten unter den Primaten, die beiden Arten von Schimpansen, keine Krallen, aber immerhin große spitze Zähne zum Töten von Tieren haben. Die Schimpansen jagen auch immer wieder mal, wie die Langzeituntersuchungen von Jane Goodall und anderen gezeigt haben. Kleine Antilopen oder kleinere Affen zerreißen sie mit einer die damaligen Forscherinnen erschreckenden Gier. Aber dies geschieht mit blitzartigen Überfällen in gemeinschaftlichem Zusammenwirken der Schimpansenmänner. Sie jagen nicht über längere Strecken, sind aber vierfüßig schnell genug. Ihr Gebiss ist zum Töten ungleich besser als unseres geeignet. Unzweifelhaft braucht eine so grundlegende Umgestaltung des Körpers, wie die aufgerichtete, zweibeinige Fortbewegungsweise, einen anderen Grund als die gelegentliche Jagd nach frischem Fleisch. Ein sehr triftiger und entsprechend lange wirksamer Grund muss das gewesen sein. Ein Grund, der in einer besonderen Hinsicht dauerhaft Vorteile einbringt. Es ist dies die Fortpflanzung. In dieser steckt, wie es in der Evolutionsbiologie treffend heißt, »die Währung« in der Zahl der überlebenden Kinder. Nachhaltige Änderungen in Körperbau und Lebensweise kommen zustande über erheblich verbesserte Fortpflanzungserfolge. Nur ausnahmsweise vielleicht auch mal über bloß hinreichend gute, wenn tendenziell die Reproduktionsrate langfristig sinkt. Auf diese offensichtlich wenig realistische Möglichkeit bezieht sich die in der Forschung zur frühen Evolution unserer Gattung seltsam verbreitete Ansicht, dass schrumpfende Wälder in jenen fernen Zeiten die »Vormenschen«, wie sie vielfach genannt werden, hinaus in die Savanne getrieben hätten und sie somit zu Fußgängern werden mussten. Warum Schimpansen und Gorillas oder die Orang-Utans in Südostasien sowie die Gibbons und all die anderen Wälder bewohnenden Primaten offensichtlich erfolgreich darin verbleiben konnten, müsste allerdings erst bewiesen werden, um das Schrumpfen der Wälder als Anstoß für den Weg auf zwei Beinen hinaus ins Freie plausibler zu machen, zumal es voraussetzt, dass dieser »mehr gebracht« hatte als das Bleiben. Das Schrumpfen der Wälder hätte lediglich die Gesamtgröße der Bestände der Vormenschen vermindert, wie bei allen anderen Waldbewohnern auch.

Ein Seitenblick auf die Paviane ist in dieser Hinsicht aufschlussreich. Sie nutzen die Freiräume der afrikanischen Savannen oder, von den für sie sicheren Felsen aus, die höheren Gebirgslagen in Nordostafrika. Und sie sind im Gegensatz zu ihren in Wäldern lebenden nächsten Verwandten sehr zahlreich. Also ein Parallelfall! Nein, das sind die Paviane ganz und gar nicht. Denn sie sind Vierfüßer geblieben, sogar noch ausgeprägter als ihre Waldverwandtschaft. Sie sind offensichtlich sehr gut zu Fuß auf allen vieren, wie man gegenwärtig in vielen Regionen Afrikas beobachten kann, nicht nur in den großen Nationalparks. Paviane erweisen sich zudem als äußerst clever im Umgang mit Menschen. Schier endlos ließen sich dazu Geschichten erzählen, die auf wahren Begebenheiten beruhen. Das Ergebnis dieses Sortierens der erörterten Ansichten bedeutet, dass die schrumpfenden Wälder nicht der Anlass gewesen sein können, dass die fernen Vorfahren der Menschen in die Savanne hinauszogen, um dort schließlich Tiere zu jagen. Der entscheidende Grund fehlt offenbar noch.

Jagdprobleme

Worum könnte es sich bei diesem gehandelt haben? Die Begründung muss zwei Kriterien erfüllen, um ernsthaft in Betracht zu kommen. Erstens muss es sich um etwas gehandelt haben, an dem es in den Wäldern mangelt. Und zweitens muss die Vorteilhaftigkeit lange anhaltend gewährleistet gewesen sein, zumindest einige Millionen Jahre. Denn so lange hat die Entwicklung zum Läufer gedauert, wie wir den Fossilfunden entnehmen. Dazu später mehr.

Einen Hinweis, worum es sich gehandelt haben könnte, gaben die jagenden Schimpansen bereits mit ihrer Gier nach Fleisch. Diese äußert sich offenbar unregelmäßig und eher in längeren Zeitabständen. Dazwischen ernähren sich die Schimpansen hauptsächlich pflanzlich sowie von Kleingetier, wie Termiten, die sie mit Hölzchen regelrecht fischen. Sie machen sich solche Kleinwerkzeuge zurecht, die in die Eingänge zu den Termitenbauten passen, und stochern so lange herum, bis sich Termiten daran festgebissen haben. Sichtlich genießend verzehren sie diese bescheidene tierische Beute. Auch anderes Kleingetier wird verspeist. Darin zeigen sich Anklänge an die Abstammung der Menschenaffen von ursprünglichen Primaten, die sich ähnlich wie Insektenesser ernähren, wie sie uns etwa in Form von Spitzmäusen bekannt sind. Hierauf näher einzugehen würde in unserem Zusammenhang zu weit ausgreifen. Es muss genügen, darauf hinzuweisen, dass es um Proteine geht, um tierisches Eiweiß. Primaten, die sich rein pflanzlich ernähren, müssen sehr viel zu sich nehmen. Fast den ganzen Tag futtern sie mit geringen Unterbrechungen, weil die Pflanzenkost sehr arm ist an Proteinen. Der Einwand, wir können uns doch auch ganz vegan ernähren, lässt sich in diesem Zusammenhang sogleich ausräumen, denn das geht nur mit den jetzt verfügbaren, gezüchteten Kulturpflanzen, nicht aber mit der in den Tropenwäldern wachsenden natürlichen Vegetation. Gerade auch die von vielen Primaten geschätzten süßen Früchte enthalten wenige Proteine. Ihr Zuckergehalt liefert Energie, aber viel zu wenig Eiweiß, um den Bedarf zu decken. Dieser Aspekt wird in einem anderen Zusammenhang noch sehr wichtig.

Was also können wir der Ernährungsweise der uns nächstverwandten Schimpansen und anderer Primaten entnehmen? Ganz unmittelbar, dass sie ihre Pflanzenkost mit tierischen Proteinen immer wieder aufzubessern versuchen. Dabei machen die Schimpansen gelegentlich Jagd auf Tiere, die viel kleiner als sie sind und die sie mit ihrem recht kräftigen Gebiss töten können. Den Eckzähnen der Männer kommt dabei eine besondere Rolle zu. Diese entblößend, drohen sie auch Rivalen. Allerdings haben wir kein schimpansenähnliches Gebiss. Führt das Jagdverhalten der Schimpansen also doch nicht weiter? Den Ausweg bietet die Betrachtung der »richtigen Raubtiere«.

Davon gibt es ein breites Spektrum verschiedener Arten in den Regionen, in denen Schimpansen und Gorillas vorkommen. Auch die Orang-Utans und Gibbons in Südostasien leben in einer Welt mit Großraubtieren, deren Artenspektrum von Wildhunden bis zu Leoparden und Tigern reicht. In Afrika sieht es ähnlich aus, wobei die Löwen als stärkste Großkatzen die Position der Tiger Asiens einnehmen. Doch dies ist nur der gegenwärtige Zustand. Wie noch auszuführen ist, waren die Verhältnisse deutlich anders gelagert in den Zeiten, in denen sich die Menschen entwickelten. Denn damals gab es noch mehr große Raubtiere. Dennoch verrät schon der heutige Befund genug: Löwen töten zwar recht effizient große Beutetiere, aber bei Weitem nicht so erfolgreich, wie die mit ihrem tatsächlichen Leben nicht vertrauten Menschen zumeist annehmen oder befürchten. Die Jagd auf kräftige Antilopen oder wehrhafte Büffel fordert Löwen, die Stärksten von allen, so sehr, dass sie nach dem Töten der Beute gezwungen sind, eine mehr oder minder lange Zeitspanne zuzuwarten, bevor sie selbst wieder zu Kräften kommen. Am Beispiel der Hetzjagd der Geparde ist dies bereits angedeutet worden.

Wie bedeutsam die mit dem Töten großer Tiere verbundenen Anstrengungen sind, drückt sich noch auf andere Weisen aus. So versuchen fast alle Raubtiere, einander die Beute wegzunehmen. Geparden widerfährt dies häufig, sodass sie bei ihrer Jagd die Kernbereiche meiden, in denen Löwenrudel aktiv sind. Doch selbst Löwen büßen häufig ihre frisch geschlagene Beute ein, wenn sie von einem Rudel Hyänen entdeckt werden, bevor sie sich selbst daran satt gefressen haben. Hyänen, die Tüpfelhyänen, um präzise zu sein, repräsentieren gleichsam die perfekte Mischung von erfolgreichen Jägern und besonders guten Aasjägern. Die Afrikaner verachten »Fisi«, die Hyäne, und fürchten sie zugleich, während sie »Simba«, den Löwen, durchaus ähnlich schätzen wie europäische Völker, die Löwenmotive in ihren Wappen und auf ihren Fahnen tragen. Die Hyäne wurde nirgends Wappentier; eine Feststellung, über die es lohnt nachzusinnen. Vielleicht war sie von Anfang an die größte Konkurrentin der Vor- und Frühmenschen. Warum, das ergibt sich sowohl aus ihrer Existenz als auch aus der Entwicklung der anderen Aasjäger. Sie ermöglichen es uns, ein plausibles Szenario dafür zu entwerfen, warum die Vormenschen zu Läufern geworden sind.

Aasjäger

Dieses Szenario sieht kurz gefasst folgendermaßen aus: Die fernen Vorfahren der Menschen liefen in die afrikanische Savanne hinaus, um sich Fleisch und Knochen von Großtieren zu holen, die von Raubtieren getötet worden waren oder die im Verlauf der jahreszeitlichen Wanderungen auf der Strecke blieben. Das lohnte, weil sie damit Proteine gewannen, die mehr Nachwuchs, mehr Kinder ermöglichten. Anhaltend über sehr lange Zeit.

Drei Kernstücke stecken darin, die gesondert zu betrachten sind, um ihre Überzeugungskraft kritisch zu überprüfen. Erstens dass frisch tote Großtiere in der Savanne (erheblich) häufiger anfielen als in den Wäldern. Zweitens, dass sie für die Vorformen der Menschen erreichbar waren, und drittens, dass Kadaver die Ernährung so nachhaltig verbesserten, dass die Frauen mehr Kinder als vordem erfolgreich großziehen konnten. Dies ist ja, wie oben betont, das für Evolutionsprozesse entscheidende Kriterium. Betrachten wir die drei Punkte der Reihe nach. Inhaltlich verschränken sie sich dabei ganz von selbst.

Die in jener fernen Zeit vor fünf und mehr Jahrmillionen global tatsächlich schrumpfenden Tropenwälder ließen keine leeren Räume zurück. Vielmehr breiteten sich im Gegenzug Savannen aus. Auf diesen bilden Gräser und andere kleine Bodenpflanzen die dominante Vegetation. Wie in unserer Zeit werden diese natürlicherweise von Tieren genutzt, die wir zusammenfassend als Weidetiere charakterisieren können. Wie schon angemerkt, belegen die Fossilfunde, dass sich gegen Ende der Tertiärzeit, einem erdgeschichtlichen Zeitalter, in dem sich auch die Primaten entwickelt haben, pflanzenfressende Säugetiere unterschiedlicher Formen in den Savannen ausbreiteten. Ihr Artenspektrum war reichhaltiger als das, was davon bis in unsere Zeit überlebte. Und es gab sie zu Millionen und Abermillionen, von kleinen Gazellen bis zu großen Antilopen, Büffeln, Giraffen, Nashörnern und Elefanten. Wir fassen die Großen als Megafauna zusammen. Sie stellte die Nahrungsgrundlage dar für die Evolution großer Raubtiere. Auch von diesen gab es ein größeres Artenspektrum als gegenwärtig. Anzunehmen ist, dass ihre Jagderfolge in etwa ähnlich ausfielen wie in Afrika bei den heutigen Löwen, Leoparden, Hyänen und Wildhunden. Fragt sich nur, ob sie genug übrig gelassen hätten, das für unsere fernen Vorfahren attraktiv hätte sein können. Die gegenwärtigen, von Menschen auch in den großen afrikanischen Nationalparks stark beeinflussten Verhältnisse müssen allerdings für solche Kalkulationen nicht typisch sein für die damaligen. Das sollte man bedenken. Aber es gibt Fakten, die diese Bedenken ausräumen. Sie lassen sich bei wohl jeder Safari in einem afrikanischen Nationalpark direkt betrachten und darüber hinaus in nicht unter Schutz stehenden Gebieten. Gemeint sind die Geier.

Als Abkömmlinge einer artenreichen Gruppierung von Greifvögeln, zu denen auch die Adler gehören, zeichnen sich die Geier dadurch aus, dass sie aktives Jagen nach Beute vollständig aufgegeben haben. Sie ernähren sich ausschließlich von Kadavern. Und dies in einem Spektrum von Geierarten, die auf besondere Teile der toten Großtiere spezialisiert sind – von kleinen Fleischbrocken über die Gedärme bis zu weicheren Hautteilen und den Knochen. Entstehung, Vorhandensein und beträchtliche Spezialisierung der Geier beweisen, dass es Großtierkadaver im Überfluss gegeben hat, über all die Jahrmillionen bis heute. Sogar Störche, wie der Marabu, und kleine Hunde, die Schakale, beteiligen sich an der Kadavernutzung. Dennoch bleibt genug übrig für Käfer und Fliegen als Restverwerter. Das erste Kriterium ist also klar erfüllt. Die existierenden Kadavernutzer beweisen, dass es ununterbrochen sehr viele frisch tote Großtiere gegeben hat. Doch diese müssen von den Vorfahren der Menschen auch rechtzeitig gefunden worden sein, damit sie sich an der Verwertung der toten Großtiere beteiligen konnten.

Solange die Vormenschen noch gut klettern und von Bäumen an den Rändern der Waldstücke oder entlang von Flüssen die Umgebung einsehen konnten, verfügten sie über eine gewisse Übersicht. Aber da waren ihre Beine noch nicht tauglich genug für längere Laufstrecken hinaus ins offene Gelände. Die Schwierigkeit, sich am Boden, im hohen Gras, zu orientieren, um das tote Tier zu finden, kommt hinzu. Wie gehen wir gegenwärtig auf einer Safaritour vor? Ganz einfach. Die Führer halten Ausschau nach Geiern. Wo diese kreisen und niedergehen, liegt mit an Sicherheit grenzender Wahrscheinlichkeit ein frisch totes Großtier, an dem vielleicht die von den Touristen begehrten Bilder von Löwen an der Beute gemacht werden können. Die Geier sind sichere Weiser für frisch tote Tiere. Frisch tot ist dabei wichtig, denn die Fäulnisprozesse sind da noch nicht in Gang gekommen, die das Fleisch nicht nur ungenießbar, sondern lebensgefährlich machen würden.

Das Szenario ist nun offensichtlich: Die Geier werden beobachtet, ihr Niedergehen signalisiert ein totes Großtier, und nun geht es darum, so schnell wie möglich hinzukommen, bevor sich die Löwin, die es getötet hat, wieder erholt, oder bevor der Kadaver von Hyänen entdeckt wird, wenn es sich um ein Tier handelt, das auf der Wanderung an Entkräftung ums Leben kam. Ausgedehnte Wanderungen sind, das ist nachdrücklich zu betonen, charakteristisch für die Megafauna der Savannen, weil die Herden gleichsam dem Aufwachsen der Gräser im Rhythmus von Regen- und Trockenzeiten folgen müssen. Sie können nicht in großer Zahl ortsbeständig leben. Aber es lohnt durchaus auch, die Erstnutzung der Kadaver durch Löwen und Hyänen abzuwarten, um sodann die großen markhaltigen Knochen zu erbeuten. Denn in diesen, im Mark, stecken genau jene Nahrungsstoffe, um die es ganz besonders geht: Proteine, Fette und Mineralstoffe. Eine Geierart, der Bartgeier, den es auch in den Alpen (wieder) gibt, hat sich sogar auf die Nutzung großer Knochen spezialisiert. Knochenbrecher, Quebrantahuesos, heißt er bezeichnend auf Spanisch, weil er mit größeren Knochen in die Höhe fliegt, um sie über felsigem Untergrund abzuwerfen. Dabei zersplittern sie. Die Fragmente kann der Bartgeier hinunterschlingen und verdauen. So passt sogar der spezialisierteste der Geier in das Szenario. Dabei ist anzumerken, dass Geier den Kadaver nicht verteidigen können. Die Vormenschen und Frühmenschen mussten nur auf Raubtiere achten. Die Knochen konnten sie mit Steinen aufschlagen, schon lange bevor sie damit anfingen, gezielt Faustkeile aus Feuerstein und ähnlich harten Mineralien zu schlagen. Ein einfacher, direkter Werkzeuggebrauch geht stets der bearbeitenden Herstellung voraus.

Aufgerichtet auf die Hinterbeine, gewannen sie den Überblick, den sie in Bezug auf die sie möglicherweise bedrohenden Raubtiere gleichfalls nötig hatten. Schon mit einer Kopfhöhe von eineinhalb Meter über Grund gewinnen sie mehr Übersicht als bei vierfüßiger Fortbewegungsweise. Dass so eine Größe im Löwenland durchaus ausreicht, beweisen die ihrer Natur nach kleinwüchsigen San-Völker Südafrikas und die ihnen verwandten Hadza in Ostafrika. Sie haben die Hände frei, um etwas von der Beute mitzunehmen, auch um sich mit Stöcken oder Steinwürfen gegen angreifende Raubtiere zu verteidigen.*

Es war wohl auch in jenen fernen Zeiten bei Weitem nicht so gefährlich, in den Savannen zu leben, wo große Raubtiere jagten, wie dies gegenwärtig immer noch in Vorstellungen und Argumentationen der Paläo-Anthropologie zu finden ist. Wenn überhaupt, waren im Wald die Leoparden gefährlicher, weil sie schier unhörbar nachts jagen. Doch auch mit ihnen und ihrem noch kräftigeren Gegenstück in Mittel- und Südamerika, dem Jaguar, kamen und kommen die indigenen Völker ganz gut zurande, die in tropischen Waldgebieten leben. In der afrikanischen Savanne kann es durchaus vorgekommen sein, wie erfahrene Forscher meinen, dass umgekehrt die Vor- und Frühmenschen den Leoparden Gazellen klauten, die diese auf Bäume gezogen hatten, um

* Ende der 1970er-Jahre traf unsere kleine Reisegruppe bei einer Tansania-Reise auf zwei Massai-Mädchen von vielleicht acht und zehn Jahren Alter, wie sie mitten durch ein verstreut liegendes Löwenrudel gingen, das größere Mädchen mit einem Stock in der Hand. Staunend ließen wir unseren Guide scherzhaft fragen, ob denn der Stock zur Verteidigung gegen die Löwen gedacht sei. Das Mädchen lachte und erklärte: »Natürlich nicht, sondern gegen Schlangen. Die Löwen schlafen ja mit vollen Bäuchen.« Viele vergleichbare Erlebnisse ließen sich anführen oder sind in Büchern nachzulesen, wie dem von Delia und Mark Owens bei ihren Löwenforschungen in der Kalahari. Wie beim Wolf und seiner Rückkehr in unserer Zeit prägen jedoch alte Märchen und die sich selbst zugeschriebenen Heldentaten aus Europa gekommener Löwenjäger mit großen Gewehren das mentale Bild der Raubtiere, das tatsächlich fast immer fern der Wirklichkeit bleibt.

sie dem Zugriff von Löwen und Hyänen zu entziehen. Auch von solchen Gazellen auf Bäumen hatte es in der ferneren Vergangenheit sicher nicht weniger gegeben als in der Gegenwart. Frisch tote Großtiere waren also erreichbar. Das zweite Kriterium ist erfüllt.

Womit sich der Kreis zum dritten von selbst schließt, denn Fleisch und fetthaltige Markknochen liefern genau die Stoffe, die von schwangeren Frauen ganz besonders benötigt werden. Um es kurz und prägnant zu formulieren: Aus dem Zucker süßer Früchte oder von Blattspinat allein können keine kräftigen, überlebensfähigen Babys entstehen. Dafür brauchen die schwangeren Mütter Proteine und Fette. Zucker und andere Kohlenhydrate sind als Energielieferanten die Brennstoffe für den Stoffwechsel. Darauf ist noch mehrfach im jeweiligen Zusammenhang zurückzukommen. Fakt ist, dass die Menschenfrauen deutlich mehr, im Durchschnitt wohl mehr als die doppelte Zahl von Kindern zur Welt bringen und bis zum Erwachsenwerden großziehen als die Schimpansinnen. Gorillafrauen schneiden sogar noch schlechter ab. Diese ernähren sich rein pflanzlich. Wie schon betont, heißt das nicht, dass unter den heute verfügbaren Pflanzenstoffen mit hohem Gehalt an Proteinen eine rein vegane Ernährung keine Babys mehr zulassen würde. Aber der Eindruck ist wohl nicht abzuweisen, dass Veganerinnen im Durchschnitt weniger Kinder haben als Frauen, die sich in menschenüblicher Weise gemischtköstlich mit tierischen Proteinen ernähren. Sollte es so sein, stellt dies kein wertendes Urteil dar. Die vegane Ernährung, die in unserer Zeit möglich ist, ist gesund und moralisch. Um für den Weg zum Menschen relevant geworden zu sein, würde es ohnehin ausgereicht haben, wenn über lange Zeiträume hinweg kontinuierlich nur etwas mehr Kinder pro Frau zur Welt gebracht worden wären als beim weitgehend waldbezogenen Lebensstil der Schimpansen. Die Aufrichtung auf die zweibeinige Fortbewegungsweise würde sich dennoch gelohnt haben. Sie hat sich gelohnt und durchgesetzt. Die Frage ist nun, wann dies geschah. Das wird im übernächsten Kapitel behandelt. Davor aber zurück zu unserer Nacktheit.

Die Nacktheit, ein »haariges Problem«

Aus all den bisherigen Ausführungen zu den Hintergründen und zur Vorteilhaftigkeit des aufrechten Ganges ergibt sich die überzeugendste Lösung des Phänomens unserer weitgehenden Nacktheit ganz von selbst. Denn wie bereits beim Marathonlauf betont, hängt sie mit dem Schwitzen zusammen. Mit einem außerordentlich guten Schwitzen, bei dem ein Mehrfaches der täglichen Harnmenge an Wasser über die Schweißdrüsen nach außen abgegeben werden kann. Das kühlt höchst wirkungsvoll. Nur eine Wärmeabgabe im kühlen Wasser verliefe noch intensiver. Das wissen wir aus eigener Erfahrung. Je kälter das Wasser ist, in dem wir baden oder schwimmen, desto mehr strengen wir uns an, um die innere Wärmeerzeugung anzukurbeln. Oder wir nehmen bei schweißtreibend heißem Wetter eine kühle Dusche, wenn das möglich ist. Somit lässt sich annehmen, dass mit der zunehmenden Steigerung der Leistungsfähigkeit im Lauf die Intensität des Schwitzens zugenommen und die Felldichte entsprechend abgenommen hatte. Bis die uns kennzeichnende Nacktheit entstanden war.

Die bloße Ausdünnung des primatentypischen Fells, wie es auch die Schimpansen und Gorillas tragen, hätte allein nicht ausgereicht für die Spitzenleistungen im anhaltenden Lauf, wie etwa beim Marathon. Nackte Haut gibt zwar Wärme ab, aber hauptsächlich durch die Abstrahlung. Diese kühlt bei Weitem nicht so schnell wie die Verdunstung. Wasser, das die Schweißdrüsen an die Körperoberfläche transportieren, kühlt einen Wärme-Überschuss von bis zu 40 000 Kilojoule. Das ist das Vier- bis Fünffache des normalen täglichen Umsatzes von Energie. Wir haben eine entsprechend extrem hohe Dichte von Schweißdrüsen mit bis zu 300 pro Quadratzentimeter Haut. Sie können insgesamt 6 bis 15 Liter kühlendes Wasser pro Tag abgeben. Zusammen mit der Abstrahlung von Wärme und ihrer Abfuhr durch an der Kontaktfläche erwärmter Außenluft mit der Luftbewegung, die beim Laufen ganz von selbst zustande kommt, ergibt die »Wasserkühlung« des Schwitzens die so hohe Gesamtleistung. Unsere Fortbewegung ist also nicht nur im Hinblick auf die Muskulatur und die mechanische Umsetzung der Kräfte über das Beinskelett optimiert, sondern auch in der Abfuhr überschüssiger Wärme. Gelänge dies nicht, würden wir zu schnell ermüden oder einen Hitzschlag erleiden. Die bereits genannte Wasseraffenvorstellung kann all dies nicht nur nicht erklären, sondern sie gerät in Konflikt mit diesen energetischen und physiologischen Gegebenheiten.

Die Leistungen des Körpers sind in verschiedenen weiteren Funktionen erneut zu betrachten. So verläuft unser Stoffwechsel im Grundumsatz ohne besondere Anstrengung so, dass wir in nacktem Zustand bei einer Umgebungstemperatur von 27 Grad Celsius »thermoneutral« sind. Gemeint ist, dass da im Körper bei normalem Funktionieren der Organe und knapp 37 Grad Betriebstemperatur gerade so viel Wärme erzeugt wird, wie, ohne zu schwitzen, über die Abstrahlung über die nackte Haut nach außen abgegeben wird. Das ist allerdings ein typisch »tropischer Grundumsatz«. Er bedeutet, dass die Menschen, dass unsere fernen Vorfahren, ihre biologische Evolution in der Tropenwelt durchgemacht haben. Deshalb lebten dort bis in die Gegenwart Menschengruppen, Ethnien, die, ohne zu frieren, ein weitestgehend oder ganz unbekleidetes Leben führten. Die mittleren Temperaturen ihrer Umwelt liegen bei ebendiesen 27 Grad, mit Schwankungen zwar, aber keinen allzu großen Abweichungen davon, wie es sie in außertropischen Regionen gibt. Sinkt die Temperatur, heizt der Körper nach, oder wir müssen aktiv werden, uns bewegen (arbeiten) oder, als spätere Alternative, uns den Außentemperaturen entsprechend anziehen. Übersteigt die Außentemperatur die 27 Grad, setzt Schwitzen ein. Damit lässt sich allerdings große Hitze, die sich den 37 Grad unserer Körpertemperatur nähert, bei direkter Sonneneinstrahlung nicht mehr abmildern. Schatten muss aufgesucht werden.

Das ist in unserer Gegenwart nicht anders als in alten Zeiten in der Tropenheimat der (werdenden) Menschen. Die Notwendigkeit einer zeitweiligen oder beständigen, den Verhältnissen gemäß wechselbaren, funktionalen Bekleidung unterstreicht die zentrale Bedeutung des Wärmehaushalts, seit unsere Vorvorfahren das säugetierübliche Fell zurückgebildet haben. Zurückgebildet, nicht »verloren«, wie es oft heißt, denn genau genommen haben wir immer noch die Haare, die das Fell bilden würden. Sie bleiben nur winzig klein und sind als Schutz vor Wärme oder Kälte so gut wie unwirksam. Allenfalls bemerken wir sie, wenn wir frösteln oder in bestimmter Weise erschrecken und eine »Gänsehaut« bekommen. Dann recken sich die verbliebenen Härchen funktionslos in die Höhe; bei Männern im Schulterbereich besonders, womit die Reaktion dem Drohen der Schimpansen noch ähnelt, die mit gesträubten Haaren ihres Schulterfells größer und kräftiger wirken.

Wir sind allerdings nicht vollständig nackt. Zwei Ausnahmen bedürfen der näheren Betrachtung, gerade weil sie so auffällig sind. Eine lässt sich ziemlich leicht verstehen, die andere ist hingegen rätselhaft. So wächst den Menschen, Frauen wie Männern, bis ins fortgeschrittene Alter ein weitaus längeres Kopfhaar als den Menschenaffen. Und zwar seltsamerweise kontinuierlich. Daher werden die Haare fast ausnahmslos von Zeit zu Zeit gekürzt und zumeist in Frisuren umgewandelt. Um dem hier lauernden »um zu« zuvorzukommen: Das geschieht gewiss nicht primär der Frisuren wegen. Die gängige Erklärung geht davon aus, dass die permanenten Kopfhaare das Gehirn vor Überhitzung schützen, falls man bei hoch stehender Sonne längere Zeit im Freien unterwegs ist. Die stark schwitzende Stirn passt zu dieser regulatorischen Deutung. Warum jedoch Frauen stärkeren Haarwuchs am Kopf entwickeln als Männer, bei denen sich in oft noch gar nicht so weit fortgeschrittenem Alter Glatzköpfigkeit einstellt, relativiert diese Schutzhypothese. Denn die viel im Freien aktiven Männer sollten den Schutz der Kopfhaare nötiger haben als die Frauen.

Dieses Problem lenkt die Betrachtung auf den zweiten Unterschied: Männer sind am Körper insgesamt deutlicher und stärker behaart als Frauen, zumindest in vielen Bevölkerungsgruppen der Menschheit. Da dies ein geschlechtsbezogener Unterschied ist, könnte die Ausbildung der Schamhaare einen Ansatz zum Verständnis liefern. Doch deren Entwicklung ist und bleibt bei Frauen und Männern im Wesentlichen gleich intensiv, nachdem sie in der Pubertät gewachsen sind. Immerhin verweist das späte Aufkommen dieser Haare auf einen Zusammenhang mit Hormonen, mit den Geschlechtshormonen. Die gängige Deutung geht daher für die Schamhaare davon aus, dass daran Geruchsstoffe besser haften, die als Sexuallockstoffe wirken. Dafür spricht nach Riechproben viel, wenngleich dagegensteht, dass unsere Primatenvettern, die Schimpansen, speziell die weibliche Sexualbereitschaft mit eindrucksvollen Schwellungen des Genital- und Afterbereichs höchst auffällig optisch kundtun. Wir sollten hier also vorsichtig zurückhaltend bleiben und zunächst die weitere Erörterung zurückstellen. Wenn es um die Besonderheiten der Sexualität der Menschenfrau geht, werden Haar und Hormone, Lockstoffe und optische Lockwirkungen wieder aufgegriffen.

Blenden wir zurück zum anderen Unterschied, zur viel schwächeren Körperbehaarung der Frauen im Vergleich zu den Männern. Man könnte daraus (vor-)schnell schließen, dass Frauen von Natur aus mehr schwitzen müssten als Männer. Und auch, dass Frauen mehr arbeiten können. Das ist bekanntlich ihr Los in zahlreichen Kulturen. Doch konkrete Messungen belegen das nicht. Denn auch bei stärker behaarten Männern funktioniert die Kühlung durch Schwitzen gut genug. Zudem gibt es beträchtliche Variationen. Manche Völker sind generell schwächer behaart als andere. Solche Unterschiede sind biologisch zulässig und keiner stärkeren Selektion unterworfen. Kühlung ist nicht alles bei unserer Nacktheit.

Ein ganz anderer Ansatz ergibt sich, wenn wir berücksichtigen, woraus Haare bestehen und welche Funktionen sie ursprünglich hatten, als sie bei den frühen Säugetieren schon in der fernen Ära der Dinosaurier entwickelt wurden. Sie bestehen aus Keratin, einem Stoff, der aus Aminosäuren aufgebaut ist. Diese sind aber die chemischen Grundbausteine von Eiweißstoffen, also eigentlich für den Körper wertvolle Substanzen. Wie kann es sein, dass sie einfach in Haare eingebaut und mit ihnen abgeschieden werden? Diese Frage rührt an das sehr weit gespannte, allgemein biologische Problem des Stoffhaushalts im Körper.

Aus naheliegenden Gründen kann dieser hier nur sehr knapp behandelt werden. Da Nahrungsaufnahme und Ausscheidung auch in anderen Zusammenhängen höchst bedeutsam sind und betrachtet werden müssen, hier doch ein paar Sätze dazu. So ist festzuhalten, dass es ganz bestimmte Aminosäuren sind, die in die Bildung von Haaren (und übrigens auch in die von Vogelfedern oder Schuppen von Reptilien) vornehmlich eingehen, nämlich solche, die Schwefel enthalten. Diese ergeben die Elastizität der Horngebilde, der Haare, wie auch der Federn oder unserer Fingernägel. Dass schwefelhaltige Aminosäuren über die Haut in Form von Keratin abgeschieden, gleichsam entsorgt, werden, stellt eine uralte Alternative dar in der Ausscheidung von Stoffen, die im Körper nicht mehr gebraucht werden. Würden sie den Weg über Harn und Kot nehmen, also wasserlöslich bleiben, entstünden hochgiftige Schwefelverbindungen für das Innenleben. Solche signalisiert uns die Nase als Gestank. Sie warnt gleichsam von den gefährlichen Stinkstoffen, und wir tun gut daran, diese zu meiden. Dennoch werden sie in gewissem Umfang im Körper gebraucht, da mit ihnen elastische Strukturen aufgebaut werden. Der Körper muss dementsprechend mit den schwefelhaltigen Aminosäuren sorgfältig haushalten. Besondere Bedeutung erlangen sie in der Schwangerschaft. Der Fötus muss im Mutterleib mit allem versorgt werden, auch mit dem Rohmaterial für die Bildung von Knochen, Sehnen, Bändern und anderen elastischen Strukturen. Werdende Mütter haben daher einen erhöhten Bedarf an Proteinen und Mineralstoffen. Darauf ist schon hingewiesen worden bei der Bedeutung tierischer Proteine für die Babys – und ihre Aufeinanderfolge im Lauf der fruchtbaren Jahre der Frauen, wie nun zu ergänzen ist.

Es liegt nahe, anzunehmen, dass werdende Mütter nicht überflüssigerweise in die Bildung von Haaren auf der ganzen Körperoberfläche investieren, wenn sie die Rohstoffe hierzu gerade für die Versorgung der Föten und anschließend für die Milchproduktion brauchen. Die ausgeprägtere Nacktheit der Frauen könnte daher schlicht eine Folge der spezifischen Zuteilung von Nahrungsstoffen sein. Und mit deren monatlichem Verlust über die starken Blutungen der Periode zusammenhängen, auch wenn keine Schwangerschaft zustande gekommen ist. Eine überschlagsmäßige Bilanzierung des Geschehens im Stoffwechsel des Körpers stimmt mit dieser Annahme ganz gut überein. Allzu leicht wird ja (seitens der Männer) nicht berücksichtigt, welchen Anforderungen die Frauen mit Schwangerschaft, Stillen und Periode ausgesetzt sind. Dabei ist seit Langem bekannt, dass Unterschiede in der Größe bzw. Körpermasse der Geschlechter ganz direkt abhängen vom Ausmaß der Beteiligung der Männchen an der Nachwuchsversorgung. Wo sich die Männchen (bei Säugetieren) überhaupt nicht darum kümmern, werden sie viel massiger als die Weibchen, die in regelmäßigen Abständen Kinder zur Welt bringen. Diese zehren an der Körpersubstanz, bis hin zur Auszehrung bei zu vielen Kindern und zu schlechter Versorgung der Mütter. Bei Meeressäugetieren kommen extreme Verhältnisse zustande, da deren Gewicht das Wasser viel besser trägt als die Beine an Land. Auf die Haare und die Vorgänge im Körper bezogen, bedeutet dies, dass die kontinuierlich wachsenden Kopfhaare in der Bilanz durchaus ähnlich viel »Haarsubstanz«, Keratin, ergeben können, wie die bei Menschenaffen normale Bildung von Fell. Unsere Nacktheit wäre demzufolge gleichsam eine Umleitung der Abscheidung schwefelhaltiger Aminosäuren ins Kopfhaar und kein »Fellverlust«, wie es üblicherweise heißt. Das stimmt nun aber bestens überein mit dem Schwitzen als Notwendigkeit, die innere Überhitzung des Körpers zu vermeiden. Eine komplizierte Angelegenheit also, die hier nur in sehr gedrängter Form ausgebreitet werden konnte. Der Körper funktioniert stets als Ganzes, nicht in voneinander getrennten Teilen. Diese Grundgegebenheit gerät bei der Behandlung »spezieller Probleme« allzu leicht aus dem Blickfeld.

Auf die Haare war nicht zuletzt deshalb ausführlicher einzugehen, weil die zugrunde liegenden Prozesse dank ihrer gut sichtbaren Ausbildung leichter nachvollziehbar sind als in anderen, sogar noch wichtigeren Fällen, in die wir nur mit medizinisch-physiologischen Messungen

Einblicke erhalten. Doch sie wirken hinein bis in das Familienverhalten der Menschen (und anderer Organismen) und sind daher später in angemessener Weise zu berücksichtigen. Beim Wärmehaushalt war dies bereits deutlich geworden. Er hatte zu der Schlussfolgerung geführt, dass der Mensch, dass unsere fernen Vorfahren, aus der Tropenwelt stammen müssen, weil unser Stoffwechsel »tropisch« läuft. Es ist also ganz natürlich, dass sehr viele Menschen einen ausgeprägten Drang nach Süden entwickeln, zur Sonne, in die Wärme, speziell in jener Zeit, die ihnen als Urlaub die kostbarste im Jahreslauf ist. All dies verstärkt die Frage noch weiter, woher wir denn tatsächlich kommen. Verschiedentlich war bereits Bezug auf Afrika als Herkunft angedeutet; auf die Großtiere Afrikas und die Ausbreitung der Savannen, auf die uns nächstverwandten Primaten, die dort leben, und eben auch, dass sich diese wildreichen Savannen zu einem attraktiven neuen Lebensraum stark vergrößerten, als die Entwicklung zum Menschen anfing. Können wir diese Herkunft nur mit plausiblen Schlussfolgerungen aus den gegenwärtigen Verhältnissen in unserem Körper und im Vergleich zu den Menschenaffen zu rekonstruieren versuchen, oder gibt es andere Befunde?

Die Südaffen

Es gibt sie, und zwar sogar recht reichlich in Form von Fossilien einer Gruppe von Primatenarten, die in der Übergangszeit vom Tertiär zum Eiszeitalter in Afrika lebten. Nach dem Erstfund in Südafrika wurden sie fachwissenschaftlich Australopithecinen genannt, was eingedeutscht Südaffen (Austral- = Süd / Pithecus = Affe im Altgriechischen) bedeutet. Es ist hier nicht angebracht, auf die seltsamen, oft sehr eigenwilligen Namen einzugehen, die Organismen bei der wissenschaftlichen Benennung erhalten. Wer etwas vermeintlich oder wirklich Neues findet, möchte sich mit der wissenschaftlichen Benennung verewigen, wie treffend und gerechtfertigt diese auch sein mag. Seit der Namensgebung für den Erstfund zu dieser längst ausgestorbenen Gattung von Primaten als *Australopithecus africanus* muss dieser »Südaffe« nach den internationalen Regeln der biologisch-wissenschaftlichen Nomenklatur so heißen. Aus Gründen von Lesbarkeit und Verständlichkeit benutze ich hier die Bezeichnung »Vormenschen«, weil die Gattung *Australopithecus* nach allem, was wir wissen, den Übergangsbereich zur Gattung *Homo* repräsentiert.

Zweierlei ist dabei zu beachten. Erstens handelt es sich, wie geschrieben, um einen Übergangsbereich, nicht etwa um eine »Stufe«. Die Menschwerdung fing nicht zu einem bestimmten Zeitpunkt an einer festlegbaren Stelle wie Stufen mit Anfang und Ende an. Sie war ein Prozess, kein Sprung. Zweitens reichen die zwar inzwischen recht zahlreichen Fossilfunde nicht aus, um die Region und die Zeit näher einzugrenzen, in der sich die weiterführenden Veränderungen im Körperbau vollzogen hatten. Nach gegenwärtigem Stand der Befunde dürfte das nicht in der südlichen, der erstbenannten *africanus*, geschehen sein, sondern sich in Gruppen einer nordöstlichen Art aus dem Randgebiet von Äthiopien vollzogen haben, mit der Bezeichnung *Australopithecus afarensis*. Neue Funde können jedoch Änderungen bringen, die dazu zwingen »die Lehrbücher umzuschreiben«, wie es oft von jenen ausgedrückt wird, die keine entsprechenden Lehrbücher studiert haben. Deshalb wird hier gar nicht erst versucht, den derzeitigen Stand des Dickichts von Fossilfunden und deren oftmals höchst speziell personenbezogener Deutungen auszubreiten. Die hierzu tatsächlich nötigen, kritischen Diskussionen gehören in den inneren Bereich der Wissenschaft. Die Funde an sich sagen genug aus. Denn sie zeigen übereinstimmend, dass sich Primaten in der Zeitspanne von vor fünf bis drei Millionen Jahren in Afrika entwickelt haben, die im Bau ihres Skeletts den Übergang zum Menschen zeigen. Was heißen soll, dass sie zu aufgerichtet gehenden Zweibeinern geworden sind. Sie stammen aus einer Verwandtschaft, von der etwa in dieser Zeit auch die Schimpansen abzweigten. Dies geschah den genetischen Berechnungen zufolge vor viereinhalb Millionen Jahren. Die Fossilien der *Australopithecus*-Arten ermöglichen eine unabhängige, rein physikalische Datierung. Diese eicht gleichsam den molekulargenetischen Befund, der besagt, dass uns von den Schimpansen ein genetischer Unterschied von 1,2 Prozent trennt. Der Bezug auf die konkreten Fossilien wird wiederholt bedeutsam, wenn wir die uns viel näheren, jedoch auch ausgestorbenen Verwandten des Menschen zu behandeln haben, wie den Neandertaler.

Die *Australopithecus*-Vormenschen stellen den »missing link« dar, der immer wieder von der Gegnerschaft des biologisch-natürlichen Werdens als Argument gegen die Evolution vorgebracht worden war. Das bestätigen die Fossilien. Der Mensch entstand nicht getrennt von »der Tierwelt«, sondern aus ihr heraus, aus der Primatenverwandtschaft. Darin liegt die besondere Bedeutung der fossilen Vormenschenfunde.

Im Detail lässt sich aus ihnen mehr herauslesen, sehr viel mehr sogar als die genetischen Veränderungen, weil die Fundstücke sowohl Teile des Skeletts als auch solche vom Schädel umfassen. Wichtigster Befund in unserem Zusammenhang: Die Entwicklung des aufrechten Gangs geschah schon lange vor der Vergrößerung des Gehirns. Die Vormenschen waren bereits mehr oder minder gute Läufer, bevor die Gehirnvergrößerung einsetzte und sich die frühen Menschenformen entwickelten.

Aus den Fossilien geht auch hervor, dass die Arme anfänglich nicht so lang wie bei den Schimpansen waren, aber lang genug für ein ziemlich gutes Klettern. Das stützt die Ansicht, dass die Vormenschen durchaus in der Lage waren, den Leoparden die Gazellen zu klauen, die diese auf Bäume geschleppt und im Astwerk verstaut hatten, auf dass Löwen und Hyänen an die Beute nicht herankommen. Den anatomischen Befunden zufolge sollte es ihnen möglich gewesen sein, sich solcher frischer Fleischbeute kleptoparasitisch zu bedienen. Dafür brauchten die Vormenschen noch keine guten Dauerläufer gewesen zu sein. Es trifft also nicht zu, dass die Übergänge vom weitgehenden Baumleben mit guter Kletterfähigkeit zur zweibeinigen Fortbewegung auf der Savanne unüberwindbare Schwierigkeiten bereitet hätten, weil die Beine fürs Läuferdasein noch nicht vollkommen genug entwickelt waren. Bäume, die wie die Schirmakazien entlang der Bach- und Flussläufe fingerartig weit in die offene Savanne hinaus verbreitet sind, könnten für die noch gut kletternden Vormenschen den Weg aus dem Wald gewiesen haben.

Ein weiterer, anatomisch eminent wichtiger Befund ist die Form des Beckens. Bei Schimpansen und anderen Menschenaffen steht es in primatentypischer Weise schief. Das ist auf deren Körperhaltung bezogen die richtige Position. Beim aufgerichteten Gang muss das Becken aber eine schüsselartige Stellung unter den Bauchorganen einnehmen. Nur so wird verhindert, dass der Darm durch den Beckenring hinausdrückt. Bei vierbeiniger Fortbewegung trägt die kräftige Bauchdecke breitflächig das Gewicht der inneren Organe. Wie wir leicht an uns selbst nachmessen können, ergibt sich dabei eine geringe Flächenbelastung, weil sich das Gewicht auf 1000 Quadratzentimeter verteilt, wie man für die Belastung der Einfachheit halber annehmen kann. Dieser Bauchoberfläche steht bei senkrechter Körperhaltung aber die ungleich kleinere der Afterumgebung gegenüber, die vom Beckenring frei gehalten bleibt. Größenordnungsmäßig entspricht sie einem Zehntel oder weniger. Entsprechend steigt die Druckbelastung auf das Zehnfache. Der Afterschließmuskel muss sehr kräftig sein, aber auch die Haut, die das Becken unter dem Knochenring abschließt. Es wäre optimal, würde der

Beckenring nur die Afteröffnung frei halten und die Knochenschale damit den allergrößten Teil des Magen-Darm-Gewichts voll abstützen. In diesem Fall könnten die Beine noch näher zusammenrücken und sich sauber parallel beim Gehen und Laufen bewegen. Das würde die günstigste Umsetzung von Beinmuskelleistung in Bewegung ergeben. Dass dem nicht so sein kann, liegt an der Frau. Denn auch der Geburtskanal verläuft durch den Beckenring. Dieser muss aber so groß bleiben, dass das Baby hindurchkommt, ohne zerdrückt zu werden. Die Folge ist die schwere Geburt beim Menschen, die der aufrechte Gang verursacht.

Die Vormenschen-Fossilien belegen reichlich die Entwicklung zur aufgerichtet zweibeinigen Fortbewegung und die Konsequenzen für den Bau des Beckens. Sie zeigen auch, dass am Anfang keine rein vierfüßige Fortbewegung stand, wie etwa bei den Pavianen, die sehr viel auf dem Boden umherlaufen und dort nach Nahrung suchen. Vielmehr waren die Anfangsbedingungen für die Vormenschen und ihren zweibeinig-aufrechten Gang bereits erheblich günstiger. Denn beim Klettern im Geäst der Bäume, insbesondere beim Schwinghangeln, kommt die vergleichbare Problematik zustande, dass die Bauchorgane auf den Beckenring drücken. Gibbons, Schimpansen und Orang-Utans haben dementsprechend engere Beckenringe als vierfüßig am Boden laufende Säugetiere entsprechender Größe. So etwas wird häufig als Vor-Anpassung (Präadaptation) gewertet. Doch bei solchen Zuschreibungen ist Zurückhaltung geboten, weil kaum eine körperliche Eigenschaft oder eine Fähigkeit wirklich engstens angepasst ist an eine Umweltgegebenheit. So sind an das Schwinghangeln bei Gibbons und anderen Primaten nicht einfach die Hände besonders angepasst, sondern der Schultergürtel und die Längenverhältnisse sowie die Muskulatur der Finger und der Arme. Die Hände taugen sehr wohl für viele andere Tätigkeiten, wie Nahrungsaufnahme, Lausen oder Kämpfen. Allzu leichtfertig wird allzu viel zur »Anpassung« erklärt, wenn gar nicht untersucht ist, wofür eine Eigenschaft taugt. Anpassungen im echten Sinne stellen fast immer Kompromisse zwischen verschiedenen Anforderungen dar. Und so ist es auch bei der Größe des Beckenrings, wie wir später bei der vertieften Behandlung der so schweren Geburt des Menschen sehen werden. Denn sie hat ungeahnte Folgen, von denen wesentliche Aspekte oft ziemlich stark missdeutet worden sind.

Zurück zu den Vormenschen der Gattung *Australopithecus*. Zu ihnen gibt es einen besonderen Befund, wie ihn Fossilien kaum jemals so direkt liefern. Im tansanischen Laetoli war eine Kleingruppe von ihnen über ein Feld frisch gefallener Vulkanasche gegangen. Sie hinterließen Spuren, die durch selten günstige Umstände konserviert wurden. Aus diesen geht hervor, dass die Vormenschen mit Kind, möglicherweise an der Hand gehalten, unterwegs waren. Dieses ging aufrecht wie die Erwachsenen. Das ist deshalb so bemerkenswert, wenngleich es aus unserer Sicht völlig normal erscheint, weil offenbar nicht erst Erwachsene zweibeinig gingen, sondern bereits Kinder. Bedenken wir, wie wir selbst auf die Hinterbeine gekommen sind. Wir fingen an mit vierfüßigem Krabbeln, nicht gleich auf den Beinchen laufend wie das aus dem Ei geschlüpfte Küken. Erst mit gut einem Jahr richten wir uns immer häufiger und immer hartnäckiger auf, um »das Laufen zu lernen«, wie es heißt. Je früher eine Eigenschaft in der individuellen Entwicklung auftritt, desto älter ist sie stammesgeschichtlich, also auf ihre Evolution bezogen. Davon kann man in aller Regel ausgehen. Die Babybeine sind anfangs noch sehr gekrümmt, sodass die ersten Schritte o-beinig ausgeführt werden, was die Erwachsenen zum wohlwollenden Schmunzeln reizt. Die Vormenschen waren also schon recht weit gekommen mit der Entwicklung des aufrechten Ganges. Sie stimmen darin mit dem überein, was wir beim Baby in der Entwicklung zum Kleinkind sehen und an uns selbst erlebt haben, wenngleich nicht bewusst.

Schließlich ergibt sich aus den Fossilien, dass die Vormenschen gut einen Meter groß oder etwas größer waren und damit deutlich unter der Durchschnittsgröße der heutigen Menschen lagen. Aber mit den San-Völkern und anderen kleinwüchsigen Menschengruppen gibt es immer noch lebende Angehörige ähnlich geringer Körpergröße. Menschenknochenfunde auf der indonesischen Insel Flores erregten vor nunmehr rund zwei Jahrzehnten große Aufmerksamkeit, weil diese »Hobbits«, wie sie in den Medien gleich genannt wurden, eine bislang unbekannte Menschenform, vielleicht eine eigenständige Art darstellen, *Homo floresiensis* wissenschaftlich genannt. Noch sind wesentliche Aspekte dieser Menschform nicht geklärt. Aber eine Verwandtschaft mit einem echten Angehörigen unserer Gattung, dem »Aufrechten Menschen« *Homo erectus* dürfte gegeben sein. Die Vormenschen hatten mit ihrer Aufrichtung auf die zweibeinige Fortbewegungsweise den Übergangsbereich zur Gattung Mensch erreicht. Sie waren nicht etwa zu klein geraten, um sich über die Jahrmillionen bis in die Gegenwart zu erhalten. Die noch lebenden kleinwüchsigen Menschengruppen sind keine direkten Nachfahren von ihnen. Sie gehören zu unserer Art *Homo sapiens* wie alle anderen existierenden Menschen. Davon waren die Vormenschen mehrere Millionen Jahre entfernt. Der Weg zur Gattung Mensch war noch lang, sehr lang.

Betrachten wir nun ihre Lebensbedingungen, um die beiden Fragen zu klären, warum tatsächlich mit ihnen, mit der Trennung von der Schimpansenlinie, die Menschwerdung anfing und warum dies in Afrika geschah, obwohl Primaten auch im tropisch-subtropischen Asien und zudem in Südamerika, allerdings in nur recht kleinen Formen, vorhanden waren. Das »Out of Africa«-Szenario der Menschwerdung besteht jedoch aus mehreren Teilen, nämlich aus der meistens damit gemeinten Entstehung unserer Art *Homo sapiens*, die sich von Afrika aus über die Erde verbreitete, sowie der Evolution der Gattung Mensch *Homo*, von der sich mehrfach Angehörige nach Eurasien ausbreiteten. Afrika war nicht nur unsere spezielle Heimat. In Afrika entstand die ganze Gattung Mensch. Das ist eine spannende Geschichte, in der es um regionale und globale Prozesse geht. Einige reichen weit zurück in die Geschichte der Erde. Es gilt, um dies nochmals zu betonen, herauszufinden, warum diese Sonderrolle Afrika zukam und wann dort die entscheidenden Entwicklungen abliefen.

Afrika – eine erdgeschichtliche Kurzcharakterisierung

Die Kontinente sahen nicht immer so aus wie in unserer Zeit, und sie befanden sich auch nicht in der gegenwärtigen Position. Das war und ist für uns Menschen intuitiv vielleicht ähnlich schwer einzusehen, wie dass sich die Erde in rasender Bewegung um sich selbst dreht. Wir können uns nicht davon lösen, dass die Sonne auf- und untergeht, so als ob wir auf ruhend festem Grund leben würden. Da wir uns an jedem Punkt der Erdoberfläche mitdrehen, empfinden wir uns unbewegt – bis die Erde wieder mal heftig bebt. Das geschieht in manchen Regionen ziemlich oft, in anderen kaum jemals oder in von Menschen erlebbaren Zeiträumen gar nicht. Über die Medien erfahren wir, oft mit schrecklichen Bildern, welche Verheerungen schwere Erdbeben da und dort wieder einmal angerichtet haben. Um den ganzen Pazifik, den größten der Ozeane, erstreckt sich ein sogenannter Feuerring mit Vulkanen und besonders hohem Erdbebenrisiko. Vulkanismus und Erdbeben gehören zusammen. In ihnen drückt sich aus, dass glutflüssiges Material unter der erkalteten Kruste der Erde in Bewegung ist. Diese Bewegung und die Vulkane spielen bei der Betrachtung der Rahmenbedingungen für die Evolution des Menschen in Afrika die Hauptrolle. Daher der kurze Blick auf den Kontinent Afrika. Er soll so knapp wie möglich gehalten werden. Es geht um die Wirkung auf die Primaten, die auf diesem Kontinent bereits lebten, als die geologischen Prozesse in Gang kamen, deren aktuellen Stand wir kennen.

Afrika war einst zentraler Teil eines riesigen Südkontinents, der in der Erdwissenschaft Gondwanaland genannt wird. Ein lang gestrecktes Meer, die Tethys, trennte es von Laurasia, dem nördlichen Gegenstück. In diesem hingen Asien (ohne Indien), Europa und Nordamerika zusammen. Auf beiden Riesenkontinenten liefen eigenständige Entwicklungen in der Pflanzen- und Tierwelt ab. Sie wirken bis heute nach.

Sichtbar ist dies zum Beispiel in der Ähnlichkeit der lebendigen Natur von Nordamerika und Eurasien und der extremen Unterschiedlichkeit in Australien und Südamerika. Diese beiden Kontinente gehörten, wie auch die Festlandsblöcke unter der Antarktis sowie Indien, zu Gondwanaland. Zentrales Teilstück war Afrika.

Vor mehr als 100 Jahren veranlasste die perfekte Passung der Ostküste Südamerikas zur Westküste Afrikas den deutschen Meteorologen und Geografen Alfred Wegener dazu, die Theorie der Kontinentalverschiebung zu entwickeln. Sie wird nun, stark verfeinert und durch eine Vielzahl Befunde bekräftigt, als Plattentektonik bezeichnet. Wir wissen auch ziemlich genau, wann sich welche Teile von Afrika beim Zerbrechen des Gondwana-Kontinents gelöst und welchen Weg sie genommen hatten. Südamerika trennte sich vor rund 80 Millionen Jahren ab, Australien und Indien deutlich später. Die Antarktis hing noch viele Millionen Jahre mit Südamerika über die Antarktische Halbinsel zusammen. Madagaskar, ein kleineres Teilstück, war auch abgebrochen. Es hatte Primaten mitgenommen, die wir verwandtschaftlich in die Nähe der Basis dieser Tiergruppe stellen. Die bekanntesten sind die Lemuren.

So weit das grobe große Bild. Es besagt, dass Südamerika und Australien keine Primaten mitbekommen hatten, als sie sich von Afrika lösten. Australien wurde bis zum Eintreffen der Menschen vor rund 50 000 Jahren von Primaten gar nicht erreicht. Südamerika erhielt Primaten aller Wahrscheinlichkeit nach aus Afrika nachträglich durch Verdriftung über den damals noch schmalen Südatlantik. Sie werden Breitnasenaffen genannt, weil ihre Nasenscheidewand deutlich breiter ist als bei den Affen der Alten Welt. Bei diesen Südamerikanern spielte die Entwicklung des Schwanzes eine besondere Rolle bei großen Arten. Er wurde als Greifschwanz funktional zur fünften Hand. Richtig große Formen entstanden im tropischen Südamerika nicht. Die größten, die Brüllaffen, sind mit weniger als zehn Kilogramm Körpergewicht lediglich (untere) Mittelklasse, verglichen mit den Altweltaffen, den Schmalnasenaffen. Die Domäne der südamerikanischen Primaten blieb der

Wald, wo sie im Geäst nicht nur ähnlich virtuos herumturnen und von Krone zu Krone schier mühelos zu »fliegen« scheinen, wie die Gibbons der südostasiatischen Wälder. Viele kleine Arten der südamerikanischen Primaten ernähren sich nach Art der Insektenesser. In dieser sehr ursprünglichen Ernährungsweise gleichen sie ihrer einstigen Verwandtschaft, den Spitzmäusen ähnlichen Spitzhörnchen (Tupajas) Südostasiens. Den Fossilfunden zufolge hatte es im tropischen Südamerika nie Affen gegeben, die größenmäßig den Menschenaffen oder auch nur den Pavianen vergleichbar gewesen wären. Für die kleinen Formen hätte es keine Vorteile gebracht, sich auf den Boden hinabzubegeben und aufzurichten, um zweibeinig umherzulaufen.

Diese Anmerkung zu den südamerikanischen Primaten mag genügen, um anzudeuten, dass es keineswegs immer und überall gleichartig zwingende Gründe sind, die bestimmte Entwicklungen auslösen und fördern. Wenn die dafür geeigneten Lebensformen nicht vorhanden sind, geht das eben nicht. So hätten sich den Menschen ähnliche Primaten in Australien nicht entwickeln können, weil dort Beuteltiere lebten. Und die südamerikanischen Primaten waren zu klein und bereits zu sehr auf das Klettern in Baumkronen spezialisiert, um einen anderen Entwicklungsweg einschlagen zu können. Somit verblieben Afrika und das tropische Asien für die Primatenevolution in Größenklassen, die eine am Boden aufgerichtete Lebensweise praktikabel gemacht hätten. Dass wir in diesen beiden Großregionen lebende Menschenaffen vorfinden und Fossilien zu ihrer Entwicklung jeweils vorhanden sind, passt keineswegs nur deswegen zur hier angestrebten Argumentation, weil es so ist. Das wäre ein Zirkelschluss. Vielmehr geht aus den kontinentalen Unterschieden hervor, dass in Afrika besondere Bedingungen gegeben gewesen sein mussten, die es ermöglichten, dass sich die gemeinsamen Vorfahren von Menschenaffen und Menschen voneinander trennten und die Menschenlinie den Anpassungsweg an die zweibeinige Fortbewegung nahm. Der Trend der Großprimaten in Südostasien verlief hingegen klar in Richtung Leben im Geäst der Baumkronen. Der Orang-Utan hat, wie schon angemerkt, noch längere Arme im Verhältnis zu den Beinen als die Schimpansen und Gorillas. Die besten und schnellsten Schwinghangler sind die Gibbons als sogenannte Kleine Menschenaffen. Auch der durch Fossilfunde nachgewiesene Riesen-Orang-Utan des südostasiatischen Festlands war offenbar kein richtiger Bodenbewohner. Im Zwischenstück namens Indien, das in der Tertiärzeit als Teilstück Afrikas gegen Asien driftete und beim Zusammenstoß das höchste Gebirge, den Himalaja, auftürmte, gibt es nicht einmal Menschenaffen. Aber mehrere Affenarten, die sehr gute Kletterer sind, erschlossen sich in Indien sekundär das mehr oder weniger offene, von Menschen kultivierte und bebaute Land. Die schon genannten Hanuman-Languren sind die bekanntesten und als »Tempelaffen« die erfolgreichsten. Daraus ist zu schließen, dass die Menschenaffenlinie noch nicht entstanden und in Afrika verbreitet war, als sich Indien ablöste und bei seiner Drift nach Nordosten eine afrikanisch geprägte Tier- und Pflanzenwelt mit sich trug.

Was hier in groben Zügen beschrieben wird, ist in Wirklichkeit, will heißen nach gegenwärtigem Stand des Wissens, viel komplexer. Aber alle (Be-)Funde verweisen auf jeden Fall auf Afrika als Herkunftsregion unserer Gattung. Denn nur in Afrika sind Fossilien gefunden worden, die über die bereits behandelten Vormenschen, die Südaffen der Gattung *Australopithecus,* Bindeglieder in der Entwicklung zu den Frühmenschen darstellen.

War das Zufall? Nach Südamerika verdriftet worden waren Primaten, die sich dort zu den Breitnasenaffen in großer Formenvielfalt differenzierten. Das war, kann man wohl sagen, ein erdgeschichtlicher Zufall. Später, als es bereits Menschenaffen in Afrika gab, war der Südatlantik zu breit für die Passage vom Niger oder Kongo mit Treibgut hinüber ins heutige Brasilien. Es passten auch die Meeresströmungen nicht mehr; ein Punkt, der gleich eine vertiefte Behandlung erfährt. Das Gegenstück von Zufall ist aber keineswegs echte Notwendigkeit, sondern Möglichkeiten. Als Indien an Südasien andockte, hatten die mitgekommenen afrikanischen Tier- und Pflanzenarten die Möglichkeit, sich in Asien, dem größten aller Kontinente, auszubreiten, sofern sie geeignete Lebensräume vorfanden. Noch besser ging dies, als eine breite Verbindung zwischen Nordostafrika und Südwestasien zustande kam, nachdem der »mediterrane Ozean« namens Tethys vom gleichfalls nordwärts driftenden Afrika buchstäblich zerdrückt worden war. Afrikanische Tiere, Großtiere vor allem, drangen danach nach Asien ein und überschwemmten es geradezu. Manche gelangten dadurch bis Nordamerika hinüber, wie die Löwen. Aber auch auf dem umgekehrten Weg fand ein großer Faunenaustausch statt. Er wird uns bei der Betrachtung der Zebras beschäftigen, weil diese möglicherweise Bedeutsames zum Exodus von Menschenformen aus Afrika vermitteln.

Der Große Grabenbruch

Afrika zerbricht weiter. Ein gewaltiger Riss durchzieht den Kontinent von Nord nach Süd. Er beginnt, gegabelt, im Jordantal und der Suez-Niederung, verläuft durchs Rote Meer fast bis zum Horn von Afrika, biegt ab durch das südöstliche Äthiopien und durchzieht als Rift Valley Kenia und Tansania, ist vom Malawi See erfüllt und verlässt den Kontinent im Südosten mit dem Tal des Sambesi. Dutzende Kilometer breit im Roten Meer, schluchtartig schmal in Äthiopien und an einigen anderen Stellen, enthält die Bruchlinie auch eine spangenartige Abzweigung mit dem lang gestreckten Becken des Tanganjikasees.

Zwei Aspekte unterscheiden den Grabenbruch rein äußerlich von anderen großen Schluchten. So ist er nicht, wie der Grand Canyon des Colorado oder die gigantische Schlucht des Jangtse in China, die der berühmt-berüchtigte Drei-Schluchten-Damm aufstaut, von einem Fluss geformt. Tatsächlich gibt es kaum nennenswerte Fließgewässer im Großen Afrikanischen Grabenbruch. Und zweitens begleiten ihn Vulkane. Diese finden sich ansonsten global an Kontinentalrändern, wie der Feuerring um den Pazifik, oder sie liegen über sogenannten Hotspots unter der Erdkruste, wie im Fall der Hawaii- und Galapagos-Inseln und auch anderer Einzelvulkane. An den Großen Afrikanischen Grabenbruch grenzen dagegen mächtige, anhaltend aktive Vulkane, sogar mit Kraterseen, die von glutflüssiger Lava erfüllt sind. Und an vielen Stellen treten an den Bruchkanten oder im Zentrum heiße Quellen aus mit sehr mineralstoffhaltigem Wasser. Und da der Grabenbruch die gesamte innertropische Zone Afrikas von Nord nach Süd durchschneidet, kennzeichnet ihn ein besonderes Klima. Zwei Regen- und Trockenzeiten wechseln einander im Jahreslauf ab. Im nördlichen und südlichen Randbereich vereinigen sie sich zu jeweils einer längeren und ausgiebigen Regen- bzw. entsprechend langen Trockenzeit. Die Regen folgen dem Sonnenhöchststand einige Wochen zeitverzögert.

Das tun sie selbstverständlich überall in der Tropenzone. Aber mit ganz wesentlichem Unterschied in der Wirkung ihrer Mengen. Während die starken Regenfälle die Böden der inneren Tropen im Lauf der Jahrtausende und Jahrmillionen ausgewaschen haben, sodass sie kaum noch verwertbare Mineralstoffe für das Pflanzenwachstum in den obersten Schichten enthalten, begünstigen sie im Bereich des Großen Grabenbruchs die Vegetation. Denn dank der vulkanischen Aktivitäten, die seit vielen Millionen Jahren anhalten, sind die Böden großflächig gut bis bestens mit den nötigen Mineralien versorgt. Und sie bekamen und bekommen über die Ausbrüche der Vulkane immer wieder welche nachgeliefert. Zudem liegt der Hauptteil des Grabenbruchs mit seiner unmittelbaren Umgebung über 1000 Meter hoch oder noch höher, sodass das Tropenklima gemildert ist und es auch in der Trockenzeit immer wieder ergiebige Gewitter gibt. Vergleichbare geologisch-geografische Verhältnisse gibt es in dieser Größenordnung nirgendwo sonst. Allenfalls schufen lokale Vulkane örtlich günstige Bedingungen, etwa auf tropischen Inseln. Ostafrika befindet sich außerdem in der Zone der Passatwinde. Sie wehen vom Indischen Ozean her entweder als Nordost- oder als Südostpassat. Und auch sie wechseln von Nord nach Süd und zurück mit dem Durchgang der Sonne von Wendekreis zu Wendekreis.

Erstes Ergebnis dieser besonderen Verhältnisse ist eine für tropische Verhältnisse außerordentliche Produktivität der Pflanzenwelt, deren Wachstum sich aber, bedingt durch Höhenlage und monatelange Trockenzeiten, stark auf Gräser und andere kleine Bodenpflanzen konzentriert. Diese reagieren viel schneller auf die neuen Regenfälle als die Bäume. Savannen und dichtere Waldbestände erreichen daher offen und aufgefächert den Grabenbruch, ohne geschlossene Wälder auszubilden. Dies sind Verhältnisse, die den großen Säugetieren zugutekommen. Solche haben sich in Ostafrika und den davon in ökologischer Hinsicht günstig beeinflussten Gebieten in einer Vielfalt wie nirgends sonst auf der Erde entwickelt. Einen Großteil dieser Megafauna gibt es gegenwärtig immer noch in Form der Afrikanischen Elefanten, Nashörner, Flusspferde, Giraffen, Büffel, Antilopen, Gazellen und zahlreichen weiteren von Pflanzen lebenden Tieren. Hinzu gehören die großen Raubtiere, die sich von ihnen ernähren. Und gerade die großen Arten wandern weithin in diesem Großlebensraum. In den südamerikanischen Tropen entwickelten sich weit weniger Großtiere als in den afrikanischen, obwohl beide Kontinente eigentlich einen Zwilling darstellen, wie oben ausgeführt. Aber in Südamerika gibt es keine anhaltende Zufuhr großer Mengen mineralischer Nährstoffe aus Vulkanen, Lavaspalten und ausgestoßenen Aschen. Was die dortigen Vulkane in den Anden freigeben, landet nicht in Amazonien, sondern im Pazifik.

Der Kontrast fällt sogar noch ungewöhnlicher aus, wenn die Herkunft der Mineralstoffe betrachtet wird, die auf Amazonien niedergehen und die dortigen, global flächengrößten Regenwälder versorgen. Der Passat hat sie aus Afrika, aus der Sahara in Form von Stäuben über den Südatlantik geweht. Afrika versorgt somit sogar die südamerikanischen Tropen, deren eigene Böden extrem ausgelaugt nährstoffarm sind, mit den fürs Pflanzenwachstum benötigten Mineralien. Daraus wird verständlich, weshalb sich im Lauf der vielen Jahrmillionen in Amazonien keine der afrikanischen Megafauna vergleichbaren Großtiere entwickelt haben. Die größten Formen waren Riesenfaultiere und die als Glyptodonten bezeichneten Großformen der Verwandtschaft der Gürteltiere. Bezeichnend für sie und ihre immer noch existierende, kleine Verwandtschaft, die Faultiere, Gürteltiere und Ameisenbären, ist der Stoffwechsel. Dieser läuft, verglichen mit den afrikanischen Tropenarten und solchen, die in Eurasien und Nordamerika außerhalb der Tropen leben, mit stark abgesenktem Grundumsatz. Auf gleiche Körpermasse bezogen, setzen die Faultiere nur ungefähr die Hälfte Energie pro Tag um oder weniger, je nachdem, welche Außentemperaturen herrschen. Bei einer Art der Gürteltiere liegt er sogar fast so niedrig wie bei größeren Reptilien. Auch die Affen der südamerikanischen Tropen sind sparsam mit lediglich rund 80 Prozent des Grundumsatzes gleich großer Altweltaffen.

Wir selbst wissen, wie wichtig Mineralstoffe für das Wohlergehen unseres Körpers sind und welch bedeutende Rolle in früheren Zeiten der Handel mit Salz gespielt hatte. Salz gibt es nun aber von Natur aus im und am Großen Grabenbruch Afrikas in schier unbegrenzten Mengen. Mineralstoffe für das Wachstum der Pflanzen und Salze für das Gedeihen von Säugetieren stehen dort nahezu uneingeschränkt zur Verfügung – so man die betreffenden Stellen bei Bedarf aufsuchen kann. Damit rücken das Gehen und die Wanderungen in doppelter Weise in den Brennpunkt der Naturvorgänge in Ostafrika. Weil das Aufwachsen der bodennahen Pflanzen im Rhythmus der Niederschläge und damit im Wechsel der Jahreszeiten erfolgt, wird saisonales Wandern für größere Arten zur (Über-)Lebensstrategie. Das wird gleich am Beispiel der Antilopen und Gazellen vertieft. Der Salzbedarf kommt dazu. Denn die Muskeltätigkeit benötigt Salz, insbesondere Natrium, das nicht wie Kalium verhältnismäßig reichlich der Pflanzenkost zu entnehmen ist. Und noch mehr Salz brauchen wir fürs Schwitzen. Wasser kann nur unter Mitwirkung von Salz über die Haut abgeschieden werden. Deshalb schmeckt Schweiß bekanntlich salzig. Je aufwendiger das Wandern ist, desto mehr Salz wird benötigt. Salzfreies, destilliertes Wasser wirkt rasch lebensgefährlich, wollten wir es längere Zeit ausschließlich trinken, um den Wasserbedarf zu ergänzen. Denn wir geben als Säugetiere naturgemäß große Mengen Salz mit dem Urin ab. Dieser kann von uns nicht wie bei einigen Säugetieren so stark eingedickt werden, dass sie, wie manche Antilopen, wochen- oder gar monatelang, ohne zu trinken, auskommen. Wir brauchen sehr viel Wasser allein für die Harnabgabe als solche. In dieser Hinsicht sind wir viel schlechter dran als die Vögel, die ihren Harn stark verdickt unter Bildung von Harnsäure ausscheiden. Wir müssen ihn wie die allermeisten Säugetiere in sehr flüssiger Form aus dem Körper entfernen. Der größte Teil der ausgeschiedenen Stickstoffverbindungen ist im Harn in Form von Harnstoff enthalten. Dieser ist nicht nur leicht wasserlöslich, wie es chemisch lapidar heißt, sondern Wasser wird in entsprechend großer Menge für seine Absonderung in den Nieren benötigt. Dies ist der Hintergrund dafür, dass wir viel früher verdursten als verhungern.

Hieraus ergeben sich weitere Mosaiksteinchen zur Entwicklung des

Bildes, das die Menschwerdung in Afrika darlegen und nachvollziehbar machen soll. Die besondere geologische Struktur des Grabenbruchs ist es, die sowohl das Spektrum der Großsäuger als auch die speziellen Eigenschaften des Menschen ermöglichte. Unsere fernen Vorfahren wurden zu Läufern, weil sie der Aufwand nicht einschränkte, der mit der anhaltenden Fortbewegungsweise auf zwei Beinen und dem damit verbundenen Schwitzen verbunden war. Es gab genug Möglichkeiten, den Salzbedarf zu decken. Das reichhaltige Großtierspektrum lohnte die Verfolgung und sogar das Mitwandern mit den Herden über Hunderte von Kilometern. In dieser ihrer Fähigkeit zum anhaltenden Wandern waren die werdenden Menschen den großen Raubtieren klar überlegen. Wer etwa in der tansanischen Serengeti erlebt hat, wie mühevoll sich Löwen über die Savanne dahinschleppen, wenn die Herden der Gnus und Zebras abgezogen sind und die Zeit des Mangels auf die Beutefülle folgt, sieht den Unterschied ganz direkt. Allenfalls die Afrikanischen Wildhunde, die Hyänenhunde, sind in der Lage, ihre Beute auf größeren Wanderungen zu verfolgen. Allerdings dürfen sie da keine kleinen Jungen zu versorgen haben. An diesem Punkt wird ein weiterer, noch nicht angesprochener Vorteil des zweibeinig-aufrechten Ganges klar. Babys und kleine Kinder können dank der freien Hände mitgetragen werden. Menschengruppen müssen nicht warten, bis die Kinder fürs Wandern groß genug sind. Vielmehr kommen sie sogar mit Geburten in dichter Folge zurecht, wenn das nächste Baby geboren wird, obwohl vorhandene Kinder noch klein und unselbstständig sind. Auch damit müssen wir uns an anderer Stelle vertieft befassen, weil unser Sozialleben, auch die Schwierigkeiten, die es mit sich bringt, und wahrscheinlich sogar die Entwicklung der Sprachen eng damit zusammenhängen.

Erneute Zwischenbilanz: Der Große Grabenbruch hat nichts Vergleichbares global, weder geologisch noch in seinen ökologischen Auswirkungen mit der Begünstigung der Entwicklung eines außerordentlich reichen Tierlebens. Er durchschneidet Afrika vom außertropischen Beginn im Norden bis zum randtropischen Ende im Süden. Er enthält unterschiedliche Typen von Lebensräumen. Diese reichen von üppigen Wäldern an manchen Randzonen bis hin zu geradezu paradiesisch anmutenden Süßwasserseen, im Licht der hoch stehenden Tropensonne gleißenden Salzseen und heißen Quellen. Die Höhenlagen reichen von unter Meeresniveau in der Danakil-Senke bis zu über 1500 Meter Höhe und mehr; an Randbergen sogar bis in Hochgebirgsregionen. Und dies alles liegt verhältnismäßig nahe beisammen; fußläufig, wie man sagen kann. Die Vormenschen der Gattung *Australopithecus* lebten wahrscheinlich unter solch günstigen Rahmenbedingungen. Es gab sie, wie gleichfalls bereits ausgeführt, von Äthiopien (*Australopithecus afarensis*) bis Südafrika (*Australopithecus africanus*) und wohl auch in weiten Regionen im westlichen Teil des Kontinents. Sie gingen aufrecht, versuchten vermutlich an frisch tote Tiere zu kommen, bevor ihnen die Raubtiere und Geier alles auffraßen – und blieben mit ihrem Gehirn dennoch im Größenbereich der Schimpansen. So weit, so gut, könnte man einwenden, aber was erklärt dies, außer dass es lohnte, zweibeinig unterwegs zu sein, um an Frischfleisch zu kommen? Der Datierung der Fossilfunde zufolge existierten diese Vormenschen mehrere Millionen Jahre lang. Entscheidend ist, wie es weiterging. Wie sich die Gattung Mensch aus diesen Vorformen entwickelte.

Dazu bedarf es einer weiteren, global ausholenden Betrachtung. Das oben Geschilderte bezog sich auf die letzten Jahrmillionen der Tertiärzeit, genauer jenes Endabschnitts davon, der erdgeschichtlich Pliozän genannt wird. Diese Zeitspanne lässt sich global, speziell aber für Afrika damit charakterisieren, dass sich Grasländer und die mit Bäumen und Buschwerk durchsetzten Savannen im tropischen Bereich ausbreiteten, weil das Klima immer trockener wurde. Darauf hatte sich die Ansicht bezogen, die Vorfahren der Gattung Mensch wären in die Savanne hinausgetrieben worden, weil die Wälder schrumpften.

Die Schrumpfung stimmt zwar, nicht aber die Verknüpfung mit dem Hinaustreiben der Vormenschen. Warum es nicht so gewesen sein kann, ist bereits ausgeführt worden. Viel wahrscheinlicher ist das Gegenteil. Die zunehmenden Savannen wurden immer dichter mit Großtieren besiedelt, die aber, weil das Klima trockener wurde, immer längere Wanderungen zwischen den sich verkürzenden Regenzeiten unternehmen mussten. Diese klimatischen Änderungen selektierten anhaltend auf immer mehr Ausdauer im Gehen und Laufen. Entsprechend häufiger gab es Kadaver von Tieren, die auf der Strecke geblieben waren, verletzt, verhungert oder einfach zu schwach, die Wanderung zu vollenden. Hinzu kamen Tiere, die bei den von Blitzeinschlägen in der Endphase der Trockenzeiten ausgelösten Bränden ums Leben gekommen waren. Geröstet eigneten sich die Kadaver ungleich besser als proteinreiche, leichter verdauliche Nahrung für die Vormenschen als das zähe, noch blutende Fleisch frisch toter Tiere. Für die Überlegungen zur frühen Nutzung von Feuer wird dieser Aspekt bedeutsam. Das Ende der Geschichte könnte aber nun durchaus sein, dass die Vormenschen Zweibeiner geworden waren und weiterhin erfolgreich überlebten trotz der Vielzahl von Raubtieren und der Konkurrenz von Hyänen, Geiern und Schakalen, denen sie auf ihrem Werdegang über Jahrmillionen ausgesetzt waren. Mensch geworden waren sie damit noch nicht. Ihr Gehirn unterschied sich in der Größe kaum von dem der Schimpansen. Alle anatomischen Befunde sprechen dafür, sie nicht in die Gattung Mensch, *Homo*, mit einzubeziehen.

Austrocknung und Ende eines Erdzeitalters

Wichtig ist der paläoklimatische Befund zum Pliozän auf jeden Fall in einer Hinsicht: Die Veränderung des Klimas vollzog sich langsam und kontinuierlich. Ihre Wirkung entspricht einem anhaltend sanften Druck, die Fähigkeit des Gehens und Laufens zu verbessern. Ist dies nur eine schöne, weil passend wirkende Erklärung der Art, wie sie sich Charles Darwin für das Wirken der natürlichen Selektion vorgestellt hatte?

Die Forschungsergebnisse zum Klima gegen Ende des Pliozäns, auf die hier nicht weiter einzugehen ist, wurden jedenfalls gänzlich unabhängig von Fragen und Szenarien zur Evolution des Menschen erzielt. Sie zeigen, dass es immer wieder lange Phasen in der Erdgeschichte gegeben hat, in denen sich kaum etwas ereignete. Aber nahezu »plötzlich«, also in erdgeschichtlich kurzer Zeit, geschah etwas, das bedeutsam wurde für den weiteren Gang des Lebens. Betrachten wir an dieser Stelle – mit nachfolgendem Bezug zum Menschen – die Entstehung der schnellen Beine von Gazellen, Antilopen und anderen Huftieren. Die gängige Ansicht betrachtet sie als Ergebnis der direkten Wechselwirkung mit den Raubtieren, die diese Tiere als Beute jagen. In einem als Co-Evolution zu bezeichnenden Ablauf fand jeweils eine direkte Rückkopplung statt: Etwas schnellere Gazellenbeine zwangen zur entsprechenden Verbesserung des Sprints von Geparden, der wiederum schnellere Gazellen »machte«. Dieses Räuber-Beute-System gilt sogar als Musterbeispiel für Co-Evolution. Es sieht so überzeugend, so plausibel aus, dass kaum jemals hinterfragt wird, ob es tatsächlich so gewesen sein kann. Doch eine andere Sicht hierfür und auf viele andere, ähnlich gelagerte Fälle liefert durchaus eine Alternative zur so direkten Co-Evolution. Sie ist höchst bedeutsam für das Verständnis dafür, wie die Vormenschen zu Läufern geworden sind, nicht aber zu Sprintern.

Diese andere Sicht geht davon aus, dass mit zunehmender Verminderung der Niederschläge und deren ausgeprägterer Saisonalität die von Gräsern und Kräutern lebenden Tiere zu immer längeren Wanderungen gezwungen wurden. Solche führen gegenwärtig Millionen Gnus und Hunderttausende Zebras auf der Serengeti von Tansania bis ins Masai-Mara-Gebiet von Kenia durch. Als die *Great Migration* bekannt geworden, gehört sie zu den besonderen Attraktionen für Safari-Touristen in Ostafrika. Sie verläuft zwar über größere Strecken gemächlich, aber immer wieder dramatisch, etwa wenn der Mara-Fluss zu überqueren ist. Dabei bleiben jene in großer Zahl auf der Strecke, die nicht ganz so gut zu Fuß sind wie ihre Artgenossen. Zurück bleiben Kadaver entlang des großen Trecks.

Viele weitere Befunde aus den Forschungen zu den Migrationen von Tieren belegen, dass die Verluste auf den Wanderungen (viel) größer sind und für die Entwicklung der Bestände meistens auch bedeutsamer werden als der Anteil, der den natürlichen Feinden zum Opfer fällt. Dadurch werden zunehmende Streckenlänge und Dauer der Migrationen zu einem anhaltend massiven Selektionsfaktor. Dieser wirkt hin auf Verbesserung der Effizienz. Sie ergibt sich aus dem Verhältnis von zurückgelegter Strecke und Energieaufwand für den Transport des Körpergewichts. Wird die Reibungsfläche der Füße auf dem Boden verringert, entstehen schlankere Füße mit immer geringerer Auftrittfläche. Wir sehen dies in eindrucksvoller Weise bei den Huftieren beider Großgruppen, den Paarhufern (den Rindern und ihrer Verwandtschaft, Hirschen und Rehen) und den Einhufern mit den Pferden. Den Huf bzw. die beiden Hufteile bilden die stark verfestigten Zehenspitzen. Der größte Teil des eigentlichen Fußes, kenntlich an den zugehörigen Knochen, berührt bei den Huftieren den Boden nicht mehr. Hufe und Körpermasse müssen aber funktionell aufeinander abgestimmt bleiben, sonst würden zu schwache Beine die Last nicht tragen, oder die zusätzliche Last bei fortgeschrittener Schwangerschaft würde zu viel Kraft kosten. Geparde können allerdings, wie auch Löwen, keine Hufe ausbilden. Sie brauchen die Zehen zum präziseren Steuern für blitzschnelle Manöver oder, wie Löwen und Leoparden, zum Zupacken mit den Krallen. Geparde vermögen dies nicht mehr, weil ihre Krallen hundeartig kurz entwickelt sind. Daher müssen sie ihre Beute entweder mit den Vorderpfoten zu Boden drücken, was nur geht, wenn diese klein genug ist, oder bis zur Erschöpfung jagen, um sie mit einem Biss in den Hals am Atmen zu hindern. Hyänen, Wildhunde und Wölfe jagen gemeinsam größere Beutetiere und töten sie oft durch Ersticken mit einem Biss in die Schnauze. Die Co-Evolution der üblichen Sichtweise beschränkt sich daher eher auf etwas wie die Feineinstellung. Der ursprüngliche Anlass der Laufbeine waren hingegen sehr wahrscheinlich äußere Zwänge, wie das anhaltende Wandern über große Strecken. Dieses musste energetisch in einer stets positiven Bilanz gehalten werden. Lange Wanderungen lohnten nur, wenn sie zu schaffen waren, ohne zu viel Kondition zu verlieren oder auf der Strecke zu bleiben. Anders ausgedrückt: Je mehr man auf den Beinen sein muss, desto besser sollten diese entwickelt sein. Im Begriff des Überlebens der Tauglichsten (*survival of the fittest* im Sinne Darwins, der den Ausdruck von Herbert Spencer übernommen hatte) steckt vor allem diese Fitness, die Leistungsfähigkeit. Einem Feind dank erhöhter Schnelligkeit zu entkommen ist dann eine zusätzlich positive Folge. Der Feinddruck muss aber nicht von Anfang an entscheidend gewesen sein.

Genau darum geht es bei der Betrachtung der Vormenschen am Ende des Pliozäns. Sie waren ganz ohne Co-Evolution, höchstwahrscheinlich sogar ohne größere Gefährdung durch Raubtiere, mit denen sie draußen auf der Savanne sicher immer wieder konfrontiert waren, zu guten und ausdauernden Läufern geworden. Aber nicht zu mehr als das. Sie könnten theoretisch also immer noch existieren, zusammen mit den großen Säugetieren der afrikanischen Savanne, wenn sich nicht etwas ereignet hätte, das dem gemächlichen Gang der Entwicklungen zum Läufer einen gewaltigen Schub verlieh. Dass es einen solchen gegeben haben muss, ist den Fossilfunden zu entnehmen. Die Vormenschen, die Australopithecinen, starben aus. An ihre Stelle, sehr wahrscheinlich aus einer Art von ihnen weiterentwickelt, trat der Frühmensch. Er erhielt die wissenschaftliche Bezeichnung *Homo habilis.* Sie bedeutet »geschickter Mensch« (und hat womöglich manch Habilitierte an den Universitäten verwundert aufhorchen lassen).

Worum könnte es sich bei jenem entscheidenden Impuls gehandelt haben? Sicher nicht um ein kurzzeitiges Ereignis, wie einen gewaltigen Vulkanausbruch oder einen Meteoriteneinschlag. Die Paläontologie kennt das Ereignis, weil sie es dazu benutzt, formal die Grenze zu ziehen zwischen der Endphase des Tertiärs, dem Pliozän, und dem folgenden neuen Erdzeitalter, dem Pleistozän. Dieses ist das Eiszeitalter. Es begann vor 2,6 Millionen Jahren. Nicht schlagartig, aber abrupt genug, um erdgeschichtlich markante und für die Evolution der Organismen nachhaltige Veränderungen auszulösen.

Um zum Beginn dieses Ereignisses zu gelangen, müssen wir den Kontinent wechseln und erneut eine globale Sicht wählen. Ort des Geschehens ist die schmale Landverbindung zwischen Nord- und Südamerika. Auf dieser liegen jetzt die zauberhaften Kleinstaaten namens Costa Rica und Panama – mit dem Kanal, der die Schiffspassage zwischen Pazifik und Atlantik ermöglicht. Diese war bis vor etwa drei Millionen Jahren noch weit offen. Das warme Wasser aus dem tropischen Atlantik strömte um den Nordrand von Südamerika herum ungehindert in den Pazifik. Doch nach und nach schob sich vom Pazifik her eine kleine Platte des Ozeanbodens in die Meerenge und verschloss diese. Vulkane stiegen auf und türmten die neue Landbrücke von den südlichen Ausläufern des heutigen Mexiko und dem nördlichsten Eck von Südamerika (Kolumbien) auf. Nord- und Südamerika wurden vor etwas mehr als zweieinhalb Millionen Jahren miteinander verbunden. Mit globalen Folgen. Denn nun veränderte sich das Klima weltweit geradezu dramatisch. Das Eiszeitalter, das Pleistozän, begann.

Das Pleistozän

»Die Eiszeit«, das Pleistozän, ist das erdgeschichtliche Zeitalter, in dem auch wir leben. Allerdings verhält es sich damit anders als mit den vorausgegangenen Zeiten. Seitdem Atlantik und Pazifik über die mittelamerikanische Landbrücke voneinander getrennt sind im tropischen Bereich der Erde, gibt es einen raschen Wechsel von Warm- und Kaltzeiten. Nur unter Letzteren verstehen wir gewöhnlich »die Eiszeit«. Aber die Warmzeiten dazwischen gehören zum Geschehen im Pleistozän. Sogar in den Kaltzeiten, den eigentlichen Eiszeiten, gab es immer wieder Jahrtausende mit plötzlich sehr warmem Klima. Eine größere Warmzeit zwischen den beiden letzten Kaltzeiten, der Riss- und der Würm-Kaltzeit, Eem genannt, war vor 125 000 Jahren so warm, dass Nilpferde, wie die heutigen in Afrika, auch an Rhein und Themse lebten und andere Großtiere in Europa vorkamen, deren Nachfahren wir für typisch afrikanisch halten. Aber unsere heutigen Vorstellungen von der eiszeitlichen Großtierwelt werden sich ohnehin als sehr problematisch bis wenig zutreffend erweisen, wenn wir sie näher betrachten. Als »Kinder der Tropen« mit einem Innenleben, das auf tropisch-warmem Niveau läuft, zittern wir gleichsam bei der Vorstellung, dass die Alpen buchstäblich in Eismassen versanken, Gletscher mit zäher Langsamkeit, aber unaufhaltsam von Skandinavien her nach England und Norddeutschland flossen und die Durchschnittstemperaturen viel niedriger als in der Gegenwart lagen. Hingegen waren die Warmzeiten zwischen den Kaltzeiten klimatisch zumindest moderat oder wärmer als unsere Zeit. Das hätte sie, aus heutiger Sicht, durchaus angenehm gemacht. Wie aber sah es aus in den Kaltzeiten mit den riesigen Eismassen, die große Teile der Nordhemisphäre und die hohen Gebirge bis an den Rand der Tropen bedeckten? Nehmen wir die Verhältnisse in Europa zum Vergleich mit der Gegenwart, denn hierher kamen die Menschen unserer Art vor etwa 40 000 Jahren aus Afrika.

Zwischen dem gewaltigen nordwesteuropäischen Eisschild und den weit ins Vorland herausreichenden alpinen Gletschern erstreckte sich weitgehend baumloses, dürftig bewachsenes Land ähnlich der arktischen Tundra. Kaum vorstellbar, dass hier Mammuts, also riesige, ein dichtes Fell tragende Elefanten, Nashörner, ebenfalls mit Fell, Herden von Wildpferden, Rentieren und den nordamerikanischen Bisons ähnliche Büffel lebten. Löwen und Hyänen jagten diese, auch Bären von erheblich größerem Format als die heute in Europa vorkommenden, und viele weitere, überwiegend große Tiere. Die Verhältnisse der heutigen Tundra können daher in diesem eiszeitlichen Mammutland nicht in ähnlicher Weise gegeben gewesen sein. Als Mammutsteppe werden sie deshalb bezeichnet, um zu verhindern, dass die nordische Tundra der Gegenwart zu sehr die Vorstellungen vom Leben im Eiszeitland beeinflusst. Dazu später mehr. Doch innerhalb weniger Jahrtausende, mitunter in noch kürzerer Zeit, wechselten Warm- und Kaltzeiten aufeinander. Das Geschehen lässt sich treffend als »pleistozäne Klimaschaukel« charakterisieren. Dass sie Folgen haben musste, nicht nur auf den werdenden Menschen, sondern auf die ganze Natur, liegt auf der Hand. Das Eiszeitklima war anders, viel wechselhafter als das der vorausgegangenen, ruhigen Zeiten im Pliozän. Ursache war jene kleine »Platte«, die sich zwischen Nord- und Südamerika verkeilte und mit dem Vulkanismus, den sie auslöste, die Landverbindung zwischen beiden Kontinenten verursachte.

Dadurch gerieten die Meeresströmungen durcheinander. Sie mussten sich neu formieren. Entscheidend war dabei, dass das von den Passatwinden getriebene, warme Oberflächenwasser des nördlichen Südatlantiks nun nicht mehr an Südamerika vorbei in den Pazifik weiterfließen konnte. Der Äquatorialstrom wurde blockiert. Seit Jahrmillionen hatte ihn das nordwärts in Richtung Ostasien driftende Australien bereits abgeschwächt, weil die Passage zwischen den heutigen indonesischen Inseln und Neuguinea schmaler geworden war. Dies schwächte den Passat über dem Indischen Ozean und hatte dazu beigetragen, dass mehr Niederschläge als Monsun nach Asien und weniger nach (Ost-)Afrika gelangten. Die sich langsam verlängernden Trockenzeiten gegen Ende des Pliozäns waren davon mit verursacht worden. Auf sie war im Zusammenhang mit der allmählich fortschreitenden Verbesserung des Geh- und Laufvermögens der Vormenschen bereits hingewiesen worden. Doch anders als die Verengung der Durchströmmöglichkeit vom Westpazifik in den Indischen Ozean wurde die Unterbrechung des Äquatorialstroms vom Südatlantik in den Ostpazifik im erdgeschichtlichen Zeitmaßstab ganz abrupt und völlig anders wirksam.

Im Zeitraffer betrachtet, kam ein gewaltiger Stau von tropisch-warmem Wasser im Golf von Mexiko zustande. Dieser brach nordostwärts aus und drückte hinein in den Nordatlantik. An der Ostküste der heutigen USA floss er polwärts bis in die Region des Nordpolareises zwischen Neufundland und Grönland und weiter, von den starken Westwinden über dem Meer ostwärts abgelenkt gegen die Küsten Nordwesteuropas bis hinüber ins Eismeer. Dort konnten die umgelenkten Wassermassen nicht einfach bleiben. Sie strömten abgekühlt und abgesunken in tieferen Schichten des Atlantiks zurück. Auf Bahnen, die erst in den letzten Jahrzehnten näher erforscht worden sind, entstanden in der Tiefe Ausgleichsströmungen, die alle Ozeane erfassten. Sie wirken als großes Förderband von Wärme in den Weltmeeren. Damit bestimmen sie das Klima auf den Kontinenten. Wir nennen den für Europa und das östliche Nordamerika so bedeutenden Teil dieser ozeanischen Zirkulation »Golfstrom«. Er ist die »Zentralheizung Europas«. Mit dem Golfstrom im Nordatlantik und seinem Gegenstück im Pazifik, dem Kuroshio, der an Japan vorbei in Richtung Beringstraße polwärts zieht und nach Alaska hinüber umbiegt, wurde die eiszeitliche Klimaschaukel in Gang gesetzt. Schwächt sich der nach Europa gerichtete Teil des Golfstroms ab und zieht südlicher gen Nordwestafrika, kommt eine Kaltzeit, eine Eiszeit, zustande. Strömt er aber mit Macht bis zur Nordspitze Europas und in den Arktischen Ozean, gibt es eine Warmzeit.

In einer solchen befinden wir uns seit Ende der letzten Kaltzeit vor rund 12 000 Jahren. Eispanzer und fast subtropisch-temperiertes Klima wechseln in dieser Klimaschaukel etwa alle 41 000 Jahre einander ab. Grund sind die sogenannten Milankovics-Zyklen. Sie hängen zusammen mit der etwas eiförmigen Bahn der Erde um die Sonne. Größere Nähe bedeutet mehr Einstrahlung und zunehmende Wärme und umgekehrt. Aber diese Zyklen bestimmen nicht allein den Wechsel von Kalt- und Warmzeiten. Denn Letztere fallen erheblich kürzer als die Kaltzeiten aus. Das liegt an den Niederschlagsmengen und ihrer Verteilung. Je mehr Schnee, umso kälter werden die Winter und umso stärker sinken die Temperaturen im Jahresmittel.

Die Vorgänge sind komplex. Hochleistungscomputer werden benötigt, um die Modelle durchzurechnen und konkreten Befunden anzupassen. In unserem Zusammenhang bedeutsam sind drei allgemeine Feststellungen. Erstens wurden die Eiszeiten mit ihrem so raschen Wechsel des Klimas bei der Entstehung des Golfstroms vor gut zweieinhalb Millionen Jahren in Gang gesetzt. Zweitens wirkten sich diese global aus, auch auf das tropische Afrika. Dort verursachten sie einen Wechsel zwischen trockenerem und sehr feuchtem Klima. Drittens änderte sich die Höhe des Meeresspiegels im Wechsel von Kalt- und Warmzeiten, und zwar um bis zu 150 oder 180 Meter Höhe. In den Kaltzeiten sank er. Landverbindungen kamen zustande zwischen Kontinenten und Inseln, die sich auf dem Festlandssockel befinden, wie zum Beispiel Sumatra und Borneo. Sie wurden Teil des südostasiatischen Festlands. Und wieder zu Inseln, wenn in den warmen Feuchtzeiten das Meer anstieg. Vergleichbares geschah in den Regenwäldern der Tropen. Sie schrumpften in den regenärmeren Kaltzeiten und breiteten sich aus in den viel niederschlagsreicheren Warmzeiten. Auch die tropischen Regenwälder blieben keineswegs seit Urzeiten stabil, wie das die Sichtweise vom »Urwald« suggeriert. Das galt für alle Wälder und selbstverständlich auch für die Savannen und Steppen. Je nach vorherrschender klimatischer Lage änderte sich ihr Zustand. Global betrachtet, drückten die Kaltzeiten die Klimazonen der Erde äquatorwärts zusammen. In den warmen Zwischeneiszeiten breiteten sich diese wieder polwärts aus. Die Natur der Erde pulsierte. Im Meer geschah dies selbstverständlich auch, jedoch viel gedämpfter und von den großen Meeresströmungen stark beeinflusst. An Land fallen die Schwankungen der Witterung immer weit stärker aus als in größeren Gewässern oder im Ozean.

Folgen für die Menschwerdung

Wir kennen es von uns selbst: Beständigkeit regt nicht gerade zur Veränderung an. Wo sich kaum etwas ändert, neigen Gesellschaften zur Erstarrung auf dem Gewohnten, dem Althergebrachten. In der freien Natur verhält es sich nicht anders. Bleibt der Druck der Umwelt gleich im Hinblick auf Beschaffung von Nahrung, Auseinandersetzung mit Feinden und Witterungsverhältnisse bei geringfügigen Schwankungen, vollzieht sich allenfalls eine sogenannte stabilisierende Selektion. Das heißt, ihr fällt zum Opfer, was von der Norm zu sehr abweicht. Eine Art unter stabilisierender Selektion bleibt äußerlich unverändert, solange die Bedingungen im Wesentlichen so bleiben, wie sie sind. Man pflegt es anders auszudrücken, nämlich dass diese oder jene Art ihrer Umwelt angepasst ist.

Mit Einsetzen des so raschen großklimatischen Wechsels änderten sich die Spielregeln auf den Bühnen der Evolution. Kontinentweit, weltweit. Vieles geriet in Bewegung. So auch die Ränder der Kontinente. Denn in den Zeiten starker Vereisung, also in den Kaltzeiten, ging der Meeresspiegel zurück. Nicht um wenige Meter, sondern wie bereits angeführt um über 150 Meter. Das legte riesige Uferflächen frei. Das angrenzende Flachwasser wurde zugänglich. Eine Vorstellung davon vermitteln Ebbe und Flut im Wattenmeer der südöstlichen Nordsee. Da die von der Anziehungskraft des Mondes getriebenen Gezeiten weiterliefen in ihrem Rhythmus, eröffneten sich für die nach Nahrung, insbesondere nach Proteinen, suchenden, zweibeinigen Primaten neue Möglichkeiten. Überlegungen aus den letzten Jahrzehnten der Forschung konzentrieren sich auf die marinen Flachuferzonen von Nordostafrika, von wo auch die Fossilien der Vormenschenform *Australopithecus afarensis* stammen. Eiweiß von Schalentieren des Meeres, überall und immer noch sehr geschätzt, wo Menschen an Meeresküsten leben (oder diese im Urlaub aufsuchen), ist sehr gut verträglich und verdaulich. Im Hinterland lieferten die sich in den Dürrezeiten häufenden Steppenbrände wohl auch immer mehr »gebratenes Fleisch« von Tieren, die im Feuer umgekommen waren. Die wechselhaftere Witterung verstärkte das Umherwandern der Vormenschengruppen. Aber nicht nur im Hinblick auf zurückgelegte Strecken pro Saison, sondern auch in der Art, wie gewandert wurde. Menschengruppen, die bis in unsere Zeit in Regionen lebten, die starken Wechseln von Witterung und Jahreszeiten unterworfen sind, pflegten in Großfamilien, meist in Clans zu leben. Kleingruppen aus Kernfamilien wären zu sehr dem Risiko ausgesetzt, allein zu wenig zu finden oder zu erbeuten, um Tag für Tag über die Runden zu kommen, wenn die Zeiten schlecht waren. Zu groß durften die Gruppierungen aber auch nicht sein, weil sie, ähnlich wie Raubtiere, zu schnell ihr Such- und Jagdterritorium ausgebeutet hätten. Robin Dunbar, ein britischer Forscher, kalkulierte aus derartigen Überlegungen und unter Berücksichtigung der vielen Befunde völkerkundlicher und ethnologischer Forschungen, dass um die 150 Menschen eine ziemlich optimale Gruppengröße ergeben (würden). Allerdings aufgeteilt in Untergruppen und locker verteilt im Raum, aber mit anhaltenden Kontakten zueinander zu gegebener Zeit.

Diese Überlegung liefert in mehrfacher Hinsicht Ansätze zum Verständnis der weiteren Evolution der Vormenschen zu den Frühmenschen und weiter zu unserer Art. An den entsprechenden Stellen ist darauf zurückzukommen. Für die Übergangsphase vom Vor- zum Frühmenschen, also für rund das erste Drittel des Eiszeitalters, sollten zwei Tendenzen wirksam geworden sein. Erstens wurde das Umherwandern effizienter, zumal wenn leicht verdauliche und für den Körperbedarf ergiebige Proteine von Küsten-Schalentieren die bisherige Nahrung in größerem Umfang ergänzten – Kochen und Braten waren ja noch nicht erfunden – und dabei die Aktionsräume der Vormenschengruppen erweitert wurden. Aber dies erforderte zweitens auch mehr Kooperation in den Gruppen, die wie gerade geschildert nach dem Prinzip »*fusion and fission*« zusammenkamen und wieder eigene Wege gingen. Damit das einigermaßen reibungslos funktioniert, muss man sich gut genug (er-)kennen, so die Argumentation von Robin Dunbar. Was würde ein derartiges Szenario auf den Körper der Vor- und Frühmenschen bezogen bedeuten? Woran ließe es sich an den Fossilien erkennen?

Mehr Gehen und Laufen würde den Läufertyp weiterentwickeln, auch unter Zunahme der Körpergröße und Optimierung des Gewichts. Wiederum ist uns geläufig, dass lange Beine und ein dazu passend athletischer Körper besseres Laufen mit mehr Ausdauer ermöglichen als, um es krass auszudrücken, kurze Beine mit zu dickem Leib. Diese Schlussfolgerung stimmt mit den Fossilfunden gut überein. Aber sie passt nicht deshalb, weil sie passen sollte, sondern, weil an uns Menschen diese Verhältnisse direkt gemessen werden können. Doch zu dieser Verbesserung sollte eine weitere hinzukommen. Sie betrifft das Leben in Gruppen, die einander treffen, aber auch wieder getrennt voneinander agieren. Die Steuerung hierzu geschieht im Kopf.

Das Gehirn braucht mehr Kapazität, um die zunehmend komplexeren Wanderungen und ein noch komplexeres Sozialleben zu verarbeiten, eines, das erheblich über die Kernfamilie hinausgeht. Kurz: Das Gehirn sollte größer werden. Es wurde größer. Beim Übergang vom Zustand des Vormenschen, repräsentiert durch die Gattung *Australopithecus* mit noch schimpansenähnlicher Größe, verdoppelte es sich. Die Schädel von *Homo habilis*, der als erster Angehöriger der Gattung Mensch über die Savannen von Nordostafrika herumschweifte und wahrscheinlich auch die Küsten am Indischen Ozean und am Roten Meer absuchte, zeigen die Verdopplung der Gehirngröße. Ihr Anstieg verlief recht schnell, regelrecht steil nach oben, während es die lange Zeit davor fast keine Änderung gegeben hat. In ähnlich kurzer Zeit erreichte es alsbald eine Kapazität, die schon der Untergrenze der normalen Hirngröße von uns Menschen entspricht, nämlich etwa 1200 Kubikzentimeter. Das ist das Dreifache der Gehirnmasse der Schimpansen. Aus den Veränderungen der Schädelform der Frühmenschen bis hin zu unserer Art lässt sich diese Größenzunahme direkt ablesen. Was bedeutet, dass die frühe Form der Gattung Mensch »schneller und klüger« geworden ist.

Ein Einschub ist an dieser Stelle geboten. Gehirngröße darf nicht automatisch mit Intelligenz gleichgesetzt werden. Männer unserer Art sind nicht klüger als Frauen, weil sie durchschnittlich größere Gehirne haben. Zu berücksichtigen ist das Größenverhältnis zum Körper. Dabei kann die Frau durchaus günstiger abschneiden als der Mann, wenn große, muskulöse Männer mit kleineren Frauen verglichen werden. Es kommt gewiss nicht allein auf die (Gehirn-)Masse an. Sonst müssten uns Elefanten weit übertreffen. Allerdings auch kleine Primaten, wie die südamerikanischen Kapuzineräffchen, weil ihre Gehirne groß sind im Verhältnis zu ihrer Körpermasse. Aus Erfahrungen mit Computern können wir einen grob technischen Vergleich ziehen und feststellen, es kommt eben darauf an, wie sie programmiert sind. Und wie man sie mit anderen Rechnern zu Supercomputern vernetzt. Da zählt Größe wieder.

Größere Gehirnmasse kann mehr leisten und sehr vorteilhaft werden, gesetzt den Fall, sie wirkt »mit den Köpfen anderer« zusammen. Soziales Leben fördert intelligentes Verhalten. Denn soziale und faktenbasierte Intelligenz verbinden sich und steigern einander in der Leistung. Doch warum verlief die Zunahme der Gehirngröße nicht bis in unsere Zeit so weiter, wie bei der Entstehung der Gattung Mensch im frühen Eiszeitalter? Bereits vor einer Million Jahren fiel der Zuwachs gering aus. Mit der Entstehung des Neandertalers hörte sie faktisch auf. Unsere Art hat kein größeres Gehirn als diese Menschenart, die in der letzten Eiszeit ausstarb. Seltsamer noch: Unsere Gehirngröße weist eine erstaunliche Variationsbreite auf. Sie reicht von um die 1200 bis etwas über 2000 Kubikzentimeter. Das ist ein enormer Unterschied, selbst wenn auf Körpergröße (Masse) korrigiert wird. Das Herz darf nicht annähernd so stark variieren in der Größe. Mit dem Gehirn ist offenbar mehr verbunden als nur schiere Größe. Auf jeden Fall verursacht es ein gewaltiges Problem, eines, das fast jeder Mensch erlebt, ohne es bewusst wahrzunehmen: Der Kopf muss bei der Geburt durch die Enge des Beckenrings. Und wird dabei enorm gedrückt. Wären die Knochen des Schädels schon fest miteinander verbunden, käme es zu Brüchen.

Mehr Gehirn oder besserer Lauf?

Genau dies ist das Dilemma. Je enger und länger die Beine, desto besser wird der Lauf und umso größer die Ausdauer. Aber das hält den Beckenring eng und erschwert bei der Geburt die Passage des Köpfchens. Breite Hüften verweisen auf eine bessere Gebärfähigkeit, zumindest als Tendenz. Die Männer empfanden dies offenbar so, wenn man die eiszeitlichen »Venus-Figurinen« betrachtet. Sie drücken nicht gerade Schlankheit als Schönheitsideal aus; eine Figur, die gut im Laufen wäre. Um die sexuellen Lockwirkungen soll es später im Zusammenhang mit der Entwicklung der spezifisch menschlichen Sexualität gehen. Sie werden daher hier noch nicht weiter berücksichtigt. Das Dilemma ist ohnehin klar. Die Zunahme der Kopfgröße beim Baby stößt an Grenzen. Ist das Köpfchen auch nur ein wenig zu groß geraten, wird dies für Mutter und Kind fatal. Die Frage ist, welche Anforderung verursacht einen stärkeren Selektionsdruck?

Die Lösung dieser Problematik ist genial: Das Baby wird früher geboren als bei unserer Primatenverwandtschaft, und zwar in einem Zustand, der einer Frühgeburt entspricht. Aber einer besonderen. Denn zu früh, weil viel zu wenig entwickelt, kommt das Körperchen zur Welt. Das Köpfchen, das unproportioniert groß aussieht, passt aber durch den Geburtskanal. Einige Drehungen sind zwar nötig, aber wenn der Kopf erst mal durch ist, folgt der Rest vergleichsweise rasch und unproblematisch. Es ist der Kopf, der den so großen Geburtsschmerz verursacht. Unser Eintritt in die Außenwelt ist etwas so Besonderes und Forderndes, dass es in allen Kulturen Geburtshelferinnen (Hebammen) gibt. Wir kennen nur einen halbwegs vergleichbaren Fall, und das ist die Geburt bei Walen und Delfinen. Sie findet im Wasser statt. Das Neugeborene muss so schnell wie möglich an die Oberfläche für die ersten, die Lungen öffnenden und mit Luft füllenden Atemzüge. Dazu verhelfen andere Wal- oder Delfinweibchen. Beim Menschen haben die Erstgebärenden die Hebammenhilfe am meisten nötig. Gebar eine Frau schon mehrere Kinder, werden die Geburten leichter. Doch auch wenn sich die Scheide dadurch nachhaltig geweitet hat, bleibt im knöchernen Beckenring undehnbar die Enge des Geburtskanals.

Die Vorverlagerung der Geburt wirkt deswegen so genial als Lösung des Dilemmas, weil sie damit eine besondere nachgeburtliche Gehirnentwicklung ermöglicht. Anderen Primaten oder Säugetieren fehlt eine solche. Bei der Geburt haben wir eine für unsere Körpergröße ziemlich normale Gehirngröße. Nachgeburtlich verdreifacht sie sich jedoch rasch und wächst weit über die Größe hinaus, die bei unserer Primatenverwandtschaft üblich wäre. Aber der Rest des Körpers ist noch so wenig entwickelt, dass das Neugeborene eine hilflose Frühgeburt darstellt. Erst nach etwa einem Jahr erreicht das Menschenbaby einen Zustand, in dem die anderen Primatenkinder geboren werden. Das Neugeborene kann sich noch nicht wie ein neugeborener Schimpanse an die Mutter klammern. Ihr Fell erleichtert den Griff, der erstaunlich fest ist und lange hält. Primatenbabys können sich kurz nach der Geburt schon selbst festhalten, während Menschenbabys gehalten und getragen oder in geeigneter Weise gelagert werden müssen. Das stellt besondere Anforderungen an die Mütter. Die Kindchen bleiben rund ein Jahr lang noch fast wie ein Fötus. Die Geburtsmedizin nennt dies das »extrauterine Jahr«, ein Jahr, das außerhalb des Uterus, der Gebärmutter, zu verbringen ist, bis der normale Zustand des Kleinkindes (eines Neonatus im Fachjargon) erreicht ist und das Baby aktiv umherkrabbelt und sich aufzurichten versucht.

Durch die frühe Geburt verlagert sich beim Menschen rund die Hälfte der Entwicklung, die üblicherweise im Mutterleib stattfindet, nach draußen. Das Baby genießt nun nicht mehr den Schutz der Gebärmutter und die volle Einbeziehung in die Körperwärme der Mutter. Für diese wird die Versorgung des Neugeborenen beträchtlich schwieriger. Wie sehr, können wir an den noch früher zur Welt gekommenen Frühchen mitverfolgen, die in Kliniken in Spezialbehältern untergebracht werden müssen, bis sie wenigstens den Zustand eines normal Neugeborenen erreicht haben. Was da an Technik und Aufwand nötig ist, leisten Mütter für ihre normal Neugeborenen in aller Regel ganz von selbst, weil es zu unserem Lebensbeginn nach der Geburt gehört, an die Mutterbrust genommen und von ihr genährt und versorgt zu werden.

Doch es verbindet sich noch mehr mit unserer Geburt. Ganz direkt, weil Mütter mit Neugeborenen selbst zwingend davon abhängen, dass sie die Gruppe mitversorgt, in der sie leben. Die Gruppe ist im Wesentlichen die Familie in ihren verschiedenen Varianten. Diese reichen von der Kleinfamilie über Großfamilien bis in unsere weitgehend anonyme Gesellschaft, in der Babystationen in Kliniken und Krabbelgruppen für die kleinen Kinder zur Verfügung stehen (sollten). Die schwere und zu frühe Geburt wirkt zentral in das Sozialverhalten der Menschen. Sie hat abhängig gemacht von enger Bindung an Mitmenschen. Diese Abhängigkeit währt nicht bloß kurz, bis das Kind groß genug ist, um von der Mutter mitgetragen zu werden, wenn sie sich auf die Suche nach Nahrung begibt oder eine wie auch immer geartete Arbeit aufnimmt. Die lange und intensive nachgeburtliche Versorgung bestimmt auch unsere Lebensdauer, unsere Langlebigkeit als Mensch. Wie eingangs bereits angedeutet, leben wir eigentlich viel zu lang, auf unsere Körpergröße bezogen und mit anderen Säugetieren verglichen. Hinzu kommt, dass die Menschenfrau nach der Menopause, dem Ende ihrer Fruchtbarkeit, durchaus weitere Jahrzehnte zu leben erwarten kann. Diese Besonderheit wird in anderem Zusammenhang eine wichtige Rolle spielen. Die Männer leben im Durchschnitt nicht ganz so lange, aber der Unterschied macht nur ein paar Jahre aus. Wir überleben normalerweise nicht nur den Hund, den wir von klein an aufziehen, sondern auch das Pferd, das zum Reiten angeschafft wird, und jedes sonstige Tier, allenfalls mit Ausnahme vom Elefanten. Doch ein solcher wird gewöhnlich nicht direkt von und mit Menschen großgezogen. Unsere durchschnittliche Lebensspanne sollte kaum halb so lange dauern. Sie ist, wie wir noch sehen werden, der zweite große Gewinn, der mit der schweren Geburt verbunden ist. Der erste steckt im Gehirn und seiner Entwicklung. Es hat bei der (so frühen, so vorzeitigen) Geburt bereits fast alle Nervenzellen (Neuronen), aber die Ausdifferenzierung findet nachgeburtlich in einem langen Prozess statt, der rund 20 Jahre dauert.

In dieser langen Zeit lernt und lernt das Gehirn. Wie leistungsfähig es dabei wird, hängt nicht allein von Schädelgröße und Gehirnmasse ab, sondern viel stärker von der inneren Strukturierung. Darauf wies ich bereits hin. Hier ist dies auf andere Weise zu betonen: Die frühe Geburt mit langer nachgeburtlicher Entwicklung des Gehirns beschert uns nämlich eine außerordentlich lange Kindheit und Jugendzeit. Diese Phasen im Leben zeichnen uns Menschen aus. Wie immer bei »Gewinnen« aber mit Folgen, die durchaus problematisch sein können. Die verlängerte Jugendzeit macht uns anfällig, indoktriniert zu werden. Dass dabei schlimme Ideologien eingepflanzt werden können, liegt auf der Hand. In moderater Form äußert sich die Indoktrinierung in der »Rebellion der Jugend« gegen die Sitten, Denkweisen und Lebensformen der Erwachsenen. Dies wird ein wichtiges Thema im zweiten Teil.

Blenden wir hier zurück auf den Zustand der Evolution zum Menschen zu Beginn des Eiszeitalters, das mit den raschen klimatischen Wechseln immer wieder Anstöße für Weiterentwicklungen gegeben hatte. In erdgeschichtlich kurzer Zeit führten diese vom Vormenschen zum Frühmenschen. Wie schon ausgeführt, verbesserten sich dabei zwei Eigenschaften, die zweibeinige Fortbewegung und die Gehirngröße. Beide sind in Fossilfunden dokumentiert, also nachgewiesen. Schwieriger ist es, daraus die Folgen für die Lebensweise der Frühmenschen und ihre weitere Entwicklung abzuleiten. Wir müssen uns mit plausiblen Szenarien begnügen. Diese sollten aber so gestaltet werden, dass wesentliche Teile widerlegbar bleiben, durch neue Befunde etwa, und dass sie weiterentwickelt werden können. Was heute die molekulargenetischen Forschungsmethoden aufzudecken imstande sind, war vor 40 Jahren noch nicht zu erahnen und vor 30 Jahren erst in Ansätzen erkennbar. Es kann daher nicht um abschließende Vorstellungen gehen. Diese Bemerkung trifft speziell auf die Ausführungen im folgenden Abschnitt zu. In diesem geht es um die Fragen, wann, wie und warum Angehörige der Gattung Mensch Afrika verließen und sich über Eurasien ausbreiteten. Dies geschah den Fossilfunden zufolge im Eiszeitalter in einem ersten Vorstoß nach dessen erstem Drittel.

Out of Africa (I)

Vor etwa zwei Millionen Jahren gelangte eine erste Menschenform in den Vorderen Orient, die unserer Gattung *Homo* zuzurechnen ist. Sie trägt die Artbezeichnung *Homo habilis.* Dieser »Geschickte Mensch« hatte sich im Skelettbau schon sehr stark unserem Zustand genähert, aber die Kapazität des Schädels verweist auf einen mittleren Zustand in der Größenzunahme des Gehirns. Da darauf bereits eingegangen ist, braucht dies hier nicht noch einmal ausgebreitet zu werden. Also können die drei oben genannten Fragen gezielt an die Fossilfunde von *Homo habilis* gerichtet werden: wann, wo und warum?

Das »Wann« ergibt sich aus den Datierungen der Funde auf vor etwa zwei Millionen Jahren. Das »Wo« ist geografisch mit dem Vorderen Orient bereits grob umrissen. Es soll auch nicht detaillierter betrachtet werden, weil neue Funde die vorhandenen Bilder immer wieder verfeinern oder auch erweitern. Der Vordere Orient, Südwestasien, grenzt jedenfalls ans nordöstliche Afrika. Und von dieser Region stammen die Funde von *Australopithecus afarensis,* also der Vormenschen-Art, die gegenwärtig als am besten geeigneter Kandidat für die Weiterentwicklung zur Gattung Mensch gilt. Mehrere Zwischenformen sind bereits anhand diverser Fossilfunde benannt worden, wie *Homo antecessor* (Vorläufer Mensch). Sie sind für die Zusammensetzung der Details bedeutsam, nicht unbedingt aber für die großen Züge der Menschwerdung. Denn dass es weitere, feiner abgestufte Zwischenformen gegeben haben musste, ist ohnehin unstrittig. Verbleibt also die problematischste der drei Fragen, die Frage nach den Anlässen. Warum breitete sich eine frühe Menschenform nach Südwestasien aus?

Dass die Frage überhaupt gestellt wird, drückt aus, dass wir geneigt sind, anzunehmen, was sich in einer Region entwickelt und deren Lebensumständen angepasst hat, sollte dort auch bleiben bzw. geblieben sein. So eine Haltung ist besonders seltsam, wenn es sich um Menschen im weiteren Sinne handelt. Denn wir Menschen erweisen uns als wenig ortsfest, zumal wenn wir unsere Herkunft ein paar Generationen zurückblickend festzustellen versuchen. Zustande kommt ein vielfältiges Geflecht von Verwandtschaftsbeziehungen. Warum sollte es früher bei Menschen jemals anders gewesen sein? Auch die Tiere zeigen überwiegend Tendenzen, ihre Wohngebiete zu verlagern, neues Gelände zu besiedeln und sich aus früheren Vorkommen zurückzuziehen, je nachdem, wie sich die Lebensbedingungen ändern. Für eine Ausbreitung ist lediglich ein Populationszuwachs vonnöten, der für gehörigen Druck sorgt. Oder Konkurrenz mit einer besseren Art, worum es sich dabei auch handeln mag. Diese Möglichkeiten sind plausibel – und überprüfbar. Auch viel später noch. Denn wenn Populationsdruck durch zu starke Vermehrung der Grund für das Wandern in neue Regionen gewesen war, sollte es im Herkunftsgebiet viel mehr Fossilfunde geben als in den späteren Einwanderungsgebieten. Zumindest für längere Zeiten, bis auch dort die Kapazitäten ausgeschöpft waren. Nun ist die quantitative Wertung von Fossilfunden eine vertrackte Sache. Denn Fossilien, Versteinerungen, entstehen nur unter höchst spezifischen Bedingungen. Solche gibt es nicht überall in gleichem Maße. Im neu erschlossenen Gebiet können Knochen leichter zu Fossilien werden als im Herkunftsraum. So ist es, wenn die feuchten Tropen mit Regionen verglichen werden (müssen), in denen Klima und Boden weit günstiger sind für die Bildung von Fossilien. All das und weitere Aspekte sind im Detail für die Beurteilung von Fundstätten eminent wichtig. Aber auf große Räume bezogen sollte das große Bild dennoch zustande kommen. Bei den Vormenschen der Gattung *Australopithecus* ist das der Fall. Die verschiedenen Arten verteilen sich in Raum und Zeit über den östlichen Teil Afrikas von Nord nach Süd. Doch über Afrika hinaus gelangten sie nicht, obwohl zu ihrer Zeit Verbindung mit dem südwestlichen Asien bestand. Entsprechendes gilt für andere Säugetiere afrikanischen Ursprungs. Sie breiteten sich auch nicht einfach kontinuierlich nach Asien aus.

Also sollte es besondere Gründe gegeben haben. Wir kennen sie bereits aus der Einführung ins Eiszeitalter. Es gibt überzeugende Gründe für die Annahme, das Klima könne Auslöser und Treiber gewesen sein. Auf welche Weise, das lässt sich aus den zwar viel schwächeren, aber immerhin deutlichen Schwankungen der Niederschläge in unserer Zeit in Afrika ableiten. In Feuchtzeiten entwickelt sich die Vegetation je nach Ausmaß des Regens viel stärker als in Trockenperioden. Die Tierbestände, die davon leben, reagieren darauf. Das tun sie nicht nur vor Ort, sondern viel ausgeprägter großräumig. Auch dies kennen wir, zumindest prinzipiell. Regnet es ausgiebig in der Wüste, ergrünt und erblüht sie und zieht jede Menge Tiere an. Regnet es über Jahrhunderte und Jahrtausende anhaltend und reichlich, verschieben sich die gürtelartigen Zonen in den Tropen, in Afrika insbesondere hinein in den riesigen Raum der Sahara. Wir wissen aus einer Vielzahl von Forschungen, dass die Sahara vor mehreren Jahrtausenden tatsächlich noch savannenartig grün und keine (Voll-)Wüste war. Änderungen im Niederschlag bewirken schier Zauberhaftes. Wieder speziell auf Afrika bezogen heißt dies, dass sich die Savannen, wie es sie gegenwärtig beispielhaft in der Serengeti gibt, nordwärts ausdehnen. Die innertropischen Savannen werden feuchter, die neuen im Bereich der Wendekreise und etwas darüber hinaus nähern sich den jetzigen Zuständen im innertropischen Ostafrika an. Gehen die Niederschlagsmengen anhaltend zurück, schrumpfen die Vegetationszonen entsprechend in Richtung Äquator. Im langzeitlichen Ablauf kommt damit eine Art ökologische Pumpe zustande. Verschiebt sie die Trockensavanne in die Sahara hinein, eröffnet dies ohne eine Wüstensperre dazwischen breitflächig den Weg nach Nordosten hinüber ins südwestliche Eurasien. Zieht sie sich zurück, baut sich die Barriere der Wüste erneut auf, die insbesondere all jene Arten nicht überwinden können, die kontinuierlichen Zugang zu Trinkwasserstellen nötig haben.

Aus geografischen Gründen, also bedingt durch die Form und Lage beider Kontinente, kommt hinzu, dass sich die Großlebensräume der Nordhälfte Afrikas über den Vorderen Orient nach Asien hinein fortsetzen. Allerdings werden dort die Savannen zu Steppen, also winterkalten Grasländern. Für viele Säugetiere, gleichwohl nicht für alle, bildet der Winter kein unüberwindliches Hindernis der Natur, zumal wenn sie in der Lage sind, aufgrund der auch im Winter noch erreichbaren Nahrung genug innere Wärme zu erzeugen. Monatelange Trockenheit kann schwieriger sein, als anhaltende Frostperioden zu überleben, weil, wie ausgeführt, der Körper kurzzeitig mehr Wasser braucht als Futter. Das hängt mit den eingangs erwähnten Unterschieden zwischen »tropischem« und »außertropischem Stoffwechsel« bei Säugetieren zusammen. Für manche Hunde, die der Urform des Wolfes noch einigermaßen entsprechen, ist bekanntlich der Winter die bessere Jahreszeit als unser Sommer mit schwüler Hitze. Das Pulsieren der Warm- und Kaltzeiten verursachte somit nicht nur den Druck, der für das Hinauswandern in die neuen Räume nötig ist, sondern das Klima machte das Wandern nach Asien geradezu attraktiv. Dieses kann durchaus bedeutender gewesen sein als der Druck zu groß gewordener Siedlungsdichte im Ursprungsgebiet. Es muss gar keinen solchen bei den Frühmenschen gegeben haben, auf dass Teile davon nach Vorderasien auswanderten. Die Attraktivität des bislang noch unerschlossenen Raumes reicht voll und ganz aus.

Überlegungen und Szenarien sind das. Können sie sich auf Konkretes stützen? Unterstützung ist tatsächlich vorhanden. Sie kam aus der Gegenrichtung, nämlich aus Asien, und sie führte hinein nach Afrika, gleichsam im Gegenstrom zu den frühen Menschen. Das ist eine spannende Geschichte. Sie beginnt eigentlich im fernen Nordamerika, durchquert ganz Asien und sie zieht sich hinunter bis ins südliche und südwestliche Afrika. Hätte sie sich erst vor ein paar Jahrtausenden ereignet, wären Menschen mitgeritten. Denn die Geschichte handelt von Pferden und einer Fliege.

Pferde und Fliegen

Beelzebub bedeutet »Herr der Fliegen«. Gemeint war etwas sehr Böses, analog zum Teufel. Und zum Teufel wünscht sich diese, wer mit Pferden in ein Gebiet kommt, in dem es viele Fliegen gibt. Am schlimmsten sind solche, die stechen und Blut saugen. Warum, das ist eine lange Geschichte. Sie lässt sich aber kurz und knapp erzählen. Anfangen kann man damit, dass die Pferde aus Nordamerika stammen. Auf diesem Teilstück des einstigen Großkontinents Laurasia, dem Gegenstück zu Gondwana, fand ihre Evolution statt. Sehr viele Fossilfunde dokumentieren, dass dort, ausgehend von einem nur gut hasengroßen Tier, die Entwicklung ihren Lauf nahm. Dabei schrumpften die Füße auf die vergrößerte Mittelzehe. An dieser bildete sich der kennzeichnende Huf. Im Zuge dieses Werdegangs zum (vierbeinigen) Läufer nahm bei den werdenden Pferden die Körpergröße zu. Vor Beginn des Eiszeitalters hatten sie in etwa die gegenwärtige erreicht.

Über die damals vorhandene, breite Landbrücke zwischen Alaska und dem nordöstlichen Asien, Beringia genannt, wanderten die unmittelbaren Vorfahren der heutigen Pferde nach Asien ein. Nach und nach breiteten sie sich über die ganze Breite dieses größten Kontinents aus. Überall, wo es Steppen gab, kamen sie hin und passten sich den regionalen Lebensbedingungen in mehreren Formen an, die im Lauf der Zeit eigenständige Arten wurden. Die eiszeitliche Klimaschaukel gab wiederholt Impulse. Diese führten dazu, dass Pferde an die Kontaktstelle zwischen Südwestasien und Nordostafrika gelangten, diese Zone überschritten und sich nach Afrika hinein ausbreiteten. Dort gab es zwar Angehörige der Rinderfamilie in einem großen Artenspektrum, aber keine Pferde. Anders ausgedrückt: In Afrika lebten auf den Savannen zwar hoch entwickelte Paarhufer, aber keine echten Einhufer. Nun würde das wenig bedeuten, wäre damit nicht ein biologisch grundlegender Unterschied verbunden. Denn auch ein gespaltener Huf kann wie bei Antilopen und Gazellen funktionell als Einheit wirken. Tatsächlich ist dies lediglich eine Äußerlichkeit, die es uns nur sehr erleichtert, Fossilfunde großer Grasverwerter eindeutig der einen oder der anderen Gruppe zuzuordnen.

Der eigentliche und besonders bedeutsame Unterschied steckt in der Art und Weise, wie die pflanzliche Nahrung aufgenommen und verwertet wird. Wer Kühen und Pferden schon mal bewusst aufs Maul geschaut hat oder gar von einem Pferd gebissen wurde, weiß sogleich, worin der Unterschied in der Art der Nahrungsaufnahme besteht. Pferde haben auch im Oberkiefer Zähne. Sie packen mit beiden Schneidezahnreihen, der oberen wie der unteren, sehr gezielt und sehr kräftig zu. Den Kühen fehlen die Schneidezähne im Oberkiefer. Sie rupfen mit der Zunge die Pflanzen ab, die sie beweiden, und drücken sie dabei gegen die unteren Schneidezähne. Doch weshalb kann so ein Unterschied bedeutsam sein?

Das ergibt sich vollends aus der weiteren Bearbeitung der Nahrung. Die Rinder und ihre Verwandtschaft verschlucken sie hinab in einen großen Vormagen, den Pansen. In diesem bearbeiten Mikroorganismen die Masse, weichen sie auf und versetzen sie in einen rohen Weichzustand. In diesem wird die Nahrung wieder hochgewürgt und langsam, aber anhaltend durchgekaut. Rinder und ihre Verwandtschaft sind Wiederkäuer. Der entstandene, mehr oder weniger grobe Brei wird erneut geschluckt, nun aber in den nächstfolgenden Abschnitt des mehrkammrigen Gesamtmagens geleitet, wo die eigentliche Fermentierung einsetzt. Dabei werden Gase frei, insbesondere Methan. Die Kühe rülpsen den Großteil davon aus. So vorbereitet, gelangt der Nahrungsbrei nach weiteren Behandlungsschritten schließlich in den Darm, wo die Aufnahme der verwertbaren Inhaltsstoffe erfolgt. Der Ablauf ist noch erheblich komplizierter, aber diese Kurzfassung reicht zum Vergleich mit den Pferden. Denn diesen fehlt so eine komplexe Vorverdauung mit mikrobieller Gärung. Bei ihnen verbessern Darmbakterien zwar den Wirkungsgrad der Verdauung, aber in der Bilanz erreichen sie nicht die Nutzungsqualität der Rinder. Verglichen mit deren Verdauung stellt die der Pferde ein schnelles Durchlaufsystem dar. Der letztendliche Unterschied ist wohl bekannt. Pferdeäpfel sehen mit ihrem Gehalt an Resten von Gras oder Heu schlecht verdaut aus, verglichen mit einem Kuhfladen. Also müssten die Pferde im Nachteil sein; ganz erheblich sogar, weil die Nutzung der Nahrung gewiss lebensentscheidend ist. Dennoch drangen Pferde nach Afrika ein und wurden in der dortigen so artenreichen Welt der Rinderartigen erfolgreich. Sie überlebten in Afrika sogar besser als in Asien. In ihrem Entstehungsgebiet, in Nordamerika, starben sie im Eiszeitalter aus. In Asien überlebten sie in zwei Formen des Urwildpferds, das vor fünf oder sechs Jahrtausenden von Menschen domestiziert wurde, und in Wildeseln zweier Arten. Aber in Afrika lebten beim Eintreffen der Europäer fünf verschiedene Arten von Pferden, zwei davon Wildesel, drei als Zebras.

Dieser Befund ist in doppelter Weise seltsam. Ohne Berücksichtigung zweier triftiger Gründe bliebe er unverständlich. Bei den Ausführungen über die Art der Nahrungsbearbeitung im Magen-Darm-Trakt der Rinder blieb unbeachtet, dass dabei recht viel Wasser benötigt wird. Rinder müssen viel mehr trinken als Pferde, und dies auch recht regelmäßig. Pferde sind den weithin trockenen Steppen tatsächlich viel besser angepasst als Rinder und die meisten Arten ihrer Verwandtschaft. Einige wenige kommen mit dem Wasser aus, das bei der Verdauung aus der Pflanzenkost frei wird, sogenanntes Stoffwechselwasser. Diese Spezialisten müssen Wasserstellen nur gelegentlich aufsuchen. Die Oryx-Antilopen gehören dazu. Spießböcke nennt man sie im südlichen Afrika der Form ihrer langen spitzen Hörner wegen. Hochgradig spezialisiert, wie sie sind, erzielen sie keine hohen Nachwuchsraten. Sie sind auf Knappheit grundlegender Ressourcen eingestellt. Die Häufigkeiten der Zebras, deren Herden in die Tausende und Zehntausende gehen/gingen, erreichten sie wohl nie.

Damit zurück zu den Pferden, aus denen in Afrika südlich der Sahara Zebras geworden sind. Sie sind weit weniger von Wasser abhängig als die ihrer Größe vergleichbaren Rinderartigen, die Büffel miteingeschlossen, und sie legen pro Tag oder pro Saison erheblich größere Strecken auf der Suche nach Nahrung zurück. Diese Fähigkeiten wirken sich insbesondere in der Trockenzeit aus, wenn das Wasser in den schrumpfenden und versiegenden Wasserstellen schwindet. In der Regenzeit, der Zeit der Fülle, spielen die Unterschiede in der Verwertung der Nahrung keine so große Rolle. Da geht es mehr darum, wer welche Partien der Vegetation am besten nutzen kann, von den kleinen, dem Boden flach aufliegenden Pflänzchen bis zu den Blättern der Bäume, die gerade noch die langhalsigen Giraffen erreichen oder von denen die Elefanten sich mit ihren Rüsseln ganze Äste herunterreißen.

Dennoch war Afrika kein ideales Pferdeland, und es war gewiss für die ankommenden Pferde aus Asien nicht möglich, einfach hineinzuwandern. Das liegt am zweiten Hindernis, das überwunden werden musste. Und mit diesem kehren wir zurück zu den eingangs angeführten Fliegen. In den Feuchtsavannen Afrikas lebt eine besondere Fliege, die bis heute auch den Menschen zu schaffen macht. Sie kommt in drei einander gleichenden Arten vor, ähnelt einer großen Stubenfliege, sticht und saugt Blut jedoch anders als diese. Das sind die Tsetsefliegen der Gattung *Glossina.* Sie ähneln in Verhalten und Fortpflanzung den uns vertrauten Bremsen. Ihr Stich ist schmerzhaft, so sehr, dass von Tsetsefliegen oder auch von großen Bremsen überfallene Pferde geradezu verrückt werden und durchgehen, wie es im Reitsport ausgedrückt wird. Mit Schlägen des Schwanzes versuchen Pferde die Blutsauger bekanntlich abzuwehren. Mehr oder weniger wild lebende Pferde ziehen sich in der Bremsenzeit auf Gebiete zurück, die einigermaßen frei davon sind. Dabei haben sie in Europa eigentlich nichts zu befürchten, außer dass die Stiche schmerzen und jucken und dass eine Vielzahl saugender Bremsen zu Blutverlusten führt. In Afrika ist das anders. Die Tsetsefliegen können Erreger übertragen, die beim Menschen die gefürchtete, weil die Betroffenen fortschreitend schwächende Schlafkrankheit auslösen. Bei Pferden und Rindern europäisch-asiatischer Herkunft machen sie sich mit ganz ähnlichen Beeinträchtigungen als Nagana-Seuche bemerkbar. In den Tsetsegebieten ist die Haltung europäischer Pferde nahezu unmöglich und die Rinderhaltung stark beeinträchtigt. Die Menschen meiden die Tsetseregionen.

Nicht aber die Zebras, obgleich echte Pferde oder, im Fall des den Eseln näher verwandten, eng gestreiften Grevyzebras, diesen sehr nahe stehend. Sie grasen sogar völlig frei und offen in den Tsetsegebieten. Zahlreiche Beobachtungen und experimentelle Untersuchungen führten zu dem Schluss, dass die schwarz-weiße Streifung vor dem Anflug der Tsetsefliegen schützt, weil sie die Körperform auflöst und damit das Tier tarnt. Bei den Wildeseln am nördlichen Rand der Tsetseregion zeigt sich eine Streifung an den Beinen in geringfügiger Weise. Die südlichste Form des Steppenzebras, das von den Europäern ausgerottete Quagga, verminderte die Streifung auf Kopf und Hals. Es lebte außerhalb der Tsetseregion in den für diese Fliegen und ihre Vermehrung zu trockenen Grasländern der Kapregion. Zebrafohlen kommen bereits gestreift zur Welt. Das zeigt an, dass die Bildung der Streifen sehr frühzeitig einsetzt und bereits unmittelbar nach der Geburt benötigt wird. Aber nicht, um Löwen oder Hyänen zu täuschen, wie früher angenommen worden war. Daran hätte man zweifeln müssen, seit die »Zebrastreifen« im Straßenverkehr eingeführt worden sind. Offensichtlich sollten diese die Fußgänger nicht tarnen. Viel Interessantes ließe sich an den Zebras ausbreiten. Doch es gilt, zusammenzufassen und den Bezug zum Menschen herzustellen.

Wichtigster Befund ist zunächst, dass der Tsetsegürtel offenbar eine Barriere darstellt. Anzuschließen ist, dass die ursprünglich in Afrika entstandenen Huftiere und all die anderen Großtiere, auch die Löwen, immun sind oder zumindest die Infektion mit den von den Tsetsefliegen übertragenen Erregern aushalten, ohne größeren Schaden zu nehmen. Diese Erreger, Trypanosomen genannt, sind einzellige Tierchen. In ihrer Lebensform ähneln sie den Erregern der Malaria. Und wie diese sind sie Blutschmarotzer. Sie wirken sich damit insbesondere auf die Kondition der Betroffenen aus. Die Zebras schafften das Eindringen nach Afrika mit der Entwicklung der Streifung, die für die Fliegenaugen offenbar eine formauflösende Wirkung hat. Lange bevor sich britische und amerikanische Wissenschaftler mit dem Phänomen der Zebrastreifung und dem möglichen Zusammenhang mit den Tsetsefliegen befassten, hatte dies der deutsche Tierfilmer Bernhard Grzimek bereits gewusst und in der Praxis angewandt. Er ließ die Kleinflugzeuge, mit denen er die Tierzählungen in der Serengeti durchführte, und die Autos, mit denen er und sein Sohn Michael herumfuhren, schwarz-weiß gestreift anmalen. Das schützte vor der allzu starken Heimsuchung durch die Fliegen. Die Tsetse nannte er »den besten Naturschützer Afrikas«, weil sie weite Gebiete fast menschenleer gehalten hatte oder diese nur für die kurze Zeit der Tsetsefreiheit für Wanderhirten nutzbar waren. Damit haben wir nun eine Wirkgröße, die das Auswandern von Menschen aus Afrika hinein nach Asien erklären kann. Denn in den Feuchtzeiten dehnte sich der Tsetsegürtel aus und drängte die Menschengruppen nord(ost)wärts in die grün gewordene Sahara und über diese hinaus nach Südwestasien. Die Tsetse pulsiert mit dem Klima, innerafrikanisch kleinräumig in unserer Gegenwart, weit ausgedehnter im Eiszeitalter.

Tsetses und Menschen

Was die Grzimeks in den 1960er-Jahren bei den Arbeiten zu ihrem Erfolgsfilm *Serengeti darf nicht sterben* festgestellt hatten, war den im 19. Jahrhundert ins wildtierreiche Ostafrika gekommenen Europäern sehr wohl bekannt. Die Tsetse schützte vor einer dauerhaften Ansiedlung von Menschen. Ihre Vorkommen beschränkten die Zeiten des Aufenthalts der indigenen Hirtennomaden auf die Monate der Trockenheit. Generell waren die wildreich gebliebenen Gebiete ziemlich menschenleer oder wurden allenfalls zeitweise von umherschweifenden Menschengruppen genutzt. Die Vorstellung, die vom Wechsel von Trocken- und Feuchtzeiten ausgelösten Impulse hätten die frühen Menschenformen aus Afrika nach Südwestasien getrieben, bringt die bisher so schlüssig wirkenden Erklärungen in Bedrängnis. Denn wenn unsere Gattung im tropischen Afrika entstand, sollte sie wie die dort heimischen Großtiere auch resistent gegen die Trypanosomen gewesen/geworden sein, die die Schlafkrankheit hervorrufen. Viele Wiederkäuer schützen sich offenbar erfolgreich genug mit schwarzen, weiß gerandeten Streifen am After, wo sich Fliegen am meisten ansammeln, und auch im Kopfbereich, wodurch die Augen geschützt werden. Der Mensch hat nichts dergleichen entwickelt. Die einfache Antwort auf dieses Problem lautet, dass Muster von Färbung und Zeichnung über die Haare des Fells ausgebildet werden, nicht direkt auf der Haut. Ein Fell hat der nackt gewordene Mensch nicht mehr. Die Muster, auch das Zebramuster, kommen zustande durch rhythmische Ablagerung von schwarzen Farbstoffen, den Melaninen, deren braune Form die Vielzahl der bräunlichen Felle verschiedenster Säugetiere hervorruft. Die Menschenhaut war ursprünglich ähnlich dunkel wie bei den Schimpansen, nicht (glänzend) schwarz, keinesfalls so hell wie bei den Menschen Mittel- und Nordwesteuropas. Das sind später zustande gekommene Tönungen, die uns im Zusammenhang mit »Menschenrassen« und dem Rassismus beschäftigen werden.

Die Menschenhaut ist zudem sehr dünn und zart, nicht dick und zäh, wie bei ähnlich großen und größeren Säugetieren. Für blutsaugende Insekten könnte es keine günstigere Haut als unsere geben, denn sie ist sehr stark durchblutet. Tsetsefliege und Menschenhaut passen daher nicht zur bisherigen Argumentation. Den Ausweg bietet die Annahme, dass die Tsetsefliegen, wie auch fast alle anderen Insekten, die Blut bei Säugetieren saugen, erst in der plötzlich viel feuchteren Zeit problematisch geworden sind, die sich nach den anhaltend trockenen Zeiten des Pliozäns mit dem Beginn des Eiszeitalters einstellten. Die Klimaschaukel war in Gang gekommen. Dauerten davor die Regenzeiten kurz, waren aber ausgiebig genug für rasches Wachsen und Gedeihen der Pflanzen, blieben dadurch weite Bereiche der Savannen von den blutsaugenden Fliegen verschont. So ist es gegenwärtig in den Savannen- und Steppengebieten Afrikas. Tsetseland sind Feuchtsavannen. Aber diese produzieren mehr verwertbare Pflanzenmasse als Trockensavannen und Steppen. Die Widersprüchlichkeit lässt sich also durchaus auflösen. Die Gegenwart bietet genug konkrete Befunde hierfür. Diese bedeuten, dass Wasserbedarf beim werdenden Menschen ein weit stärkerer Antrieb als bisher angenommen gewesen sein dürfte für die Verbesserung der Fähigkeit, anhaltend wandern zu können, nicht die Suche nach frischen Tierkadavern allein. Diese fallen bei den langen Wanderungen ohnehin eher auf der Strecke an als am Wasser, an den Tränken, wo Löwen und andere Jäger lauern.

Dies mitberücksichtigend, bleibt der Wechsel von Feucht- und Trockenperioden sehr wohl als die Triebkraft für die Wanderungen überzeugend, die frühe Menschen aus Afrika hinaus nach Asien gebracht hatten. Nicht zu vergessen ist die zunächst flächenmäßig viel größere Ausbreitung der Savannen über den riesigen Raum von Nordafrika außerhalb der Tropenzone. Neue Fossilfunde zeigen, dass wiederholt Menschenformen aus dem ostafrikanischen Ursprungsgebiet dorthin gelangten. Die Tsetsedynamik pulsierte im Bogen um den inneräquatorialen Teil, den das Kongobecken bildet. Sein Regenwald war zeitweise in eine Savannen- und Waldinsellandschaft aufgelöst, kein geschlossener Regenwald wie in der Gegenwart (gewesen). Die Attraktivität dieser Räume bestand darin, dass die Vorteile der Nacktheit voll zur Wirkung kamen. Denn ohne die Gefahr, durch blutsaugende Fliegen und Mücken mit Erregern von Krankheiten infiziert zu werden, erbringt die nackte Haut die besten Kühlleistungen unter den Bedingungen trockener Luft. In den feuchten Tropen schwitzen wir oft nicht gut genug. Für manche Menschen wird schon Sommerschwüle in Mitteleuropa zur Gefahr für Herz und Kreislauf. Angemerkt sei an dieser Stelle, dass Tsetses, Bremsen und andere Fliegen dunkle Körper am intensivsten anfliegen, die sich als Kontur gegen den hellen Horizont abheben. Es kommt daher nicht von ungefähr, dass sich Menschen der Tropenwelt, die weitgehend unbekleidet leben, ihren Körper mit Fett oder Öl einschmieren und ihn damit glänzend machen. Das Schwitzen wird dadurch behindert, was nicht der Hauptzweck sein kann. Allein die damit bewirkte Reflexion von ultraviolettem Licht, der UV-Strahlung, vermindert die Auffälligkeit für die Komplexaugen der Fliegen, die wohl UV sehen. Aber die Silhouetten kommen im UV-Licht nicht so klar zustande. Wir kennen dies in gewisser Weise von Glanzeffekten, die Formen verwischen.

Generell ist zu betonen, dass Krankheiten für die Menschen oft ein erheblich stärkerer Auslesefaktor sind als sogenannte tierische Feinde. Löwen und anderen großen Raubtieren fielen ungleich weniger Menschen zum Opfer als die, die an Tropenkrankheiten starben. Allein die Zusammenfassung als Tropenkrankheiten drückt ihre immense Bedeutung aus. Auch darauf ist an anderer Stelle zurückzukommen, wenn es um die Rolle der Seuchen in unserer Geschichte geht. Die jüngste Pandemie, ausgelöst vom COVID-19-Virus, hat ein eindrucksvolles Zeugnis davon hinterlassen, auch was den Umgang damit durch die Behörden und die Politik betrifft.

Die Attraktivität des eiszeitlichen Asiens

Das Land jenseits von Afrika war – auf die ankommenden Menschen bezogen – fast paradiesisch. Es gab weder Tsetsefliegen noch andere Tropenkrankheiten, etwa solche, die von Würmern ausgelöst werden, die im flachufrigen Süßwasser leben. Herrschte sommers Hitze, war diese trocken. Dagegen half (und hilft) das so gut entwickelte Schwitzen. Doch ein Paradies, in dem alles bestens ist, existierte nie und nirgendwo. Anstelle der Trockenzeit konfrontierte der vorderasiatische Raum die angekommenen Frühmenschen mit einer ganz unbekannten Jahreszeit, mit dem Winter. Und dies umso mehr, je weiter sie nach Asien hinein vordrangen.

Gegen die Kälte helfen Kleidung und Feuer. Tierfelle als wärmende Umhüllung standen am Anfang der Anpassung an das winterliche Klima. Wann sie erstmals benutzt wurden, lässt sich kaum erahnen, weil Felle nicht zu Fossilien werden. Aber die Verhältnisse im ostafrikanischen Hochland und in anderen Regionen Afrikas lassen zumindest vermuten, dass bereits dort, in kalten Nächten, Felle benutzt wurden. Möglicherweise dienten sie anfänglich als Tarnung, um sich, so eingehüllt, den Wildtieren zu nähern. Die Nutzung von Fellen als Kleidung musste aller Wahrscheinlichkeit nach nicht neu entwickelt werden, nachdem die Frühmenschen Afrika verlassen hatten. Ob Ähnliches auch für das Feuer zutrifft, das in den kalten Nächten und im Winter wärmte und gefährliche Tiere abschreckte, kann nur gemutmaßt werden. Anzunehmen ist, dass schon die Vormenschen mit Feuer vertraut waren, das in den Trockenzeiten von Blitzschlägen entzündet worden war und übers Grasland fegte. Wahrscheinlich nutzten die Vormenschen gern die davon gerösteten Tiere als schmackhafte und leichter verdauliche Nahrung. Aber wann eine aktive Feuernutzung entstand, ist völlig offen. Denn selbst Funde von »Lagerfeuern«, so sie überhaupt eindeutig genug solchen zuzuschreiben sind, besagen nicht, dass diese gemacht worden waren und nicht von vorhandenen Bränden stammten, also abgezweigt worden waren. Dementsprechend gehen die Ansichten, wann die Nutzung von Feuer begann, weit auseinander. Gewiss beherrschten das Feuer nicht erst unsere Vorfahren, die zur Menschenart *Homo sapiens* gehören, sondern deren Vorgänger, die weit früher schon aus Afrika gekommen waren. Vielleicht lässt sich dem Muster der Ausbreitung ein brauchbarer Hinweis entnehmen. *Homo habilis*, die nach unserem Kenntnisstand erste Menschenform, die aus Afrika ins südwestliche Asien vordrang, kam nicht weit. Die nächstfolgende (Haupt-)Form *Homo erectus* hingegen verbreitete sich über nahezu ganz Asien und gelangte bis ins heutige Nordchina. Der Weg von *Homo erectus* führte aller Wahrscheinlichkeit nach auf der Nordroute um die gewaltige, abweisende Hochfläche von Tibet, die höchste Gebirge einrahmen. Und da Abkömmlinge dieses Menschen auch das eiszeitliche Europa besiedelten, könnte dies bedeuten, dass *Homo erectus* die Nutzung von Feuer beherrschte. Damit gelang die Erschließung klimatisch gemäßigter, aber winterkalter Regionen. Feuer würde zudem die rasche Zunahme der Gehirngröße auf um die 1000 Kubikzentimeter erklären, weil gebratenes und/oder gegartes Fleisch mehr verwertbare Proteine liefert als rohes und zudem leichter verdaulich ist.

Fleisch sollte es reichlich gegeben haben im eurasiatischen Eiszeitland. Auf den riesigen Grasländern lebte eine Megafauna, die wie schon angedeutet bis fast ins Detail jener der afrikanischen Tropenheimat dieser Menschenform entsprach. Es gab alles, von Kleinsäugern, wie Hasen und Nagetieren, über Huftiere, wie Hirsche, Gazellen und Wildrinder, bis zu riesigen Nashörnern und Elefanten, den Mammuts. Eiszeitlöwen, Eiszeithyänen, Bären, Wölfe und auf das Fleisch von Großtieren spezialisierte Säbelzahnkatzen von Tigergröße jagten diese Megafauna. Die Verhältnisse glichen jenen in Afrika. Aber im Eiszeitland gab es die gefährlichen, weil Krankheiten übertragenden Insekten nicht, die sich im tropischen Afrika in den Feuchtzeiten so sehr ausbreiteten. Das heißt nicht, dass gar keine blutsaugenden Mücken vorhanden waren. Es gab solche durchaus und in zeitweise gewaltigen Mengen. Wer dies selbst erfahren möchte, sollte sich im Sommer in die nordische Tundra begeben. Dort wird man überfallen von Stechmücken und den eher noch unangenehmeren Kriebelmücken. Dennoch macht es einen ganz großen Unterschied, ob die Blutsauger lebensgefährliche Krankheitserreger übertragen oder nur starkes Jucken verursachen.

Ein anderer, in Afrika nicht gegebener Vorzug der Megafauna im eiszeitlichen Eurasien war die winterliche Kälte. Sie machte das Fleisch der Großtiere ungleich länger haltbar als in der Tropenwärme, in der es schnell verdirbt. Große Säugetiere direkt zu erlegen und nicht bloß zu suchen, wo ein frisch totes Tier zu finden war, wurde unter diesen Bedingungen höchst vorteilhaft. Es lohnte, Jagdwaffen herzustellen und zu verbessern. Jagderfolge spiegelten sich in mehr Kindern, die die Frauen gebären und erfolgreich großziehen konnten. Je dichter diese aufeinander folgten, desto effizienter wurde das Lernen von den älteren Geschwistern und umso dauerhafter der familiäre Zusammenhalt.

Anfangs benutzten die Frühmenschen, wie sehr wahrscheinlich auch bereits die Vormenschen, Steine mit einer relativ stumpfen Spitze, die als »Faust-Keil« gut gepackt und zum Zuschlagen benutzt werden konnten. Aber solche Steinschläge bewirkten bei größeren und großen Tieren zu wenig. Zudem mussten sich die Menschen beim Angriff ihrer Beute direkt nähern, um sie erschlagen zu können. Ein kräftiger Stock mit im Feuer gehärteter Spitze gab mehr Abstand und ließ sich gezielt in Weichteile der Beutetiere rammen. Vom direkten Zustoßen zum Werfen aus geringer, dann immer größerer Distanz führt die Entwicklung kontinuierlich zu Wurfspießen, Schleudern mithilfe eines festen Streifens von Tierhaut und schließlich zum Bogen, mit dem Pfeile geschossen wurden. Doch erst solche mit Gift an der Spitze hielten die Jäger in für sie sicherer Distanz von den gefährlichen Großtieren. Die weitere Entwicklung der Waffen ist so oft und so umfangreich beschrieben worden, dass hier diese knappe Fassung der einfachen Anfänge reicht. Worauf es in unserem Zusammenhang ankommt, ist ihre Wirkung auf Lebensweise und Ernährung der Menschen. Mit dem Einsatz von Waffen sind sie zu Jägern und Sammlern im Wortsinn geworden. Zu außerordentlich effizienten Jägern, denn gegen Ende der letzten Eiszeit rotteten unsere direkten Vorfahren kontinentweit Großtiere aus. Und das Beutemachen, die Jagd im weiteren Sinne, ist bis in die Gegenwart eines der großen Probleme der Menschheit. Wie bedeutsam sie immer noch ist, spiegelt sich in den Ernährungsweisen der Menschen. Auch darüber ist später mehr auszuführen.

Zunächst sollten wir die Lebensbedingungen im Eiszeitland etwas genauer betrachten, weil sich daraus unsere heutige Lebensweise besser verstehen lässt. Große Missverständnisse gibt es zudem, was das Leben in »der Eiszeit« betrifft.

Die Mammutsteppe

Hierzu betrachten wir die für die aus Afrika gekommenen Menschenformen besonders bedeutsame Mammutsteppe. Sie war über große Teile des Eiszeitalters in Eurasien der vorherrschende, weil flächenmäßig größte Lebensraum. Beginnend in der schmalen Zone zwischen dem großen Eisschild, der Nordwesteuropa hinein ins heutige Norddeutschland fast bis an den Rand der Mittelgebirge bedeckte, und den Gletschern der Alpen, die nordwärts ins Vorland geflossen waren, erstreckte sie sich in einem breiten Gürtel bis Nordostasien. Da in den Eismassen sehr viel Wasser gebunden war, sank der Meeresspiegel um weit über 100 Meter. Zwischen Nordostasien und Alaska kam die zu Land gewordene Beringstraße zustande. Diese nordöstlichste Region Asiens blieb eisfrei, wo in unserer Zeit der kontinentale Kältepol liegt. In Zentralasien war das Hochland von Tibet mit den es umgrenzenden Hochgebirgen natürlich auch eisbedeckt. Aber nördlich davon, im Altai-Gebiet, blieb über Südsibirien ein breiter Landstreifen eisfrei. Vom Schwarzen Meer bis an die Meeresküste von Alaska erstreckte sich also ohne Unterbrechung diese Mammutsteppe, so genannt wegen des Vorkommens der großen, lang und dicht behaarten Elefanten, der Mammuts. Global betrachtet war das Eis europalastig. Es reichte von Schottland über Skandinavien, Norddeutschland und das westliche Russland hinaus über den Ural ins nördliche Sibirien und ostwärts bis vor die Beringstraße. In Nordamerika dagegen entwickelten sich die Eismassen gleichmäßiger verteilt südwärts von Alaska und Westkanada über größere Teile der nördlichen USA und über ganz Grönland.

Es würde zu weit führen, die unterschiedlichen Verteilungen genauer auszuführen. Zwei Hinweise mögen genügen. Erstens trug der Golfstrom erwärmtes Wasser nordostwärts gegen Westeuropa und lieferte dieser Region die immensen Schneefälle, aus denen sich die Eismassen bildeten. Wie es auch gegenwärtig der Fall ist, nahmen die Niederschläge über Nordasien nach Osten ab. Schneefälle sind die Voraussetzung für die Eisbildung. Auf der nordamerikanischen Seite des Nordatlantiks strömt(e) kaltes Wasser südwärts, sodass dort das Klima, damals wie heute, beträchtlich weiter nach Süden kälter bzw. kontinentaler ist als auf der europäischen Seite. Der zweite Unterschied liegt in der stark zerklüfteten Natur Europas, verglichen mit den großflächig-kontinentalen Verhältnissen in Nordasien und in Nordamerika. Speziell dort verlaufen die Gebirgszüge im Wesentlichen in Nord-Süd-Richtung, in Europa und hineinreichend nach Asien aber in West-Ost. Das Eis konnte damit in Nordamerika fast auf ganzer Breite des Kontinents südwärts vordringen, weil sich keine Gebirge als Sperrriegel entgegenstellen. Anders in Europa und Asien, wo hohe Gebirgszüge die Kälte von den südlicheren Regionen abhielten. Mit Folgen, die sich bis hin zur Domestikation von Pflanzen und Tieren auswirkten. Und damit auf das Sesshaftwerden der Menschen. Selbstverständlich muss dies in einem eigenen Kapitel ausführlicher behandelt werden.

Hier blenden wir zurück zur Mammutsteppe und stellen die Frage, warum sie ähnlich reich an Großtieren sein konnte, obwohl der Winter, zumal in ihren nördlichen Teilen, das Pflanzenwachstum lange unterbricht. Die Antwort darauf kennen wir aus der Landwirtschaft. Selbst wenn sie in bestem Sinne eine Kreislaufwirtschaft betreibt und den Böden die Ausscheidungen der Menschen und der Nutztiere als Dünger zurückgibt, was an Stoffen über die Ernte entnommen wird, verlieren diese ihre Fruchtbarkeit nach und nach. Ein vollständiges Recycling ist nicht möglich. Dass die moderne industrialisierte Landwirtschaft weit von einer Kreislaufwirtschaft entfernt ist und große Mengen an Ressourcen aus anderen Kontinenten importiert, ist ein global eminent wichtiges Thema, das im zweiten Teil behandelt werden muss. Gewisse, rein formale Ähnlichkeiten ergeben sich jedoch auf unerwartete Weise. Und sie bringen uns zurück zur Eiszeit mit der Mammutsteppe. Zwei Eigenschaften charakterisierten sie: Dauerfrost (Permafrost) im Boden und Verwehung von feinsten Bodenteilchen, Löss genannt, durch den nahezu ununterbrochen wehenden Wind. Beide Gegebenheiten lassen sich in geringem, regional aber durchaus bedeutsamem Maße immer noch mitverfolgen. Auch in unserer Zeit wird viel Feinmaterial des Bodens verweht. In Kaltzeiten des Eiszeitalters mit sehr ausgeprägten, ostwärts gerichteten Winden entstanden Anwehungen von Löss in Niederungen und an den östlichen Flanken von Hügelland. Ganz besonders ausgeprägt geschah dies in Nordostchina. Die Lössdecken wurden dort Hunderte von Metern mächtig. Löss ist fruchtbarer Boden. Die Wurzeln können seine Feinkörnigkeit bestens erschließen, wenn es ausreichend regnet in der Wachstumsperiode. Werden in unserer Zeit Böden mit Mineraldünger versorgt, geschieht letztlich Ähnliches, weil dieser von woanders kommt (oder künstlich erzeugt wurde). Die hohe Leistungsfähigkeit der modernen Landwirtschaft, die auf die massive Zufuhr von Düngestoffen angewiesen ist, hat ihr natürliches Gegenstück in den Lössböden der (letzten) Eiszeit.

Den zweiten grundlegenden Effekt offenbaren Formen der Landwirtschaft, die als Hydrokulturen betrieben werden, allen voran Nassreisfelder. Diese sind eminent bedeutsam für die Ernährung von vielen Millionen Menschen. Das Eiszeitland der Mammutsteppe entsprach im Grunde genommen einer Hydrokultur von globalen Ausmaßen. Denn die Böden waren tiefgründig gefroren. Permafrost unterlagerte, was im Frühjahr auftaute und das Wachsen der Pflanzen den Sommer über ermöglichte. Dies war nicht schlecht und gewiss nicht vergleichbar mit der geringen Produktivität arktischer Regionen mit Permafrost. Denn am Sonnenstand hatte sich in den Kaltzeiten nichts geändert. Die Sonne lieferte die im Wesentlichen gleiche Einstrahlungsenergie wie in unserer Zeit, die eine Warmzeit ist. Die Pflanzen der Mammutsteppe wuchsen und gediehen über dem Permafrost, ohne dass Nährstoffe in größerem Umfang ins Grundwasser ausgewaschen wurden und so der Produktivität verloren gingen. Nur was der Wind von den austrocknenden Oberflächen verwehte, verlagerte sich in die Lössgebiete und damit letztlich ostwärts bis ins ferne China.

Aber die Eiszeit war keine einheitliche Zeit, sondern ein Wechsel von Kalt- und Warmzeiten. Die Gletscher stießen immer wieder vor, brachten Abrieb vom Grundgestein und gaben diesen beim abschmelzenden Rückzug frei. Vergleichbares fand in den Tropen nicht statt. Daher sind die von der Eiszeit geformten Böden ungleich produktiver als die davon nicht beeinflussten, vulkanische ausgenommen, wie die von Ostafrika mit dem Grabenbruch und den Vulkanen. So betrachtet, bildet die Mammutsteppe das Gegenstück zur ostafrikanischen Heimat der Gattung Mensch, aber mit viel größerer Ausdehnung und variableren Bedingungen in den angrenzenden Regionen. Welche Großtiere sich in welchen Formen entwickeln können, hängt grundlegend von der Produktivität der Lebensräume ab. Das Elefantenland Afrikas entsprach der Mammutsteppe, die es auch in Nordamerika gab. Dorthin war den frühen Menschen der Zugang durch die Eismassen jedoch bis in die jüngere Vergangenheit versperrt.

Die Mammutsteppe war mindestens so produktiv für große Säugetiere wie die Serengeti und wie andere an großen Tierformen reiche Regionen, auch wie die nordamerikanische Prärie, auf der Millionen Bisons lebten, bevor die Europäer diese abschlachteten. Die heutigen Zentren von Getreideanbau und Fleischerzeugung liegen genau auf den Flächen der früheren Mammutsteppen und ihrer allerdings beträchtlich kleineren Entsprechung in den Pampas im südlichen Südamerika. Noch produktiver war die Mammutsteppe an Vögeln, wie Wildgänsen, Enten und anderen, die in Feuchtgebieten brüten. Ihre Gelege und noch nicht flugfähigen Jungen waren sicher in jenen uns fernen Zeiten mindestens so begehrt wie bis in die Gegenwart in den nordischen und nordwestlichen Regionen. Der oberflächlich tauende Permafrost bot beste Möglichkeiten für Ernährung und Fortpflanzung; bessere wohl als die derzeitigen Eisrandgebiete im »Hohen Norden«, wo sie zu Millionen brüten.

Die Eiszeitmenschen

Mit *Homo erectus* erreichte die Gehirngröße 1000 Kubikzentimeter. Das reicht nach Maßgabe unserer Gehirne für eine fortgeschrittene Intelligenz. Wie ausgeprägt diese war, bleibt offen. Die untere Grenzgröße unserer Gehirne ist dafür kein direktes Vergleichsmaß, weil erst die innere Organisation die Verknüpfungen ermöglicht, die wir als intelligent zu bezeichnen pflegen. Bei so manch großhirnigen Menschen unserer Zeit lässt ihr Verhalten bekanntlich sehr zu wünschen übrig, um es zurückhaltend auszudrücken. Tatsache ist, dass der Aufrechte Mensch, dem intelligente Forscher diesen nicht gerade passenden Namen verliehen hatten, ein so riesiges Areal besiedelte, dass er im Hinblick auf seine Gehirnleistungen ziemlich gut gewesen sein muss. Zudem differenzierte sich dieser Mensch im Verlauf von rund einer halben Million Jahren regional in Unterarten oder Arten, die viel Eigenständiges aufwiesen. Dank der beim Tiefstand des Meeresspiegels mit dem südostasiatischen Festland zusammengewachsenen Inseln großer Teile des heutigen Indonesiens erreichte *Homo erectus* sogar auf der anderen Seite des Indischen Ozeans erneut den inneren, äquatorialen Tropenraum. Nach einem Fundort von Fossilien dieser Art auf Java wurde er »Java-Mensch« genannt, seine Vettern in Nordostchina entsprechend »Peking-Mensch«.

Ganz im Südwesten Eurasiens differenzierte sich eine etwas andere Form direkt oder über einen weiteren vorausgegangenen Exodus aus Afrika. Sie wurde nach dem Fundort eines Unterkiefers bei Heidelberg als »Heidelberg-Mensch« *Homo heidelbergensis* bezeichnet. Diese Funde, so weit auseinanderliegend, hatten zu der Annahme geführt, dass sich der »richtige Mensch«, *Homo sapiens*, in Eurasien und nicht in Afrika entwickelt hatte. Die heutigen molekulargenetischen Befunde stützen diese sogenannte multiregionale Theorie der Menschwerdung jedoch nicht. Auch die Vorfahren unserer Art kamen aus Afrika, und zwar nach neuesten genetischen Befunden in einer ersten Auswanderung vor gut 100 000 Jahren, die nicht sehr erfolgreich war, und schließlich vor 45 000 Jahren. Weitere Funde und genauere Analysen der genetischen Zusammensetzungen, die sich aus Resten von Erbgut in fossilen Knochen gewinnen lassen, verfeinern immer wieder die Datierungen. Das große Bild hat sich dadurch jedoch nicht geändert. Allerdings von einer bedeutenden Ausnahme abgesehen.

Zu dieser machen wir kurz einen Zeitsprung zurück. Eine weitere, gut belegte und fossil präzise datierbare Menschenart lebte als »Eiszeitmensch« im engeren Sinne in großen Teilen Europas und Südwestasiens. Er war aufgrund eines spektakulären Fundes bei Düsseldorf, im Neandertal, Neandertaler genannt worden. In der Gehirnmasse kam er, wie schon kurz ausgeführt, dem *Homo sapiens* gleich oder übertraf ihn im Durchschnitt sogar etwas. Aber die Kopfform zeigte eine geringere Ausprägung der Frontseite als bei uns. Die Gehirnmasse lag hinter der »fliehenden Stirn« mehr im oberen Hinterkopfbereich. Ob dies bedeutsam war für die Gehirnleistungen, wird noch kontroverser diskutiert als bei *Homo erectus*; zumindest vorsichtiger. Denn es hatte Kulturen gegeben, bei denen absichtlich so eine Kopfform durch Bandagieren der Schädel der Neugeborenen erzeugt worden war. Zum Beispiel bei den alten Ägyptern. Einen Aspekt in der weiteren Erörterung der schweren Geburt des Menschenkindes vorwegnehmend, könnte die Kopfform beim Neandertaler die Folge der Enge des Geburtskanals gewesen sein. Der Schädel des Babys musste durchgepresst werden, und das ging möglicherweise leichter bei einem ovalen als bei einem ziemlich runden Köpfchen. Für die Gehirnleistungen der Neandertaler könnte dieser Unterschied in der Schädelform folgenlos gewesen sein. Es ist aber nicht auszuschließen, dass sich dabei die für Intelligenz besonders bedeutsame Großhirnrinde doch nicht so gut entwickeln konnte. Und auch, dass das Kleinhirn begünstigt war und sich die Neandertaler deshalb sehr gut im Gelände orientieren konnten. Denn im Kleinhirn sitzen die wichtigsten Steuerzentren. Das ist wahrscheinlich auch der Hauptgrund dafür, dass bei den Vögeln das Kleinhirn fast so groß wie das Großhirn ist. Es vollbringt aus unserer Sicht geradezu Unglaubliches, wie Fernflüge nach Afrika ins Winterquartier und im Frühjahr wieder zurück zu navigieren, zielgenau zum Herkunftsort. Über diese Möglichkeit beim Neandertaler nachzudenken lohnt insbesondere im Zusammenhang mit der nach wie vor ungeklärten Frage, ob diese Menschenart schon ähnlich wie wir sprechen konnte oder ob sie noch keine differenzierte Sprache hatte. Dieses Problem ist bei der Behandlung der Sprache erneut aufzugreifen.

Bis in die jüngste Vergangenheit war sogar umstritten, ob die Neandertaler eine eigenständige Menschenart repräsentierten oder ob sie Angehörige unserer eigenen Art waren, die nur einige Hunderttausende Jahre früher aus Afrika nach Europa und Asien gelangte. Die inzwischen feststellbaren genetischen Übereinstimmungen und Unterschiede, für deren Aufdeckung Svante Pääbo vom Max-Planck-Institut für Evolutionäre Anthropologie den Nobelpreis erhalten hat, verschoben die Diskussion zugunsten einer eigenen Art: *Homo neanderthalenis.*

Eigentlich sind solche Festlegungen ohnehin höchst fraglich, weil wir längst wissen, dass eine Art kein in sich abgeschlossenes und gegen andere Arten klar abgegrenztes Gebilde ist, sondern ein Zustand im Prozess des Werdens (und Vergehens). Eine Grenze lässt sich nicht ziehen, allenfalls eine mehr oder weniger präzise Zeit des Übergangs von einer Form in eine andere oder mehrere, wenn es zu geografischen Aufspaltungen kommt. Es überrascht daher nicht, dass Svante Pääbo mit seinem Team mittlerweile festgestellt hat, dass im modernen Menschen, also in unserer Art *Homo sapiens*, auch Gene vom Neandertaler vorkommen. Es hat also Vermischungen gegeben, gleichwohl in geringem Ausmaß. Und nicht nur mit Neandertalern, sondern mit einer weiteren, bis vor zwei Jahrzehnten noch völlig unbekannten Art, die nach dem zentralasiatischen Fundort eines Fingerknochens »Denisovaner« genannt wird. Das aus dem Knöchelchen noch herauslösbare Erbgut enthielt Gene, die den Schluss nahelegten, dass diese unbekannte Menschenart hinreichend eigenständig existierte und dass es in Ostasien zu Vermischungen mit *Homo sapiens* gekommen ist. Die genetischen Spuren der Denisovaner lassen sich bis zu den indigenen Bewohnern der

Melanesischen Inseln verfolgen. Anfang des 21. Jahrhunderts wurde sogar eine dritte Menschenart entdeckt, die »Hobbits« der indonesischen Insel Flores. Zunächst für Zwergformen von Menschen früherer Zeiten gehalten, stellte sich heraus, dass sie *Homo erectus* genetisch nahestehen. Als *Homo floresiensis* wurden sie neu benannt. Ein paar weitere Fälle von »Geister-Genen« treiben ihr Un-Wesen in den molekulargenetischen Untersuchungen lebender Menschen in Afrika und anderer Regionen. Offenbar waren die Wege der Menschen aller Formen komplizierter als bisher angenommen. Aus evolutionsbiologischer Sicht ist dies keine Überraschung. Es war vielmehr zu erwarten, nach allem, was wir über die Differenzierung von Arten in weiten Räumen mit unterschiedlichen Lebensbedingungen und über längere Zeiten hinweg wissen.

Das große Bild blieb dennoch erhalten. Nach dem ersten, offenbar nicht sonderlich geglückten Versuch von *Homo habilis*, sich nach Eurasien hinein auszubreiten, gelang dies *Homo erectus* vor knapp zwei Millionen Jahren erfolgreich. Die Klimaschaukel des Eiszeitalters war in Schwung gekommen. Die Gehirngröße nahm zu. Zwei oder drei unterschiedliche Menschenarten differenzierten sich voneinander oder auseinander. Sie lebten Hunderttausende von Jahren, bis der Neuling *Homo sapiens* die asiatische (Welt-)Bühne erreichte. Mit diesem wurde alles anders. Vor über 200 000 Jahren hatten sich diese unsere direkten Vorfahren in Afrika entwickelt. Sie waren graziler gebaut als die Neandertaler und hatten ein großes Gehirn, aber mit ausgeprägter Stirn. Wenige Jahrtausende nachdem sie Europa und Asien erreicht hatten, starben ihre dort noch existierenden Schwesterarten aus. Über die Nachfahren von *Homo erectus* in Asien wissen wir zu wenig, über die Denisovaner so gut wie nichts. Aber die Neandertaler schienen uns irgendwie nah und nach Korrektur der früheren Ansichten keineswegs dumme Kraftprotze. Sie bestatteten offenbar ihre Toten. Warum kamen sie um? Warum gibt es sie nicht mehr?

Und dann kam sapiens (Out of Africa II)

Vor 45 000 Jahren kamen »anatomisch moderne Menschen«, wie fossile Stücke von *Homo sapiens* formal genannt werden, gemäß dem gegenwärtigen Kenntnisstand der Forschung nach Europa. Seit 43 000 Jahren leben sie definitiv in diesem westlichen Teil Asiens. Doch andere Gruppen dieser neuen (modernen) Menschen waren Jahrtausende vorher bereits ins ferne Australien gelangt. Fossilfunde sind Raritäten. Ihre Datierung ist nicht einfach. Sie lässt Spielräume zu, je älter die Stücke sind. Die moderne Molekulargenetik hat anhand der Vergleiche lebender Menschen aus unterschiedlichen Regionen und ihrer ethnischen Zugehörigkeit viel feinere Möglichkeiten, zu datieren. Doch sie benötigt physikalisch gut datierte Fossilien zur Eichung ihrer Vorgehensweise. Konstante Veränderungsraten werden als Grundannahme vorausgesetzt. Ob es sich so verhält, ist nicht wirklich sicher, wenngleich eine plausible Annahme. Daher gibt es immer wieder neue Zeitangaben aufgrund von methodischem Fortschritt und weiteren, detaillierteren Untersuchungen. Möglichst große Genauigkeit ist dann erwünscht, wenn es um die Zuordnung der Funde zu Zuständen oder Veränderungen in Natur und Klima der betreffenden Regionen geht. Die Forschungen nähern sich an immer präzisere Daten an.

So herrschte vor 50 000 bis 40 000 Jahren in Europa schon die Würm-Eiszeit (= Weichsel-Eiszeit), aber sie hatte ihre kälteste Phase noch nicht erreicht. Diese erstreckte sich in der Zeit zwischen 40 000 und 18 000 Jahren vor heute. Davor war es eher moderat kalt. Es gab allerdings einen massiven Kälteeinbruch bereits vor 70 000 bis 60 000 Jahren. Vor 115 000 Jahren ging die letzte große Warmzeit, das Eem, zu Ende. Dies ist das eiszeitliche Klimaszenario, in das sich die Ausbreitung von *Homo sapiens* einfügen lassen sollte. Und das Aussterben der Neandertaler ebenfalls. Diese hatten, wie mehrfach angemerkt, die große Warmzeit des Eem überlebt und auch die Eiszeit davor, die Riss-Eiszeit. Etwa 300 000 Jahre lang existierten sie, bevor das Eintreffen der Neuen aus Afrika ihr Ende brachte. Etwa zeitgleich verschwanden auch die ost- und südostasiatischen Nachfahren von *Homo erectus* und die (genetisch) neu entdeckten Denisovaner, als sich von Südwestasien her die »anatomisch modernen Menschen« ausbreiteten und vor etwa 50 000 Jahren Australien erreichten. Dazu mussten sie irgendwie die verbliebene Meeresverbindung zwischen Pazifik und Indischem Ozean überwunden haben. Kaum vorstellbar, dass dies nur mit natürlicherweise vorhandenem, driftendem Treibholz geschehen sein sollte. Denn für die Besiedlung Australiens bedurfte es mehr als nur ein paar Menschen, die es an die gegenüberliegende Küste verschlug. Größere Flöße oder Schiffe sind viel wahrscheinlicher. Wie das geht, führten die Polynesier in historischer Zeit vor bei ihrer Ausbreitung zu den vielen Inseln in den Weiten des zentralen West- und Südpazifiks. Dabei gelangten sie über die Tropenzone hinaus bis nach Neuseeland und ostwärts bis zur Osterinsel. Moderne nautische Instrumente hatten sie nicht. Die Ausbreitung von *Homo sapiens* in der letzten (großen) Eiszeit umfasst also zwei geografisch weit auseinanderliegende Dimensionen.

Bleiben wir zunächst bei Europa (und Südwestasien), denn hier war das Eiszeitland von den Neandertalern besiedelt. Wie groß ihre Zahl war und wie verteilt sie lebten, ist ebenfalls umstritten. Fest steht, dass sie die große Eiszeit davor, die Warmzeit des Eem und bereits die Hälfte der Würm-Eiszeit in Europa überlebt hatten. Aber einige Jahrtausende später, vielleicht weniger als zehn nach Eintreffen von *Homo sapiens*, gab es sie nicht mehr. Das scheint zwar eine lange Phase der Koexistenz zu sein. Zudem zeigen die molekulargenetischen Befunde, dass sich Neandertaler in geringem, aber deutlich genug nachweisbarem Umfang mit den Neuen vermischten. Sie hinterließen einige Prozent Gene im Erbgut westlicher Populationen von *Homo sapiens*. Dies und die gemeinsame Existenzzeit sind Fakten. Aber sie reichen nicht für die Schlussfolgerung, die Neandertaler seien einfach so mit der Zeit ausgestorben. Und *sapiens* wäre daran nicht nur nicht beteiligt gewesen, sondern hätte sogar einige wichtige Gene von den Neandertalern mitbekommen.

Um den Vorgang des Aussterbens besser zu verstehen, sind vorab zwei allgemeine Betrachtungen angebracht. Die eine bezieht sich auf Populationen von Tieren, die sich, in manchen Fällen sogar gezielt experimentell, verfolgen lassen. Die andere betrifft die (schlimmen) Erfahrungen von Ethnien unserer Art, als Europäer in ihre Räume eindrangen und sie dezimierten oder vernichteten. Dies geschah etwa mit der Urbevölkerung beider Kontinente Amerikas, aber zum geringeren Teil direkt durch gewaltsame Vernichtung. Weitaus bedeutender waren mitgebrachte Krankheiten, denen die einheimischen Menschen schutzlos ausgeliefert waren, weil ihr Immunsystem mangels früherer Kontakte keine Abwehr zu entwickeln imstande war. Die Infektionskrankheiten der Europäer stammen aber aus der Haustierhaltung. Es gab sie noch gar nicht, als *sapiens* ins Land der Neandertaler eindrangen. Viel wirkungsvoller war der rasche Entzug der bisherigen Lebensgrundlage, wie beispielsweise der Bisons, von denen die nordamerikanischen Prärie-Stämme gelebt hatten. Die vordringenden Europäer schossen die gewaltigen Windrinder, die in millionenstarken Beständen über das Grasland der Prärie gezogen waren, bis fast zur Auslöschung ab. Dies geschah mit Gewehren in wenigen Jahrzehnten. Pfeil und Bogen können das Gleiche bewirken. Es dauert nur länger. »Länger« ist das Stichwort. 10 000 Jahre sind eine Zeitspanne, die bestens zu einem Szenario passt, in dem die Zahl der neu gekommenen Menschen allmählich zunimmt, sich in der Fläche ausbreitet und dabei jene Großtiere, die eiszeitliche Megafauna, dezimiert, von der die Neandertaler als spezialisierte Jäger abhängig waren. So etwas geht nicht in ein paar Jahren, auch nicht in einigen Jahrhunderten. Das Resultat liegt jedoch vor. Gegen Ende der letzten Kaltzeit war die eiszeitliche Megafauna bis auf letzte Reste (Rentiere, Moschusochsen) im sehr kalten Norden und Nordosten Eurasiens ausgerottet. Vergleichbares geschah nach dem Eindringen der Menschen in Nord- und Südamerika sowie in Australien. »Pleistozäner Overkill« ist die Fachbezeichnung hierfür. Sie hat Gegner, wie nicht anders zu erwarten, auch weil die heutigen Jäger sich aus emotionalen Gründen dagegen wehren, in ihren irgendwie stets auch verherrlichten Vorvorfahren Ausrotter sehen zu müssen. Doch die Ausrottungsgeschichte vieler Arten von Großtieren in historischer Zeit bekräftigt diese Sicht als Fortsetzung eines Prozesses, der seit der letzten Eiszeit läuft. Die Vernichtung geht in unserer Zeit weiter und hat sich auf kleinere Arten verlagert, die verschwinden, weil ihre Lebensräume zerstört werden. Unsere Zeit, nunmehr als Anthropozän bezeichnet, wird charakterisiert durch die Massenausrottung von Arten. Dazu mehr im zweiten Teil.

Homo sapiens entwickelte sich in Afrika in der Zeit, in der die Neandertaler in Europa lebten und die Denisovaner wohl in großen Teilen Asiens. Wann genau unsere unmittelbaren Vorfahren als neue(ste) Menschenart entstanden, lässt sich aus den wiederholt geschilderten Gründen nicht festlegen. Denn Artbildung ist ein Prozess, kein »Sprung«. Es gibt keinen Zeitpunkt, zu dem die Ausgangsart aufhört zu existieren und die neue beginnt. Deshalb verschieben sich die Angaben zu Entstehungszeit von *Homo sapiens* immer wieder mit neuen Befunden oder bei Anwendung unterschiedlicher Betrachtungsweisen.

Zwei Eigenschaften charakterisieren jedoch *sapiens* im fortgeschrittenen Entwicklungsstadium, seit Gruppen davon Afrika verließen und sich nach Eurasien ausbreiteten. Sie waren graziler gebaut als die Neandertaler, wohl noch deutlicher »aufrecht«, und es fehlten am Schädel die ausgeprägten Wülste über den Augen. Aufgrund dieser markanten Bildung waren die Neandertaler als »finster blickende Typen« rekonstruiert worden, meistens verstärkt im Ausdruck durch eine dunkle Haut. Beides ist sehr wahrscheinlich bzw. sicher falsch. Die Neandertaler müssen sogar ziemlich hellhäutig gewesen sein, sonst hätte ihre Haut im Winter nicht genug Vitamin D synthetisieren können. Dieses Vitamin in ausreichender Menge ist unentbehrlich, weil wir sonst rachitisch werden würden. Die Neandertaler hatten aber starke Knochen und eine sehr kräftige Statur, sodass sie ziemliche Kraftprotze gewesen sein müssen – mit heller Haut. Hingegen dürften die neu aus Afrika gekommenen *sapiens* beträchtlich dunkler gewesen sein. Schwarz wohl nicht, eher bronzefarben. Die Problematik unserer Hautfarben wird im zweiten Teil gesondert behandelt. Hier spielt sie lediglich insofern eine Rolle, als die frühere Vorstellung vom Aussehen der Neandertaler zu korrigieren war. Im wolkenarmen Eiszeitklima mit geringen Niederschlägen im Sommer wie im Winter gab es auch in den Monaten niedrig stehender Sonne deutlich mehr UV-Strahlung als unter unseren Wetterbedingungen. Daher kann eine mediterrane Hauttönung für die Neandertaler angenommen werden. Sie drückt beim Menschen nichts anderes aus als die natürliche Anpassung an das Strahlungsklima. Dies galt ebenso aller Wahrscheinlichkeit nach für frühere Menschenformen. Real ist, auf den Neandertaler bezogen, die Körperkraft, die sich aus seiner Statur ableiten lässt. Real ist auch der Unterschied in der Form des Schädels zu denen der grazileren Neuen. Hieraus ergibt sich das Problem, dass sich der physisch Schwächere in der Konkurrenz als der Stärkere bzw. der Erfolgreiche erwies. Üblicherweise würde das Gegenteil der Fall sein. Aber genau darin steckt die häufige Fehldeutung, was das »survival of the fittest« bedeutet. Es meint eben nicht bloß das Recht der Stärkeren im Kampf ums Überleben.

Nicht aus Darwins Verwendung von »survival of the fittest« entwickelte sich die im 19. und frühen 20. Jahrhundert verbreitete politische Haltung des sogenannten Sozialdarwinismus. Stärke war lange vorher praktiziert und von jeher bestimmend. Mit dem europäischen Kolonialismus erreichte sie global den Höhepunkt. Überwunden ist die Durchsetzungskraft der Stärkeren längst noch nicht, wie die gegenwärtigen Kriege und Konflikte in niederschmetternder Deutlichkeit bestätigen. Im Fall des Neandertalers scheiterte jedoch der offensichtlich Stärkere.

Erfolgsgeheimnis Sprache?

Verschiedene Thesen wurden und werden für den Niedergang des Neandertalers diskutiert. So könnte diese Menschenform mit den sich ändernden Bedingungen in der späteren Phase der Würm-Eiszeit nicht zurechtgekommen sein. Die Kälte war vor 40 000 Jahren besonders heftig geworden. Seltsam genug wäre es, wenn ausgerechnet der vor Kurzem aus Afrika gekommene, grazilere *sapiens* diese meisterte, der lange vorher in Europa lebende Neandertaler aber nicht. Die Neuen könnten Krankheitserreger mitgebracht haben. Das lässt sich nicht ausschließen, ist aber dennoch recht unwahrscheinlich, weil vernichtende Epidemien eine entsprechend hohe Dichte der Bevölkerung mit häufigen Kontakten untereinander voraussetzen. Die Neandertaler lebten jedoch weit verteilt in geringer Siedlungsdichte. Sie vermischten sich den genetischen Befunden zufolge bei Weitem nicht so sehr mit den Neuen, dass sie gleichsam genetisch in *Homo sapiens* aufgegangen sein könnten. In historischer Zeit geschahen Vermischungen immer wieder. Sie erwiesen sich längerfristig als durchaus günstig. Dies belegt die Geschichte Europas am besten. Das gegenwärtig global wirtschaftlich und politisch erfolgreichste »Volk« sind die USA, der Schmelztiegel der Nationen (*melting pot of nations*). Die Europäer tragen in sich einen viel zu geringen Anteil an spezifischen Genen der Neandertaler. Daher ist eine genetische Assimilation auszuschließen. Somit verbleibt die indirekte Ausrottung durch eine anhaltend höhere Effizienz bei der Nutzung der natürlichen Lebensgrundlagen durch die Neuen aus Afrika im Eiszeitland der Neandertaler. Doch diese Formulierung stellt so nicht mehr als eine Behauptung dar. Worin sollten die Neuen besser, effizienter gewesen sein? Lag es an besseren Waffen? Dies anzunehmen liegt nahe, errangen doch die Europäer die Herrschaft über andere, zahlenmäßig häufig sogar stark überlegene Völker dank der wirkungsvolleren Waffen. Gewehre töten auf größere Distanzen als Pfeile, und diese sind Wurfspießen weit überlegen.

Allerdings ist zu berücksichtigen, dass überall dort, wo Gruppen von *Homo sapiens* und Neandertalern einander nahe genug gekommen sind, um zu Konkurrenten um Jagdbeute zu werden, die Stärkeren den körperlich Schwächeren die Beute einfach hätten abnehmen können. Im Szenario zur Entwicklung der Vor- und Frühmenschen zu Aasjägern stellte sich ein entsprechendes Problem. Löwen und Hyänen hätten sich Beute leicht aneignen können. Die frühen Menschen hätten den Kürzeren gezogen. Dass sie erfolgreich wurden, lag nicht an der Körperkraft, sondern an ihrer intelligenten Vorgehensweise. Ähnliches anzunehmen ist im Konflikt mit den Neandertalern also geboten. Die Neuen mussten cleverer gewesen sein. Eine wirkungsvollere Jagdtechnik reicht alleine nicht. In der Parabel vom Kampf zwischen David und Goliath drückt sich dies wie eine uralte Ahnung aus.

Eine interessante Erklärung präsentierte Pat Shipman mit ihrem 2015 erschienenen Buch *The Invaders. How Humans and Their Dogs Drove Neanderthals to Extinction* (Die Invasoren. Wie die Menschen und ihre Hunde die Neandertaler ins Aussterben trieben). Der Titel ist ein wenig irreführend. Denn die Autorin meint selbstverständlich nicht, dass die neuen Menschen aus Afrika bereits Hunde als Jagdgehilfen mitgebracht hatten. Vielmehr sollte ihnen die frühe Domestikation von Wölfen in Europa den Vorteil eingetragen haben, der die Neandertaler ins Verderben stürzte. Weshalb arbeiteten diese aber nicht längst mit Wölfen zusammen, obwohl sie bereits seit Zehntausenden von Jahren mit diesen und anderen Raubtieren gelebt hatten? Hinzu kommt, dass es in aller Regel kein vorausschauendes »um zu« gibt. Die Menschen konnten im Umgang mit Wölfen nicht wissen, dass dereinst daraus der Hund als der Menschen bester Freund entstehen würde. So viel Interessantes und wahrscheinlich auch Zutreffendes die These von Pat Shipman hat, die Anfangsvorteile von *Homo sapiens* in Europa kann sie nicht begründen.

Zu solchen gelangen wir, wenn wir eine tatsächlich nachvollziehbare Neuerung betrachten, die den »anatomisch modernen Menschen« auszeichnet, um diese sprachlich holprige Bezeichnung hier zu verwenden. Denn sie trifft auf das nun zu Diskutierende voll zu. *Homo sapiens* kam schlank, aufgerichtet und mit ausgeprägtem Stirnteil des Kopfes nach Europa. Bei der nachgeburtlichen Entwicklung mit Streckung des Körpers verlagert sich der Kehlkopf ein Stück abwärts. Bei manchen Männern wird er als sogenannter Adamsapfel sichtbar. Dieser Abstieg des Kehlkopfes, unter günstigen Umständen in Fossilien früher *Homo sapiens* sogar mit dem zugehörigen Zungenbein auffindbar, ist aber die anatomische Voraussetzung für ein voll artikuliertes Sprechen. Sitzt der Kehlkopf hoch, wie etwa bei Schimpansen und anderen Menschenaffen, sind zwar durchaus klangvolle Laute möglich. Aber sie lassen sich nicht in der nötigen Weise unterbrechen und modulieren, wie es für ein artikuliertes Sprechen nötig ist. Wir können uns dies im Selbstversuch jederzeit klarmachen, indem wir während des Sprechens den Kopf langsam zur Brust hin senken. Das drückt den Kehlkopf nach oben, die Stimme wird schwächer und immer weniger klar, bis sie vollends unverständlich ist. Aus genau diesem Grund recken wir beim Sprechen (wie auch bei lautem Singen) den Kopf und »erheben die Stimme«, wie es der Volksmund ganz zutreffend ausdrückt. Schimpansen kann man daher das Sprechen nicht beibringen, sehr wohl aber sind sie in der Lage, sich in Zeichensprache auszudrücken. Ihr Vorteil, wie der von Babys, sie verschlucken sich nicht.

Denn der Abstieg des Kehlkopfes bewirkt die Überkreuzung von Luft- und Speiseröhre im Schlund auf eine eigentlich unpassende Weise, bei der es geschehen kann, dass Stücke des Essens in die Luftröhre geraten. Babys, bei denen der Kehlkopf noch nicht abwärts verschoben ist, verschlucken sich beim Trinken nicht und können dabei sehr wohl ganz normal atmen. Heranwachsende Kinder und Erwachsene sollten beim Essen (Schlucken) nicht reden, besagen die Tischsitten – aus gutem Grund in diesem Fall.

Die Sprache bietet somit eine bessere Erklärung dafür, weshalb die Neandertaler nicht überlebten, die anatomisch modernen (neuen) Menschen aus Afrika aber sehr wohl, obwohl die Jahrtausende des Höhepunkts der letzten Eiszeit sicherlich keine leichte Zeit gewesen waren. Sie konnten sich mit der Sprache besser verständigen, gezielter die

Jagden planen und dabei kooperieren. So die Schlussfolgerung aus dieser Sicht. Sie hat gewiss viel für sich. Aber da wir nicht wissen, wann die Menschen zu sprechen lernten, und die Sprache keine fossilen Spuren hinterlässt, bleiben diese Überlegungen eine schöne Theorie. Sie leitet über in den zweiten Teil des Buches. In diesem geht es um unser Menschsein, um das Leben in Gemeinschaften, also um Biologie und menschliches Verhalten. Hier ist abschließend festzustellen, dass sich gegen Ende der letzten Eiszeit die anatomisch modernen Menschen nicht nur in Europa im Land der Neandertaler ausbreiteten, sondern dass sie vor vielleicht 20 000 Jahren über die Landbrücke von Nordostasien nach Nordamerika gelangten, dieses und dann in wenigen Jahrtausenden auch Südamerika besiedelten. Früher schon, wie bereits ausgeführt, erreichten sie Australien. Zu Beginn der neuen Warmzeit vor rund 12 000 Jahren, dem Holozän, hatte der Mensch alle Kontinente erreicht, die Antarktis ausgenommen, und viele der näher an den Festländern gelegenen Inseln ebenfalls. Einige große, wie Madagaskar und Neuseeland, waren noch bis in die historische Zeit unbesiedelt. Die Wanderungen und Ausbreitungen gingen dennoch weiter, obwohl vor etwa 10 000 Jahren etwas einsetzte, das eine neue Phase der Lebensweise der Menschen einleitete. Beginnend im Vorderen Orient fingen Gruppen von Jägern und Sammlern an, Wildpflanzen zu kultivieren, Tiere zu domestizieren und in bäuerlicher Lebensweise sesshaft zu werden.

Mit dem Sesshaftwerden begann eine absolut neue Zeit für die Menschen. Es kam zu so grundlegenden Veränderungen in der Sozialstruktur, dass die nähere Betrachtung dieses Vorgangs ausführlicher behandelt werden muss. Denn unsere Zeit und unsere Probleme lassen sich nur aus den Folgen verstehen, die Sesshaftigkeit und Zunahme der Bevölkerungsgröße nach sich zogen. Doch bevor wir in diese Thematik einsteigen, ist es vielleicht angebracht, weitere Eigenheiten unserer Natur zu betrachten. Aufrechter Gang, Nacktheit, großes Gehirn und Sprache reichen nicht aus, uns zu charakterisieren, auch wenn sie wirklich grundlegende Eigenheiten des Menschen darstellen. Sie würden lediglich verständlich machen, warum wir für bestimmte Krankheiten anfällig sind, nichts aber darüber vermitteln, warum die Nacktheit »zum Problem« wurde und weshalb die wunderbare Errungenschaft der Sprache dazu missbraucht werden kann, so viel Böses zu verbreiten und zu ideologisieren.

Teil zwei

Mensch sein

Vorbemerkung

Aufrechter Gang, Nacktheit und großes Gehirn bilden sicherlich die drei auffälligsten äußerlichen Merkmale der Menschen. Das Menschsein kommt damit jedoch nicht von selbst zustande. Die Menschen verhalten sich anderen Menschen gegenüber trotz dieser klaren anatomischen Gemeinsamkeiten sehr unmenschlich. Wir nennen das brutal, als ob dies ein für Tiere (*brutes*) kennzeichnendes Verhalten wäre. Was kaum falscher sein könnte. Denn keine Tierart legt menschenähnliche Grausamkeiten an den Tag oder nähert sich solchen auch nur ansatzweise. Anderes, eher Ehrfürchtiges steckt in der alten, im Englischen noch vollumfänglich gebräuchlichen Bezeichnung für Tiere, *animals*. Es stammt vom lateinischen *anima*, und das war die Seele. In vielen, wenn nicht in allen alten, früher als primitiv abgewerteten Kulturen identifizierten sich Menschen mit Vorbildern aus der Tierwelt. Sie wählten solche zu ihrem speziellen Totem als Ausdruck von Wertschätzung. Darin drückte sich die Selbsteinschätzung als Teil der Natur aus. Menschen und Tiere waren einst nicht voneinander geschieden. Sie bildeten in den Empfindungen der alten Kulturen eine lebendige Einheit.

Diese Zusammengehörigkeit von Mensch und Natur wird zwar heute in bestimmten Kreisen wieder vertreten, jedoch mit geringfügiger Wirkung. Die Vernichtung von Natur, auch von uns sehr nahe stehenden Tieren wie den Menschenaffen und anderen Primaten, schreitet weiter voran. In unserer Zeit ist die Menschheit dabei, die Lebensgrundlagen zu vernichten. Darum wird es im dritten Teil gehen. Der zweite greift im Folgenden weitere Eigenheiten der Menschen auf, in denen sich zerstörerischer Egoismus, aber auch sozialer Zusammenhalt ausdrückt. Wir verlassen damit den stummen Bereich fossiler Knochen und deren mitunter umstrittene Deutung und ihre Einbindung in die Lebensumstände jener Zeiten, aus denen sie stammen. Vieles im Leben von uns Menschen hat evolutionäre Wurzeln. Sie zu kennen klärt unsere Blicke auf uns selbst und die riesigen Probleme, die wir (uns) gemacht haben. Ob die Betrachtung der Ursprünge unseres Verhaltens dazu beiträgt, diese zu lösen, muss offen bleiben. Immerhin verfügen wir über ein ermutigendes Beispiel, nämlich den Wechsel von animistischer, auf Vertrauensseligkeit beruhender Heilung von Krankheiten hin zur evidenz- und forschungsbasierten Medizin. Ihre in nur zwei Jahrhunderten erzielten Erfolge stimmen optimistisch.

Die nachfolgenden Ausführungen sind in ähnlicher Weise zu verstehen wie die Herangehensweise der Medizin. Sie versucht über eine möglichst gründliche Diagnose festzustellen, was nicht in Ordnung ist, sucht dann nach einer gemäß den vorliegenden Erfahrungen geeigneten Therapie und zieht schließlich Folgerungen aus den Erfolgen wie auch aus den Fehlschlägen. Die Medizin betrachtet den Menschen nicht von vornherein als zweigeteiltes Wesen, dessen Körper getrennt von Geist und Seele existiert. Vom Eindringen böser Geister, die Krankheiten auslösen, hält sie nichts (mehr). Ihre Erfolge geben ihr recht. Fast alle, die den Menschen philosophisch oder religiös als geistiges Wesen betrachten, suchen im Krankheitsfall die Kliniken auf, um sich ärztlich behandeln zu lassen. Daher sollten vermeintlich rein geistige Vorgänge in den Gesellschaften zuvörderst auf ihre natürlich-biologische Bedingtheit überprüft werden, bevor man grandiose Theorien über »den Menschen« in die Welt setzt. Ideologien, die nur aus soziologischer, philosophischer und religiöser Betrachtung entwickelt wurden, haben viel zu viel Unheil angerichtet.

Die hier gewählte Herangehensweise können wir an uns selbst nachvollziehen. Das ist die Grundbedingung. Wir kennen die Phänomene, stellen sie aber vielleicht gerade deswegen zu selten infrage, weil sie uns so vertraut sind. Etwa dass sich viele Menschen ihrer Nacktheit schämen. Das ist doch absurd. Oder sollten wir uns auch dafür schämen, dass wir zweibeinig aufrecht gehen und nicht auf allen vieren wie in der Krabbelphase am Beginn unseres nachgeburtlichen Lebens? Die Bekleidung, die »unsere Blöße« bedeckt, wird dagegen in abstruse Formen gesteigert und zum Mittel überhöhter Selbstdarstellung gemacht. Und das keineswegs nur bei reich Gewordenen, sondern noch auffälliger bei den hohen Würdenträgern einer Kirche, die vorgibt, für die Armen und Benachteiligten da zu sein, um sie auf ein besseres Leben in der »anderen Welt« vorzubereiten. So weit wir zurückblicken können in der Geschichte, bestimmte Ungleichheit das Leben der Menschen. Bis hin zur Versklavung anderer. Und mit Vernichtung »der Anderen«, die sich nicht unterwerfen wollten oder anderen Religionen anhingen. Ungleichheit durchzieht das ganze Leben, sogar in den sich für fortschrittlich und demokratisch haltenden Gesellschaften. Global betrachtet, haben die Männer das Sagen, wenngleich die Frauen oft in den Familien die Herrscherinnen sind. In den freiheitlichen Gesellschaften bestimmt etwas höchst Abstraktes, »der Staat«, was richtig oder falsch ist, inzwischen weitgehend abgelöst von den »Medien«, die vorab urteilen und verurteilen, was eigentlich den ordentlichen Gerichten zustünde oder von der gewählten Volksvertretung vorgegeben werden sollte. Die Unterschiede zu den (partei-)diktatorischen Systemen verwischen zusehends. Dabei meinte nicht nur der große Philosoph Immanuel Kant, dass wir das Naturgesetz in uns tragen, zu erkennen, was richtig und was falsch ist. Warum wird dieses dann nicht umgesetzt?

Begonnen wird nun mit der Sprache. Sie schafft die Verbindungen und weist die Wege zu den anderen Menschen und zum sozialen Leben, das uns umgibt. Das Individuum mit seinem Sosein lebt nicht allein, sondern in mehr oder weniger enger Gemeinschaft mit anderen Menschen, wie das auch viele Tiere tun. Isolierung des Individuums von den anderen Menschen stellt die allgemein verbreitete Strafe für schwere Vergehen gegen die Gemeinschaft dar. In einer Reihe von heutigen Gesellschaften und Staaten endet die Bestrafung nicht mit der Inhaftierung, sondern reicht bis zur Todesstrafe. Jedoch gereicht es zur Ehre, andere zu töten, wenn diese Anderen Feinde sind. Dann werden die Töter zu Helden. Und gewinnen Status, wie bei kriegsähnlichen Kämpfen von Schimpansengruppen. Ritualisiert finden »Kämpfe«, sogar Boxkämpfe von Frauen, ein begeistertes Publikum. Bei Mannschaftskämpfen reicht es in die Millionen. Sie werden global übertragen. Es geht um

Sieg und Niederlage, auf allen Ebenen der Wettkämpfe. Bis in den sogenannten geistigen Bereich.

Ein Feuerwerk von Vorgängen findet dabei in den Körpern statt und verbindet sich mit intensiven Wechselwirkungen zu anderen emotional tief verwurzelten Abläufen. Gegenwärtig sind wir aber mehr als je zuvor in eine globale Gemeinschaft eingebunden. Dies ist nicht selbstverständlich. Die Menschen tun sich schwer, damit umzugehen. Denn die Menschheit gibt es gefühlsmäßig nicht. Sie ist ein Konstrukt, etwas Abstraktes, das von unseren Emotionen nicht erfasst werden kann. »Alle Menschen werden Brüder« ist eine leere Phrase, die man proklamieren oder singen, aber nicht verwirklichen kann. Allein die Verständigung ist schon eine schier unüberwindliche Hürde für die globale Kommunikation. Mit der Sprache als besonderem Verständigungssystem der Menschen soll daher der zweite Teil begonnen werden. Von ihr gibt es keine Fossilien, aber plötzlich vom Himmel gefallen ist sie gewiss auch nicht. Seltsam: Am Beginn der (europäischen) Neuzeit gab es mehr Sprachen als gegenwärtig. Tausende sind es immer noch.

Wozu ist die Sprache gut?

Zur Verständigung, würde man spontan antworten. So zutreffend dies auch ist, so unzureichend bleibt es. Denn zwei Befunde stellen sich entgegen. Erstens funktioniert die nichtsprachliche Kommunikation recht gut. Nach wie vor und über alle bekannten Kulturen und Gruppierungen der Menschen hinweg. Mit Ausdrucksformen von Gesicht und Körper wird anderen viel mitgeteilt zur Befindlichkeit einer Person oder zu ihren Intentionen. Gehörlose in unseren Gesellschaften bestätigen dies ebenso eindrucksvoll wie die Vielzahl von Erfahrungen, die beim Kontaktieren indigener Völker in den vergangenen Jahrhunderten gemacht worden sind. Wir können uns mit Gesten durchaus gut verständlich machen. Zeichensprachen, wie ASL, die American Sign Language, für Gehörlose fanden Eingang in Fernsehsendungen und werden im Alltag auf der Straße mit Erfolg benutzt. Im intimen Bereich stört bekanntlich Gequatsche mehr, als es bringt, um es salopp auszudrücken. Schlagertexte drücken Ähnliches aus (»Worte zerstören, wo sie nicht hingehören« in einem Lied von Daliah Lavi). Kriegserklärungen werden kaum jemals vorgelesen. In akut lebensgefährlicher Bedrohung »verschlägt es uns die Sprache«. Entsprechende Ausdrücke ließen sich gewiss in den meisten Sprachen in großer Anzahl anführen. Viele wichtige und innovative Fertigkeiten wurden durch Zusehen und Nachmachen tradiert, nicht durch wortreiche Erklärungen. Diese Befunde zur nichtsprachlichen Kommunikation sind gewichtig. Wieso wurde es also bedeutsam, etwas zu sagen?

Richtig verwirrend ist der zweite Befund: Die Menschheit verfügt über eine Fülle höchst unterschiedlicher Sprachen, kein einheitliches Idiom. Ein solches ließ sich bislang nicht einmal ansatzweise ermitteln. Gewisse ganz moderne Entwicklungen außer Acht lassend, die ja erst in den vergangenen Jahrzehnten geschahen und nicht in unserer herkömmlichen Kommunikationsweise verankert waren, müssten wir fast zur gegenteiligen Antwort kommen: Die Sprachen entstanden, damit man sich nicht versteht; damit sich nicht alle gleichermaßen verstehen, zumindest. Anders ausgedrückt: um andere auszuschließen von der internen Kommunikation.

Kurzer Rückblick: Die beiden obigen Feststellungen machen es nicht leichter, das Aussterben der Neandertaler mit der Cleverness der anatomisch modernen Menschen nachvollziehbar zu begründen. Oder vielleicht gerade deswegen, das wird sich aus den folgenden Überlegungen herausschälen. Diese gehen vom Nächstliegenden aus, nämlich wie wir Menschen das Sprechen lernen. Der Vorgang ist bekannt, wird aber höchst selten einmal benutzt, um darüber nachzudenken, was da Großartiges geschieht. Kleinkinder lernen etwa ab dem Alter von gut einem Jahr zu sprechen. Sie verfügen nicht von Geburt an über eine Sprache, die bei der nachgeburtlichen Entwicklung nur reifen müsste wie andere Fähigkeiten auch. Sie lernen, indem sie imitieren, was zu ihnen gesagt wird. Dagegen richten sich die Kleinen mit etwas anfänglicher Hilfe von selbst auf und entwickeln den aufrechten Gang. Dieser sieht bei allen Menschen gleich aus und bleibt es. Variationen sind geringfügig, obwohl sich die Kinder gern in verschiedenen Formen von Hüpfen versuchen. Es bleibt Spielerei.

Bedeutungsloses Ausprobieren von Lautäußerungen bliebe auch Spielerei, würden diese nicht von der Mutter und den anderen Personen des sozialen Umfeldes zu einer echten Sprache geformt, zur Muttersprache. Dieser Vorgang findet allgemein statt. Im angloamerikanisch-internationalen Sprachgebrauch wird dafür der Ausdruck *motherese* (»Mutterisch«) verwendet. Woraus wir schließen können, dass das Sprechen mit der akustischen Interaktion von Mutter und Kind erlernt wird. So klar dies wirkt, so unzureichend ist es als Erklärung. Wie bei »Henne und Ei« bleibt die Frage, was als Erstes kam. Die Mutter muss bereits über eine Sprache verfügen, die vom Kind übernommen wird. Damit aber verlagert sich das Problem nur weiter in die Vergangenheit: Welche Mütter fingen wo und wie zuerst damit an, Lautäußerungen mit ihren Babys auszutauschen? Gänse machen dies mit ihren zum Schlüpfen bereiten Küken im Ei und in der Zeit danach mit ihrem Austausch von »wi, wi, wi« (Küken) und »gan, gan, gan, gang« (Mutter Gans, leicht zu imitieren von Menschen). Durch die Vergleichende Verhaltensforschung von Konrad Lorenz und seinem Kreis im 20. Jahrhundert ist diese und sind zahlreiche andere akustische Mutter-Kind-Beziehungen bekannt und gründlich untersucht worden. Doch obwohl weit verbreitet bei Tieren, besonders bei den Vögeln, kam es nicht zur Entwicklung von Sprachen. Warum entwickelte sich gerade und offenbar einzig beim Menschen aus der akustischen Mutter-Kind-Interaktion nicht nur eine, sondern eine Vielzahl von Sprachen, keine einheitliche Menschensprache?

Dieses Problem ist so vertrackt, dass die Pariser Akademie der Wissenschaften im 18. Jahrhundert regelrecht verboten hatte, weiter über den Ursprung der Sprache zu räsonieren, weil bereits zu viel Spekulatives und Unbrauchbares zusammengetragen worden war. Dabei waren damals evolutionäre Ansätze noch gar nicht verfolgt worden. Die Meinungen gehen weiterhin stark auseinander. Sie erstrecken sich über ein Spektrum, das von etwas wie einer angeborenen Grammatik, also einer genetisch bedingten Sprachfähigkeit, bis zur rein erlernten Entstehung reicht. Zudem herrscht nicht einmal Übereinstimmung darüber, was alles an Lautäußerungen zur Sprache gehört. Ausrufe, wie »Aua«, gelten als vorsprachlich, ebenso Pfiffe oder Zungenschnalzen. Aber Schnalz- und Klicklaute bilden bei den San-Völkern des südlichen Afrikas bedeutungsvolle, fest integrierte Teile in ihren Sprachen. Sie könnten den zweiten Ansatz zum Zustandekommen von Sprachen liefern, wenn wir das Wechselspiel der Laute zwischen Mutter und Kind als ersten Schritt werten. Sehr wichtig ist dieser auf jeden Fall für die Entstehung einer richtigen Sprache, denn die Veränderungen in den Lautäußerungen der Babys beim Heranwachsen zum Kleinkind verlaufen zeitgleich mit dem Abstieg des Kehlkopfes bis zum sogenannten Stimmbruch der jungen Männer. Lautäußerungen der Erwachsenen und »Mutterisch« könnten sich gegenseitig verstärkt haben im sicherlich langen Prozess der Ausbildung einer Sprache.

So ein dualer Ursprung passt einerseits zu der so ausgeprägten Bildung von Dialekten, die zweifellos aus familieninternen Komponenten entwickelt werden, wie es der Begriff »Mutter-Sprache« auch meint. Andererseits würde er auch den selten beachteten, in der Welt der Kinder und Erwachsenen aber häufig praktizierten Prozess der Bildung von Geheim- bzw. Fachsprachen plausibel machen. Denn offensichtlich trennt Sprache. Sie schließt all jene anderen aus, die nicht eingeweiht sind in die spezifischen Bedeutungen der geäußerten Worte und Formulierungen. Vielfach, ursprünglich vielleicht sogar meistens, grenzt sie all die aus, die nicht zur Gruppe gehören, zu den »Unsrigen«.

Beide Aspekte, das Verbindende, mit intensiverem und präziserem Austausch von Informationen untereinander, und das Trennende, weil die Bezeichnungen beliebig und nicht selbsterklärend sind, müssen bei der Betrachtung der Funktion der Sprache bedacht werden. Das Trennende ist das Wichtigere, um die Vielzahl der Sprachen zu verstehen, die entstanden sind. Bereits die Verfasser der Bibel schlugen sich mit diesem Problem herum. Mit dem Gleichnis vom Turmbau zu Babel erklärten sie die Sprachenvielfalt als »Verwirrung« und Strafe Gottes.

Sprachenvielfalt und ihre Wurzeln

Die Naturwissenschaft pflegt eine andere Herangehensweise, um ein Phänomen zu (er-)klären. Sie sammelt möglichst viele Fakten, sortiert und untersucht sie auf Gemeinsamkeiten. Das ist der Weg der Analyse. Sie fängt also nicht mit »der Sprache« an, sondern mit den Sprachen, ihren Unterschieden und Gemeinsamkeiten. Etwa 6000 gibt es gegenwärtig, bzw. es gab sie noch bis vor Kurzem, weil in der Neuzeit mit den globalen Kontakten der Menschen Sprache um Sprache ausstirbt. Längst ist auch bekannt, dass nicht alle voneinander gleichermaßen verschieden sind. So gibt es eine indo-europäische Sprachfamilie, eine sino-tibetische, indo-malaiische und mehrere weitere, die den europäischen Idiomen ferner liegen. Deutlich zeigt sich dies in ihrer Umsetzung in Schriften. Die chinesischen Zeichen haben keine Ähnlichkeit mit den lateinischen, die arabischen sind gleichfalls davon sehr verschieden. Für unseren Zusammenhang bilden sie sichtbar gemachte Unterschiede. Die Buchstaben allein drücken zu wenig aus; eigentlich nichts direkt. Noch vor eineinhalb Jahrhunderten schrieb man in Deutschland mehr in Sütterlin als mit lateinischen Zeichen. Die kyrillischen und griechischen sind davon ebenfalls verschieden. Aber ihnen ist gemeinsam, dass es sich um Buchstaben handelt und nicht um Bildzeichen, die aus sich selbst heraus verständlich sein könnten, wie die jetzt wieder häufiger benutzten Piktogramme in der elektronischen Kommunikation.

Die Sprachforschung legte nahe, dass es einen gemeinsamen Ursprung vom Sanskrit (Nord-)Indiens und den allermeisten europäischen Sprachen gegeben haben muss. Verortet wurde dieser im Kaukasus und seiner Umgebung. Die Region gilt als Entstehungsstätte des Indoeuropäischen. Russische Forschungen schlossen noch mehr ein und verlagerten den Ursprung in den ural-altaischen Raum. Sie nannten die zugrunde liegende Sprachenwurzel »nostratisch«. Diese Analytik lässt sich letztlich auf alle bekannten Sprachen ausweiten. Dabei kommen verschiedene, geografisch meist weit voneinander entfernt liegende Kerne (Zentren) zustande, für die es dann mit rein sprachwissenschaftlichen (linguistischen) Methoden allerdings nicht mehr weiter zurückgeht in die Vergangenheit. So entsteht das Bild eines mehrfachen Ursprungs der Sprache(n), einer multiregionalen Entwicklung. Das ist nicht von vornherein auszuschließen und stünde auch nicht in Kontrast zu der rein biologisch begründeten Annahme, im menschlichen Gehirn sei so etwas wie eine Sprachfähigkeit vorhanden. Und eine natürliche Grundgrammatik, wie der amerikanische Sprachforscher Noam Chomsky meinte. Die Vielzahl der Sprachen wäre auf diese historisch-analytische Weise auf eine geringe Menge von Zentren vermindert. Das Ursprungsproblem wird damit lediglich verschoben, nicht gelöst.

Gegen Ende des 20. Jahrhunderts überwand der italienische Sprachforscher Luigi Cavalli-Sforza die linguistische Barriere der verfügbaren und damit auch miteinander vergleichbaren Sprachen. Denn was nicht mehr existiert, kann auch nicht in die Analyse mit einbezogen werden. Einen ganz anderen Ansatz eröffnete die damals recht neue Molekulargenetik. Und da Sprachen, zumal seltene, die im Aussterben begriffen sind, zu erkennbaren, genetisch erfassbaren »Völkern«, Ethnien, ziemlich gut zuzuordnen sind, wie etwa das Baskische zu den Basken, nutzte er genetische Stammbäume, um Sprachen-Stammbäume zu erstellen. Das funktionierte besser als erhofft. Zudem ließen sich diese Stammbäume eichen, wo Unsicherheiten aufgrund neuerer Vermischung mit anderen Völkern und Sprachen auftraten. Die Zentren oder Kerne der Sprachfamilien deckten sich sehr gut mit den genetischen Stammbäumen der die Idiome benutzenden Menschen. Als Darstellung genetischer Zusammenhänge reichten sie historisch viel weiter über die linguistisch nicht mehr vertiefbaren Sprachkerne zurück. Sie ergaben, dass einige afrikanische Sprachen, speziell das durch Klicklaute so auffällig von anderen abweichende Khoisan, sich klar von afrikanischen Sprachgruppen wie den Bantusprachen abheben. Mehr noch: Wie die genetischen Befunde selbst lässt sich das große Bild des

Sprachen-Stammbaums am besten verstehen, wenn dieser seine Wurzel in Afrika hatte.

Die Sprachen als zweifellos dem Bereich der Kultur zugehörige Besonderheit der Menschen dürften sich somit mehr oder minder parallel zur Ausbreitung von *Homo sapiens* aus Afrika entwickelt und differenziert haben. Sie folgten den verschlungenen Wegen dieser anatomisch modernen Menschen. Dabei wurden sie immer unterschiedlicher. Offenbar geschah dies umso stärker, je kleiner die sie benutzenden Menschengruppen waren und je länger isoliert von anderen diese lebten. Das Ergebnis ähnelt sehr der Artbildung von Tieren. Isolation und Anpassung an lokale Lebensbedingungen sind Hauptkennzeichen der biologischen Evolution. Offenbar trifft Gleiches auch für die Sprache und für die kulturelle Evolution der Menschen zu.

So gewagt, nachgerade provokativ diese Schlussfolgerung für Sprachforscher und Philosophen gewesen sein mag, ganz für sich isoliert steht das Phänomen, das ihr zugrunde liegt, keineswegs. Denn Ähnliches geschah Jahrmillionen vorher in der Vogelwelt bei der Differenzierung der Kleinvögel, die wir als Singvögel zu bezeichnen pflegen. Sie umfassen zusammen mit ihrer südamerikanischen Schwestergruppe, den Schreivögeln, rund zwei Drittel aller Vogelarten. Ihr gemeinsames Merkmal ist der besonders entwickelte Stimmapparat im tiefen Kehlkopf, die Syrinx. Sie sitzt an der Gabelung der Bronchien, nicht oben im Schlundbereich, und entspricht damit einem sogar noch viel tieferen Abstieg des Kehlkopfes als beim Menschen. Vergleichbar ist jedenfalls die Tendenz, den Kehlkopf mehr zu den Lungen hin zu verlagern. Die Vielfalt der Gesänge der Singvögel beeindruckt. Ihre kleinen Kehlen bringen ein größeres Spektrum an fein strukturierten Tönen hervor als die besten Sängerinnen der Menschenwelt. Manche Singvögel können zudem schier unglaublich gut fremde Geräusche, Stimmen oder Gesänge nachahmen. Auch solche von Menschen. An den Stimmen erkennen sich die Vögel untereinander nicht bloß als Angehörige ihrer eigenen Art, sondern ganz individuell: die Eltern ihre Kinder, die Partner einander und die Nachbarn auch. Mögen sich manche Vögel äußerlich im

Gefieder noch so ähneln (und Bestimmungsschwierigkeiten bereiten), die Gesänge sind eindeutig.

Für die Weibchen qualifizieren sie sogar die Fitness der Männchen, wenn es sich um Balzgesänge handelt, oder sie warnen wechselseitig andere Vogelarten mit ihren Rufen, die verstanden werden. Und als ob der Ähnlichkeiten noch nicht genug wäre, entwickeln Vögel sogar regionale Dialekte. So singen die Buchfinken in Bayern vernehmbar anders als die in Norddeutschland lebenden. Geradezu folgerichtig wirkte die Feststellung, dass eine Region im Gehirn insbesondere bei den Singvögeln sehr gut entwickelt ist, die unserem Sprachzentrum entspricht, dem Broca'schen Zentrum und der Wernicke-Region. Sie verfügen zudem über ein spezielles Gen, das als »Sprach-Gen« (FOX P2) vor einiger Zeit viel Aufsehen erregte, weil man zunächst meinte, damit dem Geheimnis unserer Sprache genetisch auf die Spur gekommen zu sein. Aber rasch zeigte sich, dass dieses Gen, das uns vermeintlich zum Sprechen befähigt, nicht spezifisch für Menschen ist.

Erneute Betrachtung der Funktion von Sprache

Beziehen wir die Vögel in unsere Betrachtungen mit ein, unterstreicht dies die beiden zentralen Funktionen der Sprache. Sie bewirkt den präzisen Austausch von Informationen innerhalb der Gruppe und separiert nach außen. Bei den Vögeln kam es über die akustische Sonderung mit Rufen und Gesängen im allerdings viel längeren Zeitraum Dutzender Jahrmillionen zur Entstehung vielfältiger Artenschwärme, da Stimme und vor allem der Gesang abgrenzend wirk(t)en. Intern bekommt zum Beispiel ein Vogelweibchen, das gerade dabei ist, Eier zu legen, über die Gesänge aus der Umgebung ihres Brutreviers mit, ob ein besonders fittes Männchen in der Nähe ist. Die inzwischen möglich gewordenen genauen Vaterschaftstests beweisen, dass sehr viele der in fester Paarbindung lebenden Vogelweibchen in jeder Brutzeit »Seitensprünge« machen. Die für menschliche Ohren erkennbar besten Sänger sind offenbar meistens auch die begehrtesten für sie. Dass man dabei unwillkürlich an Popmusiker und ausflippende junge Frauen denkt, liegt irgendwie nahe.

Weitere Parallelen ließen sich anführen. Zwei sollen genügen, weil uns beide als Phänomene ziemlich vertraut sind. So kommt es bei Kolkraben vor, dass sie beim plötzlichen Entdecken eines attraktiven Futterbrockens den Ruf ausstoßen, der »Luftfeind (Greifvogel)« bedeutet. Die in der Nähe herumsuchenden Artgenossen bringen sich daraufhin in Sicherheit. Der Finder versteckt nun das Futter, um es später zu einem günstigeren Zeitpunkt unbeobachtet abzuholen. Der Alarm wird gleichsam aufgehoben. Solche Täuschungsmanöver mit der Stimme sind nicht selten, wenn menschenvertraute Vögel genauer studiert werden. Wie auch das Ausstoßen von Schreien, die als Hilferufe wirken. Ein von einem Habicht gepackter Papagei, eine Gelbstirnamazone, schrie im selben Moment zur Verblüffung des Greifvogels »Hallo Carlo« (der Name seines Halters). Das rettete dem Papagei das Leben.

Um zur Sprache zurückzukommen, müssen wir erneut und noch mehr berücksichtigen, dass die Töne, Worte und Sätze keine irgendwie gearteten akustischen Abbilder der Natur sind. Zu dieser besteht kein Bezug, ob der Baum *tree*, *arbor* oder wie auch immer genannt wird, der Hirsch *stag*, *cerv* oder die Kirschblüte *sakura*. Die Bezeichnungen sind Konventionen, wie die Vornamen, während Familiennamen auf Herkunft Bezug nehmen. Von ganz wenigen lautmalerischen Ausrufen abgesehen, ist alles, was die Sprachen enthalten, im Lauf der Zeiten innerhalb der Menschengruppen festgelegt worden, die diese benutzen. Sprachen sind daher im sozialen Zwischenbereich zwischen den Individuen und der großen Gemeinschaft angesiedelt, die wir Art (Spezies) nennen. Sie sind nicht art-spezifisch, aber auch nicht völlig individuell. Ihre Zuordnung zur Gruppe, zum sozialen Verband, in dem die Menschen leben, ergibt nun zwangsläufig, dass die über Sprache ermöglichte – und enorm präzisierte – Kommunikation umso wirksamer wird, je größer die Gruppe ist, die diese benutzt. Umgekehrt gerät sie umso mehr in Gefahr, zurückgedrängt oder ausgelöscht zu werden, je kleiner diese wird. Durch den Mengeneffekt werden Sprachen dominant oder geraten in Unterdrückung, obwohl sie nicht »besser« oder »schlechter« sein müssen. Derzeit geschieht dies in extremer Weise über die Globalisierung, die einige wenige Sprachen, allen voran das Englische und Chinesische, überdominant werden ließ. Einst vorherrschende überdauern dank der Schrift als tote Sprachen, wie das Latein, das über Jahrhunderte die Lingua franca im Römischen Weltreich gewesen war.

Nun zurück zum Untergang der Neandertaler. Die soeben getroffenen Feststellungen können die Deutung stützen, die Neuen aus Afrika wurden überlegen in der Konkurrenz mit den alteingesessenen Neandertalern, weil sie untereinander bei der Jagd und bei der Suche nach Nahrung besser kommunizieren konnten, ohne dabei auf die (auch für Tiere wie den Hund) leicht verständliche nichtsprachliche Ausdrucksweise angewiesen zu sein. Sollten die Neandertaler so etwas wie eine einfache (Grund-)Form von Sprache besessen haben, was anatomisch gemäß Schädelbau und Gehirn möglich erscheint, wären die Neuen immer noch schnell überlegen geworden, wenn sie erheblich größere und weiter verteilte Gruppen mit ihrer besseren sprachlichen Kommunikation koordinieren konnten. Wenn es um große Beute geht, zählt die Menge der Jäger, wie bereits angedeutet im Vergleich von Wolfsrudel und Wolfspaar. In Zeiten der Verknappung von Beutetieren müsste sich die verbesserte Kooperation besonders stark ausgewirkt haben.

Nach derzeitigem Kenntnisstand starben die Neandertaler aus, als die letzte Eiszeit ihrem Kälte-Maximum entgegenging. Dabei muss Beweglichkeit eine immer größere Bedeutung erlangt haben, also die Fähigkeit, weiter und länger umherzuziehen auf der Jagd und temperierte, hinreichend sichere Höhlen zu finden und aufzusuchen. Nicht ohne Grund wurden die Eiszeitmenschen früher vielfach »Höhlenmenschen« genannt, und zwar schon lange vor der Entdeckung ihrer spektakulären Höhlenmalereien. Diese bilden in weitaus überwiegendem Maße große Beutetiere ab, aber kaum Menschen. Dass man sie schon bei ihrer Entdeckung für eine Art von Jagdzauber hielt, liegt auf der Hand. Eine sehr einfache Erklärung wäre, dass sie den Jugendlichen die Beutetiere zeigten und benennbar machten. Das muss selbstverständlich nicht die einzige Funktion dieser Höhlenmalereien gewesen sein. Aber eine Wechselwirkung mit der Sprache ist auf jeden Fall wahrscheinlich, denn stumm davorgesessen werden die Eiszeitmenschen gewiss nicht haben. Gerade Schamanen bedienen sich der Sprache in beschwörenden Formeln mit mehr oder weniger unverständlichen Worten, um die Anwesenden bei ihren Zeremonien in Stimmung zu bringen. In den lateinischen katholischen Messen und im monotonen Leiern von Rosenkränzen klang und klingt dies bis in unsere Zeit nach. Der direkte Zusammenhang des deutschen Wortes Stimmung mit Stimme besagt sicherlich viel, auch im Rückgriff auf die früheren Zeiten.

Unstrittig ist, dass die Sprache eine zentrale Funktion im Sozialleben der Menschen hat. Kaum jemand will die als Kind erlernte Sprache zugunsten einer anderen aufgeben, die doch zeitlebens als »Fremdsprache« empfunden wird. Allein schon über diese Charakterisierung drückt sich das Trennende der Sprache aus. Sprachen sind unerschöpflich dank ihrer Fähigkeit, weit über die konkret benennbaren Dinge hinausgehend abstrakte Begriffe bilden zu können. Die Sprache wirkt entsprechend stark auf das Denken. Durch(ge)dacht hat man letztlich nur, was sich in Worte und Sätze fassen lässt. Erst damit wird es für andere Menschen nachvollziehbar (gemacht). In gewisser Weise müssen wir eine Einschränkung vornehmen, weil wir wissen, wie sehr Worte und Ausdrucksweisen auch missverstanden werden können. Die präziseste Formulierung schützt nicht davor. Das ist das Dilemma der Philosophie. Zwangsläufig ergibt sich daraus, dass die Sprache dazu tendiert, einfacher, klarer und leichter übertragbar zu werden, je mehr sich ihr Wirkungsbereich in Bevölkerungen ausdehnt. Innerhalb der Sprachen nehmen daher Vielfalt und Eigenständigkeit ab, wenn es zu intensiveren Kontakten mit anderen Sprachen kommt. Die größtmögliche Vereinfachung geschah mit der Entwicklung der Computersprache, die alles letztlich in 0 und 1 in endlosen Kombinationen zusammensetzt und Informationen dennoch unvergleichlich schneller als jede andere Sprache verarbeitet.

Die Basis ist hier wie im allgemeinen Sprachgebrauch das Benennen von anderen Menschen und Dingen. Doch während bei der frühkindlichen Entwicklung der Sprache die Personen, die sich um das Kleinkind kümmern, individuell benannt werden (Mama, Papa), vollzieht sich sehr rasch eine Kategorisierung. »Auto« meint kein spezielles, individuell unverkennbares Auto, sondern steht wohl bereits von Anfang an für alle Autos und die ihnen ähnlichen Dinge, wie solche aus Plastik oder Holz. Dieser spontane Wechsel vom Individuellen, Einzigartigen zur Kategorie ist das ganz Besondere in der Sprachentwicklung. Wie das Gehirn dies leistet, ist gegenwärtig noch weitgehend unbekannt. Es speichert nicht mehr eine letztlich unbegrenzte Menge von Einzelworten für Dinge, sondern es geht bei der Bildung der Sprache ähnlich vor wie beim Sehen, das aus der Fülle von Eindrücken eine begrenzte Anzahl von Kategorien (= Begriffen) abstrahiert. Aus mehr oder minder großen Ansammlungen von Bäumen entsteht der Begriff »Wald«. Sein Zustandekommen vermindert die Speichernotwendigkeit zahlloser Bilder von

Wäldern oder Beständen von Bäumen geradezu computergerecht. Die akustische Verknüpfung damit formt das Wort »Wald« und auf dieselbe Weise die Inhalte aller Wörter. Ein lediglich geringer Teil verbleibt in der wohl ursprünglichen Form der individuellen Bezeichnung, wie eben von Mutter, Vater oder einem bestimmten Hund, den der ihm zugeteilte Name weit stärker charakterisiert als der Begriff »Hund«. Intelligenz, so die Folgerung, drückt sich grundsätzlich darin aus, möglichst schnell möglichst zutreffende Verknüpfungen zwischen Kategorien herstellen zu können. Die bloße Reihung von Einzelfällen ergibt keine »Schlussfolgerungen«, die weiterführen und (etwas) erklären. Darin steckt bekanntlich eines der Kernprobleme von Autismus, gemeinhin charakterisiert als »Telefonbuchintelligenz«. Nicht dass diese mangelhaft oder nutzlos wäre. Sie erschwert es allerdings, Beziehungen herzustellen, auch solche mit anderen Menschen. Möglicherweise lag sie mit dem Speichern von Bildern (= Eindrücken) am Beginn des Denkens, die im vorsprachlichen Zustand über Erinnerungen die Aktivitäten leiteten. Mit der Entwicklung von lautsprachlicher Benennung von Menschen und Objekten setzte der entscheidende Wandel ein, der Verknüpfungen zwischen den Eindrücken und den gespeicherten Erinnerungen herstellte. Es ergaben sich »Deutungen«, die zunehmend mehr »Be-Deutung« erlangten, weil sie Erklärungen für das Gesehene und Geschehene vermittelten. Die Menschen fingen an, die Welt, in der sie lebten, zu verstehen. Aber wie so gut wie immer verbarg sich sehr viel Schlechtes im Guten. Das Denken fing an, nach Erklärungen zu suchen, wo es keine greifbaren Fakten gab. Entweder weil die Vorgänge zu komplex und damit auf einfache Weise nicht durchschaubar waren, wie bei vielem, was in der Natur geschieht, oder weil Beziehungen hergestellt wurden zum Bekannten, die nicht passten. Wir kennen dies und praktizieren es immer noch, wenn in Wolkenbilder Figuren hineininterpretiert werden oder – schlimmer noch – »Sternbilder« fantasiert und diesen erfundenen Bildern tiefere Bedeutungen für das menschliche Leben zugeordnet werden.

So seltsam es auch klingen mag: Das »logische Denken«, die (scheinbar) folgerichtige Deutung von unerklärlichen Erscheinungen, (ver-)

führte zu Religion und öffnete dem Gehirn weit Tür und Tor für Indoktrinierungen. Glauben erzeugt in jeglicher Hinsicht eine Parallelwelt zum Wissen; eine nötige, weil ansonsten das Unwissen unerträglich würde. Je stärker die Bereitschaft zu glauben überwiegt, desto anfälliger werden die Menschen für Dogmatismus und Fanatismus. Die oftmals schwer zu ertragende Unsicherheit wird dabei getauscht mit einer tief im Glauben verankerten Sicherheit. Sie trägt und hält das schwankende Selbstbewusstsein.

Die Ahnung, dass es sich irgendwie so verhält, ist bereits in der Bibel enthalten: »Am Anfang (nämlich der Menschwerdung) war das Wort.« So großartig dies war und nach wie vor auch ist, so sehr hängt die Fähigkeit, das Gedachte mit Sprache auszudrücken, von einer simplen anatomischen Voraussetzung ab, nämlich vom bereits genannten Abstieg des Kehlkopfes. Und dieser ergibt sich aus der sehr frühen, eigentlich verfrühten Geburt des Menschenkindes.

Frühgeburt und Spätentwickler

Verglichen mit den Menschenaffen werden wir zu früh geboren. Allerdings handelt es sich beim Menschen nicht um eine lediglich klein geratene, normal proportionierte, sondern um eine unproportionierte Frühgeburt. Der Kopf ist zu groß, verglichen mit dem Entwicklungsstand des restlichen Körpers. Wie bereits ausgeführt, bildet der Beckenring der Mütter den Engpass, durch den der Kopf hinausmuss. Der Rest des Babys kommt dann fast von alleine nach. Mit der Geburtsgröße des Kopfes entwickelte sich der Mensch an die Grenze des hierzu Möglichen. Die aufrechte Körperhaltung mit zweibeiniger Fortbewegung setzt den Engpass. Da der Beckenring bei der Neandertalerfrau offenbar ein wenig größer als bei den Frauen der anatomisch modernen Menschen war, schränkte dies möglicherweise die Fähigkeit der Neandertaler zu lange anhaltenden Wanderungen ein. Anzunehmen ist, dass sie sich die Bäuche so voll wie möglich schlugen, wenn sie ein größeres Beutetier erlegt hatten. Wie die Löwen das tun, die dann stundenlang, mitunter einen Tag lang, fast unbeweglich herumliegen und verdauen. Auch dies schränkt die Mobilität ein. Als Volksweisheit lernt man auf Latein *plenus venter non studet libenter,* »ein voller Bauch studiert (lernt) nicht gern«. Eine in der Forschung zum Ursprung der Menschen verbreitete These geht sogar davon aus, dass die Größenzunahme des Gehirns auf Kosten der Verdauung ging. Die zugehörigen Organe, Magen und Darm, wurden nach und nach verkleinert, was Energie einsparte, die für den Betrieb des Gehirns verfügbar wurde. Anteilsmäßig am Energiebudget entsprechen Gehirntätigkeit und Verdauung einander in etwa. Darauf ist in einem anderen Zusammenhang zurückzukommen. Die Zuteilung von Stoffen aus der Nahrung und von Energie gehört zu den grundlegenden, oft zu wenig beachteten Vorgängen im Körper.

Die besondere Zuteilung beginnt bereits im Mutterleib. Das größer und größer werdende Gehirn des Babys erfordert bestimmte Stoffe: Eiweißverbindungen (Proteine) und Fette, aus denen die Gehirnsubstanz aufgebaut wird. Wie gleichfalls schon angemerkt, »machen« nicht Zucker die Babys, auch wenn diese bei der Verdauung schnell viel Energie liefern. Sie sind, grob bilanziert, vor allem für Bewegungen vonnöten, während Proteine und Mineralstoffe, aus denen die Knochen aufgebaut sind, fürs Wachsen gebraucht werden. Mütter wissen, dass sie in der Schwangerschaft mitunter Heißhunger auf bestimmte Nahrung bekommen, ein Hunger, der unerklärlich plötzlich aufsteigt. Ausgelöst haben ihn meistens die Bedürfnisse des Babys.

Es bekommt im Mutterleib dank des früh sich differenzierenden Gehörs nach und nach immer mehr davon mit, was die Mutter spricht und welche Töne aus der unmittelbaren Umgebung auf die Schwangere einwirken. Muttersprache wird auf diese Weise schon vor der Geburt für das Kind vertraut, auch wenn sie noch von den Körpergeräuschen der Mutter überlagert und im Fruchtwasser anders gehört wird als bei Übertragung durch die Luft. Im nachgeburtlichen Jahr lernt das Baby kontinuierlich dazu, ohne deshalb selbst schon sprachähnliche Laute formulieren zu müssen. Wie ebenfalls bereits angemerkt, ist erst nach diesem ersten Lebensjahr außerhalb des mütterlichen Körpers, dem fachsprachlich ausgedrückt extrauterinen Jahr, der Zustand erreicht, der einem neugeborenen Primatenbaby entspräche. Nun streckt sich der Körper des Kindes. Es versucht sich aufzurichten und vom Krabbeln ins Watscheln zu wechseln. Im Englischen werden Kleinkinder dieses Zustands sehr treffend *toddler* genannt. Jahr um Jahr geht es sichtlich besser – aus der Sicht der Erwachsenen.

Dabei vollziehen sich zwei Veränderungen, die wenig bemerkt, weil für normal gehalten werden. Das Gehirn vergrößert sich um rund das Dreifache. Bezogen auf die Gehirngröße bei den Menschenaffen erreicht es im Zustand der Erwachsenen das Vier- bis Fünffache. Parallel dazu wächst der Körper, wird anteilsmäßig größer und erlangt ungefähr in der Pubertät vollends die menschentypischen Proportionen. Beide Entwicklungen brauchen Zeit, Ressourcen und Energie. Die Folgen sind uns geläufig, aus vergleichend biologischer Sicht aber höchst ungewöhnlich. Denn beim Menschen dauern Kindheit und Jugendentwicklung sowie die Pubertät mehr als doppelt so lang wie bei den großen Primaten unserer näheren Verwandtschaft und viel länger als bei vergleichbar großen Säugetieren. Mag es uns auch viel zu kurz vorkommen, dieses unser Leben, so ist es doch ein außergewöhnlich langes, mit anderen Tieren verglichen. Schildkröten und bestimmte Arten der Haie lassen wir dabei aus guten Gründen außer Acht, denn ihr Leben verläuft extrem langsam und fällt daher nicht in sinnvoll miteinander vergleichbare Bereiche.

Daraus ergeben sich zwei Konsequenzen. Wir können gleich ab der Geburt über eine viel längere Zeitspanne lernen, in der sich das Gehirn entwickelt, als alle vergleichbaren Organismen, und die Menschenfrauen könnten dank ihrer gut doppelt so langen Lebenserwartung mindestens doppelt so viele Kinder wie die Schimpansinnen zur Welt bringen. Beides sind große Überlebensvorteile. Bei der Kinderzahl liegt dies auf der Hand. Wer sich schneller als die Konkurrenz vermehrt, wird diese bei begrenzten Ressourcen auch ohne Kampf verdrängen. So könnte es mit den Neandertalern geschehen sein. Und wer mehr lernt, wird besser durchs Leben kommen und damit wiederum auch in der Fortpflanzung erfolgreicher sein. Wenn jetzt der Einspruch kommt, dass dem in modernen Gesellschaften der Menschen nicht so ist, weil die am besten ausgebildeten Frauen eher die geringste durchschnittliche Kinderzahl aufweisen, sei um etwas Geduld gebeten. Der Widerspruch löst sich bei Betrachtung der Überlebensraten des Nachwuchses bis zu dessen eigener Fortpflanzungsfähigkeit und mit Blick auf die Ressourcen in aller Regel zwanglos auf. Die sehr unterschiedlichen wirtschaftlichen und sozialen Verhältnisse sind ja noch nicht berücksichtigt.

Hinzu kommt, dass die langsame nachgeburtliche Entwicklung der Kinder für die Mütter eine enorme Belastung darstellt. Diese hat Folgen für das Leben in der Familie. Geburtshilfe ist nötig, zumindest für die Erstgebärenden. Das »Baby-Jahr« schränkt die Möglichkeiten der Mutter ein, die für sie selbst und für das Kind benötigte Nahrung zu beschaffen. Sie ist auf Hilfe angewiesen. Die Hilfsbedürftigkeit im »Baby-

Jahr«, das dem extrauterinen Jahr entspricht, endet danach nicht. Vielmehr folgen zwei weitere Jahre oder mehr, in denen das Kleinkind an der Mutterbrust ernährt wird. Erst danach ist es weit genug gediehen, um zeitweise sich selbst überlassen bleiben zu können. Doch das auch nur, wenn es von der Gruppe, in der die Mutter lebt, geschützt wird. Ansonsten wäre es eine leichte Beute für Leoparden, Hyänen oder Wölfe. Das intensive Bedürfnis, sich an etwas zu klammern, das »Schmusetiere« stillen, rührt vom ursprünglichen Anklammern an das Fell der Mutter her, die aber längst felllos nackt geworden ist. Umfassenden Schutz brauchen Kinder mindestens bis ins Alter von gut zehn Jahren. Dennoch endet auch damit nicht die Fürsorge, weil Geschwister nachgekommen sind, die im Abstand von etwa drei Jahren unter den Lebensverhältnissen des Jäger-und-Sammler-Daseins geboren werden. Schwangerschaften und Versorgung der Kinder schränken wegen deren so langer Unselbstständigkeit das Leben der Frauen stark ein. Und machen sie abhängig. Wovon, das wird im folgenden Abschnitt erörtert.

Lange Kindheit schafft Abhängigkeit – langes Leben auch

Kleinkinder sind natürlich auch bei den Menschenaffen von den Müttern abhängig. Generell gilt dies für alle Säugetiere. Ihr Grundkennzeichen ist ja, dass sie ihren Nachwuchs mit Muttermilch ernähren. Daher die Klassenbezeichnung Mammalia, von *Mammae*, den (Mutter-)Brüsten. Milch ist eine Absonderung von Drüsen, die all die Stoffe enthält, die für das Wachsen der Kinder und für ihre Bewegungen vonnöten sind, also Aufbaustoffe und solche, die Energie liefern. Milch fließt nicht einfach so. Der Körper muss sie mit ihrem besonderen Inhalt zur Verfügung stellen. Dass er sich dabei sehr restriktiv verhält, ergibt sich aus der Notwendigkeit, dass bestimmte Hormone, Prolactin vor allem, den Milchfluss in Gang setzen müssen. Auslöser dafür sind die Geburt selbst und das Saugen der Kinder. Da sich in dieser Hinsicht die Menschenfrauen und die Schimpansinnen oder andere Säugetiere mit kleinen Jungen gleichen, braucht dieser Aspekt nicht weiter vertieft zu werden. Normal ist auch, dass erst ein gewisser Zustand des mütterlichen Körpers erreicht sein muss, bis die angesammelten Reserven für eine erste Schwangerschaft ausreichen. Nicht normal ist die Dauer der vorpubertären Zeit beim Menschen und auch nicht, dass Geschlechtsverkehr im pubertierenden Alter selten zu Schwangerschaften führt. Mehrere Jahre kann sich diese frühe Unfruchtbarkeit hinziehen. Und andauern, wenn der Körper über zu wenig Fettreserven verfügt; ein Problem von Sportlerinnen. Offenbar weiß der Körper selbst am besten, was gut ist und was er leisten kann. Unregelmäßigkeiten in der Periode bei jungen Frauen, die noch keine Schwangerschaft hatten, bekräftigen dies.

Ist eine solche zustande gekommen, verursacht sie bereits lange vor der Geburt Übelkeit, Erbrechen und Rückenschmerzen, weil das größer und größer werdende Baby auf die Wirbelsäule drückt. Verständlicherweise nimmt das Bedürfnis der Schwangeren nach Ruhen in der Liegehaltung zu. Die Geburt selbst ist, zumal beim ersten Mal, so brutal schmerzhaft, dass sie so gar nicht zu der verbreiteten Vorstellung passt, in der Natur sei alles von Natur aus schön, gut und richtig. Die Geburt wäre eine Bestrafung, würde sie nicht auf eine besondere Weise belohnt werden: Glückshormone folgen dem Schmerz und erzeugen ein euphorisches Gefühl, das immer wieder auftritt, wenn das Baby an den Brüsten saugt und Muttermilch trinkt. Das hormonelle Belohnungssystem wirkt so stark, dass der Geburtsschmerz verblasst und normalerweise keine abschreckende Wirkung auf die Mütter in Bezug auf weitere Schwangerschaften nach sich zieht.

An der Abhängigkeit von anderen Menschen ändert diese nachgeburtliche Belohnung mit intensiven Glücksgefühlen jedoch nichts. Die Mutter wäre verloren mit ihrem Neugeborenen, würde sich »die Gesellschaft« nicht um sie kümmern. Die Betreuung beginnt oft schon ab der ersten Hälfte der Schwangerschaft, weil diese die Leistungsfähigkeit der werdenden Mutter zunehmend beeinträchtigt. Im ersten nachgeburtlichen Jahr ist sie unabdingbar, wird aber häufig in den beiden folgenden Jahren weiterer Stillzeit des Kindes zumindest unterstützend benötigt. Und weiter, wenn eine neue Schwangerschaft gegen Ende der Stillzeit folgt. Dabei geht es um Nahrung, also um die unterstützende Versorgung der Mutter, und den Schutz beider, auch gegen die Widrigkeiten der Witterung, nicht bloß gegen natürliche Feinde oder andere Menschen. Es ist klar, dass in einer Lebensumwelt ohne Kliniken, Supermarkt und finanzielle Unterstützung durch den Staat Mütter nicht überleben könnten, die alleinstehen. Es sind die Familien, die das Überleben sichern.

Aber in welcher Zusammensetzung? Das ist die Frage. Würde allein die Kernfamilie reichen? Bedarf es der Großfamilie? Den Staat, der in unserer Gesellschaft die Versorgungsleistungen zur Verfügung stellt, gab es im allergrößten Teil der Existenzzeit der Menschen nicht. Zudem müssen wir bei diesen Betrachtungen über den Bereich von *Homo sapiens* hinausgehen, denn die Neandertaler, die Denisovaner und die anderen Arten der Gattung Mensch sahen sich dieser Problematik gleichfalls ausgesetzt, seit die Vor- und Frühmenschen den Wechsel von weitestgehend pflanzlicher Nahrung zu proteinreicher tierischer beim Gang hinaus auf die Savanne vollzogen hatten. Die schwangeren Schimpansinnen können sich hingegen aus der Hand in den Mund ernähren, weil sie die dafür benötigten Pflanzen in greifbarer Umgebung haben und sie diesen nicht hinterherrennen müssen. Mit kleinen Kindern an der Brust oder auf dem Rücken funktioniert die pflanzliche Eigenversorgung. Allerdings besteht ein großer Unterschied darin, dass die schimpansische Pflanzenkost wenig nahrhaft ist und die Ernährung den Großteil des Tageslaufs einnimmt. Von Jägern und Sammlern unserer Zeit wissen wir hingegen, dass sie nur etwa halb so aktiv sein müssen, um sich zu ernähren, wenn sie ergiebige Knollen finden und Fleisch von Beutetieren haben. Beides selbst zu suchen ist jedoch Schwangeren und Stillenden kaum möglich.

In der Kernfamilie müsste der Mann seine Frau mit Baby und den anderen Kindern unterschiedlicher Größe über längere Zeit immer wieder verlassen, um zu jagen und ergiebige Pflanzenkost zu suchen. Das dürfte keine gute Option gewesen sein. Noch weniger praktikabel wäre sie, wenn die Kinder dicht gestaffelt dazukommen. Es dauert rund ein Jahrzehnt, bis das Älteste groß genug ist, um sich einigermaßen verlässlich um die kleinen Geschwister kümmern zu können. Der evolutionäre Vorteil, mehr Kinder erfolgreich großzuziehen, könnte in der Kernfamilie nicht wirksam werden. Wohl aber in der Großfamilie und am besten in einem Clan, der gleich mehrere solcher umfasst. Von den sogenannten Naturvölkern früherer Zeiten repräsentierten am besten die Dorfgemeinschaften das Zusammenleben von Menschen in Gruppen, die als Jäger und Sammler lebten. Je nach Ergiebigkeit der Lebensräume überlebten schon mehrere Familien in der Gemeinschaft oder aber erst ein Dutzend und mehr, wenn die Bedingungen hart waren. Die völkerkundliche Literatur enthält eine Fülle von Befunden, die beides immer wieder ausdrücken, die Notwendigkeit, sich zusammenzuschließen, und die Aufspaltung, wenn die Gruppen zu groß wurden und die inneren

Reibereien zu sehr zunahmen. Die Standard-Größe gibt es nicht, auch wenn Robin Dunbar gute Argumente und treffende Beispiele anführt, dass sich Menschengruppen im vor-sesshaften Zustand in Gruppen von etwa 50 bis 150 Personen organisiert hatten. Und dass die Sprache dabei eine eminent wichtige Rolle für den Zusammenhalt spielte. Der deutsche Titel seines Buches »Klatsch und Tratsch« drückt dies recht treffend aus. Die Sprache gewinnt umso mehr an Bedeutung, je größer die Gruppen werden, weil umso mehr Verständigung notwendig wird. Mimik und Gesten kommen rasch an ihre Grenzen.

Schwere Geburt und lange Abhängigkeit der Kinder zwingen die Menschen in enge soziale Bindungen. Hieraus erklärt sich wahrscheinlich zumindest zum Teil das Phänomen der Menopause bei den Frauen. Es stellt für die theoretische Evolutionsbiologie eine Herausforderung dar, denn durch ein Ende der Fruchtbarkeit Jahre vor Ende des Lebens wird die maximal mögliche Kinderzahl verringert. Mehr Kinder sollten mittel- und langfristig aber, wie oben bereits ausgeführt, vorteilhafter sein. Weil eine höhere Rate der Fortpflanzung die Population schneller anwachsen lässt und Konkurrentinnen mit weniger Kindern verdrängt. So die Theorie. Die natürliche Auslese müsste folglich eine möglichst lange währende Fruchtbarkeit begünstigen, eine, die so lange anhält, wie der weibliche Körper dafür fit genug ist. Und da wir aus den Erfahrungen der Gegenwart wissen, dass von Frauen um und nach 40 geborene Kinder sehr wohl sehr gut lebensfähig sind, spräche zumindest aus der aktuellen Situation nichts dagegen, wenn die Fruchtbarkeit der Frauen über 50 hinaus anhielte. Ihre durchschnittliche Lebenserwartung läge dann immer noch über 20 Jahre darüber, sodass sie erleben würden, wie so spät geborene Töchter selbst Mütter werden. Bei den Männern bleibt die Fruchtbarkeit bis ins hohe Alter erhalten. Diese Ungleichheit stellt eine Herausforderung für die Evolutionsbiologie dar.

Es würde zu weit gehen, all die vorgebrachten Überlegungen, die Menopause zu erklären, ausbreiten zu wollen. Konkrete Erfahrungen sind uns vertraut genug, um sie für plausibel zu halten. So spielen die Omas meistens eine weit größere Rolle bei der Betreuung der Enkelkinder als die Opas. Das lässt sich am Zeitanteil messen, den Oma und Opa den Kleinen widmen, aber auch in der Art und Weise des Umgangs mit diesen. Opas können zumeist mit Babys und Kleinkindern weniger anfangen als mit größer gewordenen Kindern. Und da die Enkel nahe mit den Omas verwandt sind, fördern sie mit der Betreuung zweier ihrer genetischen Enkel rein rechnerisch so viel wie ein eigenes Kind. Denn dieses trägt die Hälfte ihrer Gene, das Enkelkind die Hälfte der Hälfte, was im mütterlichen Erbgang stets eindeutig ist. Solche Rechenexempel brauchen die Omas nicht, um ihre intensive Zuneigung zu den Enkelkindern zu begründen. Und sie versuchen, nicht selten gegen den Widerstand der Mütter, zu verwöhnen. Das stärkt die Bindung Enkelkind-Oma und nährt die Widerstände der Kinder gegen ihre Mütter bei der Erziehung.

Ein zweites Phänomen ist im Zusammenhang damit so verbreitet, dass es sprichwörtlich geworden ist, die »böse Schwiegermutter«. Sie macht den Gattinnen der eigenen Söhne das Leben schwer, mitunter kaum erträglich. Doch anders als man erwarten könnte, lernen die davon betroffenen Frauen nicht, es selbst besser zu machen. Häufig werden sie auch zur bösen Schwiegermutter, wenn der eigene Sohn eine (fremde!) Frau ins Haus bringt oder sich mit dieser von der Mutter vollends löst und selbstständig macht. Dieser Aspekt deutet stark an, dass ursprünglich die Söhne in der Familie verblieben, die Töchter aber in andere »einheirateten«. Ob formal oder nicht, spielt fürs Ergebnis kaum eine Rolle. Denn die junge Frau, die in eine andere Großfamilie kommt, ist darin fremd. Erst über ihre Kinder wird sie stärker integriert. Auch dieser Punkt kann hier nicht detaillierter ausgebreitet werden. Dazu gibt es jede Menge Literatur, auch solche, die sich auf Menschen bezieht, die ein Leben als Jäger und Sammler führen. Besonders stark wirkt der »Schwiegermuttereffekt« in bäuerlichen Gesellschaften, in denen die eingeheiratete Schwiegertochter wenig zu sagen hat.

Hier ist nun nachzufragen, in welcher Beziehung dieses Phänomen, der »Schwiegermuttereffekt«, mit der Menopause stehen mag. Spüren die Schwiegermütter das Nachlassen ihrer eigenen Fruchtbarkeit, weil sie die Menopause bereits erreicht haben? So eine Situation befeuert aus

Sicht der Evolutionsbiologie eine direkte Konkurrenz der Frauen untereinander. Die eine »hat schon fertig«, die andere entfaltet hingegen ihre Fruchtbarkeit gerade. Als Schwiegermutter neidet sie der Schwiegertochter den Sohn, der nun an diese eine Frau gebunden sein soll, obgleich sie ihm als seine Mutter durchaus »mehr zutraut«: eine mindestens ebenso gute, wenn nicht sogar bessere Frau, als sie es selbst ist. Vielfältige Szenarien hierzu sind vorstellbar und werden mitunter vom wahren Leben noch übertroffen. Die Enkel bekommen die positiven Aspekte dieser weiblichen Konkurrenz ab, die Schwiegertöchter den negativen.

Eine weitere Überlegung lässt sich anschließen. Für sie gibt es zahlreiche Beispiele aus dem wirklichen Leben. Nehmen wir an, die Mütter werden früh Großmütter, weil die Töchter entsprechend früh heiraten und Kinder bekommen. Dann müssen Kleinkinder gleichen Alters von einer älteren und einer jüngeren Mutter zusammen aufwachsen. Die Großmutter würde selbstverständlich das eigene Kind bevorzugen, denn es ist ganz ihr Kind (genetisch mit halbem Erbanteil). Das ihrer Tochter ist aber nur zu einem Viertel mit ihr als Großmutter verwandt. Was von der Schwiegertochter kommt, ist ihr fremd; auch genetisch. Es wäre daher gut, zumindest besser, mehr Frauen unterschiedlichen Alters würden in der Gruppe leben und die Kinder dadurch gleichsam breit gestreut sein, sodass keine allzu klaren Herkunftsbeziehungen bestehen. Ob dies die Eifersucht der Frauen untereinander eindämmen würde, bleibt fraglich. Die Menopause vermindert auf jeden Fall solch konfliktträchtige Situationen, die umso schärfer würden, je älter die Frauen geworden sind. Diese Ansicht kann man über Computerprogramme durchspielen. Die Realität ist, dass es die Menopause gibt und dass sie die Fruchtbarkeit der Frau stärker begrenzt, als dies biologisch vonnöten schiene. Und da in der hier sehr gedrängten Erörterung immer wieder Bezug auf das Leben in der Gruppe genommen wurde, sollten wir uns genauer ansehen, wie diese zusammengesetzt sind. Einfach aus mehreren Kernfamilien? Wie verhalten sich darin die Männer zueinander, zu den Frauen und Kindern?

Das Leben in der Gemeinschaft einer Großfamilie oder eines Clans ist naturgemäß mit der Sexualität konfrontiert. Sie macht das Zusammenleben nicht einfach. Dazu vermitteln uns die Einblicke in das Leben der Menschenaffen einige gleichsam neutrale Grundlagen. In unser eigenes lassen wir uns nicht gern hineinschauen. Die Privatsphäre steht sogar in vielen Staaten unter besonderem Schutz des Rechts. Gleichwohl lebt die Skandalpresse bestens davon. Weil das intime Leben der anderen so sehr interessiert. Wir trachten das Intimleben geheim zu halten, delektieren uns aber an Einblicken in das der anderen, und seien es auch nur vage Vermutungen. Mit Abstand am stärksten interessiert an den Einblicken in das intime Leben anderer sind offenbar die Frauen. Ohne ihre Gier danach gäbe es die sogenannte Regenbogenpresse nicht.

Bei den Menschenaffen und anderen Primaten findet keine intime Geheimniskrämerei statt, außer eine gerade fruchtbar gewordene Schimpansin möchte sich mit einem Gefährten paaren, der nicht der Chef der Gruppe ist. Dann versuchen die beiden heimlichen Sex im Schutz des Dickichts und ohne Stöhnen der Schimpansin. In geradezu peinlicher Offenheit praktizieren sie sonst, was die allermeisten Menschen zu verbergen trachten. Warum macht uns die Sexualität so große Probleme, dass wir uns sogar scheuen, sie mit einem passenden Namen zu benennen? Stattdessen werden (im Deutschen) lächerliche Ausdrücke verwendet. Geschlechtsverkehr klingt wie Straßenverkehr. Beischlaf enthält Schlaf als Hauptbestandteil, also das Gegenteil der eigentlichen Aktivität. Kopulation verwendet die Biologie als technischen Begriff für die Paarung und entging (entgeht) damit der immer noch ziemlich aktiven Zensur durch die Gesellschaft. Der wie auch in diesem Text mangels einer besseren Alternative immer noch gebrauchte Ausdruck Fortpflanzung bedient sich gar der Pflanzen als Metapher. Die »Blümchen und Bienchen«-Rhetorik der Aufklärung ist nicht überwunden, auch nicht in unserer sich so aufgeklärt gebenden Zeit. Aufklärung soll »steril und strohtrocken«, also lebensfern, in unserer Gesellschaft in der Schule geschehen, weil die Eltern für ihr Tun, das die Kinder in die Welt gesetzt hatte, keine Worte finden. Mord, Totschlag und Krieg werden hingegen in den Medien exzessiv geboten, während der Akt der »Begattung«, auch so ein seltsamer Ausdruck, tabuisiert ist und deutliche Darstellungen davon als Pornografie gelten. Es liegt an der Kraft der Sexualität, dass die Menschheit dennoch überlebte und sich ihrer Tabuisierung zum Trotz geradezu explosiv vermehrte.

Die Menopause bildet eines der drei Kernstücke der weiblichen Sexualität. Sie vermittelt den Zugang zu den beiden anderen, dem verborgenen Eisprung und dem Orgasmus, dem weiblichen wie männlichen. Sie bedingen das schillernde Gefüge, das die Bezeichnung Sozialverhalten gewiss nicht immer zu verdienen scheint. Zu egoistisch geht es darin zu. Und zu eifersüchtig.

Verborgener Eisprung

Nehmen wir uns zuerst den verborgenen Eisprung vor. Da dieser im Körper der Frau stattfindet, ist er von Natur aus verborgen, also äußerlich nicht sichtbar. Aber die Weibchen der Säugetiere zeigen ihn mit ihrem Verhalten, mit der Absonderung von Duftstoffen (Sexuallockstoffen) oder äußeren Veränderungen der Vagina an. Massive Anschwellungen im Genitalbereich signalisieren die fruchtbaren Tage bei manchen Affenarten, bestens aus der Nähe sichtbar bei Zoobesuchen, wenn Paviane oder auch Schimpansen darin gehalten werden. Die Schimpansen und die ihnen nahe verwandten Bonobos sind für unsere Betrachtungen besonders wichtig, weil sie uns biologisch so nahestehen. Wie bereits festgestellt, unterscheiden wir uns genetisch um lediglich gut ein Prozent von ihnen. Was sich in ihren Körpern abspielt, läuft in weitestgehend gleicher Weise auch in unseren ab. Deshalb forschte man in der Humanmedizin intensiv an diesen beiden Arten von Menschenaffen, aber auch an weiteren, uns verwandtschaftlich nicht ganz so nahestehenden, wie den Rhesusaffen, weil auch sie sich in ihren inneren Vorgängen kaum von Menschen unterscheiden. Auf den Rhesusfaktor als Blutfaktor, der beim Menschen darüber entscheiden kann, ob überhaupt ein Kind ausgetragen wird, wurde bereits hingewiesen. Intuitiv erfassen wir die Nähe besonders beim Betrachten des Verhaltens dieser Primaten im Zoo. Viele Menschen fühlen sich peinlich berührt, wie offen »diese Affen« mit ihrer Sexualität umgehen, Selbstbefriedigung mit eingeschlossen. Erlebt man daneben ihre mütterliche Zuneigung zum Baby, wird es uns warm ums Herz, so menschlich ist dies; vorbildlich menschlich. Wie auch das Sexuelle, das vielfach so peinlich berührt, fast so, als ob man es nicht wahrhaben möchte, dass es so »ist«.

Genug der Vorbemerkungen. Wie sieht es konkret bei Schimpansen und Bonobos aus? Mit den bereits genannten, unübersehbaren Genitalschwellungen zeigen die Weibchen ihren Status an und damit den bevorstehenden Eisprung. Kopulationen in diesen Tagen erhöhen die

Chancen auf eine erfolgreiche Befruchtung. Ist diese geschehen oder sind die Eisprung-Tage abgelaufen, gehen die Schwellungen zurück. Das Leben normalisiert sich, doch nicht allein für die entweder schwanger gewordenen Weibchen oder die einem nächsten Zyklus entgegengehenden, sondern auch für die Männchen in der Gruppe. Insbesondere für den Alpha-Mann, der die nachrangige Konkurrenz vom Weibchen im Östrus fernzuhalten versucht, um sicherzustellen, dass er der Vater der meisten Jungen in seiner Gruppe wird. Der meisten, aber nicht aller. Denn manche Weibchen liebäugeln durchaus mit jüngeren Männchen, mit denen sie soziale Beziehungen durch intensivere wechselseitige Fellpflege (*Grooming*) geknüpft haben. Sie versuchen, den stets wachen Blicken des Alpha-Mannes zu entgehen, um sich schnell mal so einem nachrangigen Mann anzubieten. Auch wenn dieser dabei nicht Vater des nächsten Kindes wird, so wird er diesem gegenüber toleranter sein als ganz fremden Jungen. Manchmal klappt es auch, und der Seitensprung führt zur Schwangerschaft, bevor der Alpha-Mann durch häufiges Kopulieren die Konkurrenz fernhalten konnte. Um es auf den Punkt zu bringen: Männer und Frauen verfolgen unterschiedliche Interessen in der Schimpansengesellschaft. Aber diese bleiben für die Schimpansinnen stark eingeschränkt, weil sie beträchtlich schwächer sind als die Männer, zumal die dominanten in Alpha-Position. Die fruchtbaren Tage anzuzeigen schützt sie vor zu intensiver Bedrängung. Sie halten sich dennoch ein kleines Zeitfenster offen für eine persönliche Zuwendung zu einem anderen Schimpansenmann.

Erheblich anders sieht das Sexualverhalten der Bonobos aus. Obwohl extrem nahe mit den Schimpansen verwandt und geografisch von deren Vorkommen im Innern von Afrika nur durch den großen Bogen des Kongo-Flusses getrennt, auf dessen südlicher Seite sie im innertropisch-afrikanischen Regenwald leben, gehen sie schier unfassbar locker mit der Sexualität um. Jeder verkehrt mit jedem sexuell, auch Kinder untereinander und Heranwachsende mit diesen. Sexuelle Kontakte in jeglicher Form, auch solche, die von Menschen besonders intim praktiziert werden, finden so häufig statt, dass die Bonobos anfänglich für übersexualisiert gehalten wurden und man meinte, ihr Verhalten sei auf Auswirkungen der Haltung in Gefangenschaft zurückzuführen. Doch in ihrer natürlichen Lebensumwelt führen die Bonobos die vielen und vielfältigen Sexualkontakte nicht anders und nicht weniger aus. Sie bewirken, wie wir inzwischen wissen, die Befriedung ihrer Gesellschaft.

Die ersten Deutungen dieser Art kamen ausgerechnet in der Hippie-Zeit auf mit ihrem Slogan »Make love, not babys«. Die Hippies hatten das Motto der Anti-Kriegs-Demonstrationen »Make love, not war« umfunktioniert für die freie Liebe, die vielen von ihnen als Ideal vorschwebte. Anders als bei den Bonobos, die mit Sex soziale Konflikte dämpfen oder verhindern, scheiterten die »Blumenkinder« damit. Jede mit jedem ging allenfalls für kurze Zeit oder unter Drogeneinfluss. Für ein dauerhaftes Zusammenleben eignete sich die freie Liebe offenbar nicht. An den Kindern, die damals gleichfalls recht freizügig in den Hippie-Kommunen aufwuchsen, lag das nicht, und vermutlich auch nicht an den Männern, die die Gruppen um sich geschart hatten. Es waren zumeist die Frauen, die damit nicht zurande kamen. Emotional lagen sie den Schimpansinnen näher als den Bonobofrauen. Eifersucht ließ sich nicht unterdrücken. Dazu später mehr. Entsprechende Gruppierungen, die Polyamorie praktizieren, blieben in der gesellschaftlichen Gesamtentwicklung der Menschheit völlig bedeutungslos. Sie werden dies wohl auch auf absehbare Zeit bleiben. Was immer die damals in Hippie-Gemeinschaften beteiligten Personen nachträglich empfanden oder sich als Erklärung des Scheiterns ihrer Kommunen zurechtlegten, braucht nicht weiter ausgebreitet zu werden. Denn in der Menschenfrau steckt ein biologisch höchst wirkungsvoller Unterschied zur Sexualität der uns nächstverwandten Primaten. Das ist der verdeckte Eisprung. Er wird äußerlich nicht angezeigt und offenbar von vielen Frauen auch nicht direkt bemerkt, wenn sich ihr hormoneller Zustand zur Mitte der Periode fühlbar verändert und dieser bevorsteht.

Ein physischer Grund dafür, dass keine deutlich sichtbare Genitalschwellung mehr auftritt, ergibt sich aus der aufrechten Körperhaltung. Frauen mit Schwellungen wie bei den Schimpansinnen könnten nicht mehr richtig gehen. Die Aufrichtung des Körpers bei der Entwicklung des zweibeinigen Gangs schränkte Schwellungen zunehmend ein, bis sie bei vollendet paralleler und enger Beinstellung gänzlich unmöglich wurden. Als Erklärung für den verdeckten Eisprung reicht dies jedoch nicht. Denn das Verströmen von Sexuallockstoffen wäre eine wirkungsvolle Alternative, zumal im Hinblick auf die so auffällige Ausbildung der Schamhaare, die die Duftstoffe aufnehmen und abgeben können und dies in gewissem Umfang auch tun. Aber wohl eher allgemein, nicht auf den Eisprung bezogen, wirkt so das »Delta der Venus«.

Dass der Eisprung über Sexuallockstoffe beeinflusst werden kann, belegt ein Phänomen, das unter den Lebensbedingungen der Frauen in den einstigen Jäger-und-Sammler-Gemeinschaften eine große Rolle gespielt haben dürfte, nämlich die Synchronisierung der Periode mit den anderen Frauen in der Gruppe. Wozu dies für die einzelne Frau gut (gewesen) sein soll, erschließt sich nicht direkt. Denn wenn schon der Eisprung nicht so recht signalisiert wird, worin sollte dann der Vorteil der Synchronisation mit anderen Frauen liegen? Das Bluten bedeutet ja gerade nicht, dass alsbald der Eisprung stattfindet, wie bei Hündinnen und vielen anderen Säugetieren. Lebten die Frauen einstmals in Gemeinschaften ähnlich denen der Schimpansen, würde sich bei ihnen das Zeitfenster für Seitensprünge durch die gleichlaufenden Zyklen jedoch vergrößern. Denn der Alpha-Mann wäre in diesem Zustand nicht in der Lage, gleichermaßen alle Frauen »unter Kontrolle zu halten«, zumal er für den bevorstehenden Eisprung kein eindeutiges Signal erhält. Anzunehmen ist außerdem, dass ursprünglich eine Synchronisierung mit den Mondphasen stattgefunden hatte. Die so genaue Übereinstimmung mit dem Wechsel von Voll- und Neumond dürfte kein Zufall sein. Bekanntlich reagieren viele Menschen auf den Mond. Bei Vollmond fällt es schwer, in einem nicht gut abgedunkelten Zimmer tiefen Schlaf zu finden. Dass der Vollmond in der Folklore stark vertreten ist, bedarf kaum einer Betonung. Da wir in schwachem Licht nicht gut sehen, erhellt der Mond die bedrückend gefahrvolle Nacht. Und verlockt zu amourösen Spaziergängen, die zahllose Schlager besingen. Behalten wir diese Aspekte im Blick und greifen sie erneut auf, wenn es um die Beziehung der Frauen zu den Männern geht. Vorher soll der Orgasmus weitere Einblicke in die Bedeutung des verdeckten Eisprungs vermitteln.

Der weibliche Orgasmus

Ob es diesen überhaupt gibt, daran zweifelten in Europa manche Männer in der prüden Zeit des 19. Jahrhunderts. Manche, zumal solche, die sich als Machos und tyrannische Familienvorstände ähnlich den Schimpansen-Alphas gebärdeten. Andere, die Frauen kannten und mit ihnen beiderseits befriedigenden Sex erlebt hatten, behielten ihre Erkenntnisse damals besser für sich. Doch auch in unserer Zeit wird viel Sexuelles tabuisiert, der Orgasmus und wie oft diesen zu erreichen »guttut«, mit eingeschlossen. Das erweckt den Verdacht, dass es gewichtige Hintergründe gibt. Sie zu betrachten ist insbesondere beim Orgasmus der Frauen aufschlussreich. Denn dass sie zum Sex nahezu permanent in der Lage sind, von kurzen Unterbrechungen in der Endphase der Schwangerschaft und direkt nach der Geburt abgesehen, stellt keine fortpflanzungsbiologische Notwendigkeit dar. Stillen sie das Baby mit ihrer Milch, kommt es rund drei Jahre lang zu keiner weiteren Schwangerschaft. Sie könnten sich in dieser langen Zeit den Risiken des Geschlechtsverkehrs entziehen, während die Männer weiterhin allzeit bereit sein sollten, weil sie nicht vorhersehen können, wann eine Frau wieder einen Eisprung haben wird. Dass Frauen, die von einer Schwangerschaft in die andere geraten, was ihrer Vitalität zusetzt, immer weniger Interesse am Sex haben, liegt auf der Hand. Doch gemäß biblischer Anweisung (!) ist die Frau dem Manne untertan, und sie habe die ehelichen Pflichten zu erfüllen. Das riecht nach sexueller Ausbeutung, und das ist es auch in gewiss nicht wenigen Fällen im früheren Wirkungsbereich der Bibel wie darüber hinaus global gesehen. Die Entwicklung des weiblichen Orgasmus könnte man als Kompensation für die intensive Inanspruchnahme durch den Mann deuten. Wenn ihr der Sex auch manchmal gefällt, wird dieser erträglicher. Na ja! Dazu gibt es sehr unterschiedliche Haltungen in großen Kulturbereichen, zumal wenn Beschneidung praktiziert wird.

Mehr spricht für eine andere Interpretation. In dieser ist die Frau der aktive Teil, der aktivere zumindest. Erstens ist der Orgasmus biologisch kein männliches Privileg. Das lässt sich an zahlreichen Tieren beobachten. Zweitens würde ein Weibchen, bei dem der Eisprung bevorsteht, die Begattung nicht so aktiv einfordern, wie das vielfach der Fall ist, wenn sie unangenehm oder gefühlsmäßig ziemlich neutral wäre. Die unterdrückten Frauen des prüden, nach der damaligen britischen Königin »viktorianisch« benannten 19. Jahrhunderts entwickelten jene schweren psychischen Symptome, die Sigmund Freud zu seinen psychoanalytischen Ansichten führten. Die Annahme, dass der Orgasmus der Frau nicht existent oder seine Entstehung etwas Besonderes sei, entbehrte von Anfang an jeder Grundlage. Für die Frauen war es unschicklich, sich darüber zu äußern, was sie empfanden oder wie sie es gewollt hätten. Ihr in Großbritannien angebliches Seufzen »für England« mag eine Erfindung von Männern gewesen sein, gewiss nicht repräsentativ für die Frauen. Alsbald starteten sie dort und in den USA ihre Emanzipationsbestrebungen.

Verlassen wir diese so dargeboten viel zu einseitige Sicht biologischer Überlegungen. Diese sind absichtlich sehr theoretisch gehalten. Über die Schlussfolgerungen nachzudenken, die sich daraus ergeben, wird die oben angekündigte zweite Betrachtungsweise ergeben. Ausgangspunkt ist der andere, erheblich gewichtigere biologische Befund, dass Sex zwar notwendig ist für die Fortpflanzung, dies aber nur zwischendurch in der unmittelbar fruchtbaren Phase des weiblichen Körpers. In einem weitaus breiteren Funktionsbereich wirkt Sex als die verbindende Kraft für die Bildung und Erhaltung von Paarbindungen. Je enger diese sind, desto ausgedehnter und intensiver wird bei den Partnern der Sex praktiziert. Und umgekehrt. Säugetiere ohne feste Paarbindung treffen sich nur zu bestimmten Zeiten, der Brunftzeit, zum Sex und gehen nach diesen kurzen, mitunter recht heftigen Begegnungen wieder auseinander. Die Versorgung des Nachwuchses obliegt allein den Weibchen. Wie zum Beispiel beim Hirsch. Manche Primaten halten dagegen über Jahre, wenn alles gut geht sogar lebenslang, als Paar zusammen und sorgen gemeinsam für die Kinder.

Zwischen diesen beiden Extremen des Spektrums gibt es vielerlei Zwischenstufen, wie Paarbindungen auf Zeit oder eine geringe Teilnahme der Männchen an der Aufzucht der Jungen, Zusammenschlüsse dieser in Kindergruppen (-krippen) mit Betreuung durch Erwachsene, Helfer bei der Aufzucht der Jungen und so fort. Für unsere Betrachtungen von Bedeutung ist der Zusammenhang der verschiedenen Formen mit der Entwicklung des Nachwuchses. Das lässt sich kurz und prägnant in den Satz fassen: Je länger der Nachwuchs betreut werden muss, desto stärker wird der Zusammenhalt der Mütter und Väter. Beim Menschen dauert die notwendige Versorgung der Kinder am längsten. Zudem können die Mütter selbst über viele Monate nicht genügend Nahrung für das Kleine, noch weniger für mehrere Kinder und die eigene Ernährung zusammentragen, um zu überleben. Das wurde weiter oben bereits betont. Behoben wird diese Problematik jedoch nicht wirklich, wenn der Vater bei Mutter und Kind bleibt, weil diese viel zu lange schutzlos blieben, bis er die nun für drei oder mehr Personen notwendige Nahrung herbeigeschafft hat. Die Lösung bietet die Zusammenarbeit mehrerer Männer in der Gruppe, die gemeinsam jagen oder nach großen, frisch toten Tieren suchen, während die Mütter mit den noch nicht weit genug herangewachsenen Kindern und den Großeltern am Lager- bzw. Wohnort zurückbleiben. Nochmals sei betont, dass das ein theoretisches (Ideal-)Beispiel ist. Betrachten wir, was sich daraus für das sexuelle Leben in der Gruppe ergeben würde, so es zutreffend sein sollte.

Geschlechtsverkehr als Belohnung, die bindet

Da die Frauen mit ihren (kleinen) Kindern von den Männern abhängig sind, sollten sie versuchen, diese so dauerhaft wie möglich an sich zu binden, zumindest so lange, bis das Kind einigermaßen selbstständig ist. Also ein Jahrzehnt mindestens, bei mehr Kindern, die in Abständen von etwa drei Jahren folgen, entsprechend länger, 30 Jahre vielleicht. In dieser Zeitspanne würden fünf oder sechs Kinder erfolgreich aufwachsen. Was hätten die Männer von einer so langen Bindung? Gesichert eigenen Nachwuchs, aber auch den Verlust anderer Chancen, Kinder zu zeugen. Auf jeden Fall viel mehr Arbeit, als um für sich allein zu sorgen. Zudem bliebe die Unsicherheit, ob sie wirklich Väter der Kinder dieser Frau sind, die sie unterstützen. Sicher kann sich nur die Mutter sein. Ein klarer genetischer Nachweis der Vaterschaft ist erst seit ein paar Jahrzehnten möglich. In den fernen und langen Zeiten des Werdens unserer Art blieb die Unsicherheit. Aber auch für die Frau, denn so, wie sie vielleicht einem Seitensprung nicht abgeneigt war, hätten dies die anderen Frauen in der Gruppe auch tun können. Diese Unsicherheit wäre nicht gerade förderlich für die Bindung eines bestimmten Mannes an (s)eine Partnerin gewesen. Die logische Gegenmaßnahme wäre, möglichst allzeit für Sex bereit zu sein, damit die Männer möglichst wenig Anreiz zum Partnerwechsel bekommen.

Klar, dass den Frauen die stete Bereitschaft zum Sex umso leichter fiel, je befriedigender dieser für sie wurde. Im Idealfall mit gemeinsamem Orgasmus. Und dies oft genug, dass die Männer anhaltend befriedigt blieben. So eine Tendenz entbindet den Sex von der unmittelbaren Fortpflanzung, begünstigt aber das Überleben der Kinder, weil sie besser und anhaltend versorgt werden. Was in der Evolution letztlich zählt, ist ja wie viele Kinder in guter Kondition überleben bis zum Erreichen ihrer Fortpflanzungsfähigkeit.

Diesem Modell kann ein konkreter Befund angefügt werden, nämlich der schon kurz behandelte Sex bei den Bonobos. Er dient zum weitaus größten Teil der Befriedung innerhalb der Gruppe durch Befriedigung erotischer Gefühle, jedoch nicht der anhaltenden Versorgung der Kleinen im obigen Sinne. Damit kommen die Mütter allein zurecht, auch wenn sie häufig um eine besonders attraktive Nahrung betteln, ein Stück Fleisch zum Beispiel. Die Entkoppelung des sexuellen Verhaltens von der unmittelbaren Fortpflanzung, so wie die Erfüllung der ehelichen Pflicht im Christentum früherer Jahrhunderte gemeint war, ist also möglich und bei den Bonobos auf ihre Weise umgesetzt worden. Das obige Modell läuft allerdings auf eine enge Paarbindung hinaus und damit auf die Entstehung einer Kernfamilie. Da gibt es jedoch einen Haken.

Würde die Gruppe aus einander völlig gleichberechtigten Paaren mit ihren Kindern zusammengesetzt sein, erschiene das Modell vorstellbar. Aber wie sollten diese untereinander nicht (näher) verwandten, zudem etwa gleichaltrigen Paare zusammenfinden? Sie liefen gewiss nie einfach so in der Savanne herum. Vergleichbare Beispiele in dieser Richtung bieten weder die uns nächstverwandten Primaten noch andere Säugetiere. Die Gruppenbildung kommt über einen anderen, völlig natürlichen Mechanismus zustande: Die Kinder bleiben bei den Eltern, auch wenn sie bereits erwachsen sind. Die auf diese Weise zustande kommende Großfamilie wächst genealogisch, also über Verwandtschaft. Hierfür gibt es zwei Möglichkeiten, bei denen Inzucht vermieden wird. Entweder die Familie baut sich als Matriarchat oder als Patriarchat auf. Das heißt, dass entweder die Töchter in der sich vergrößernden Familie bleiben und Männer aus anderen hinzukommen oder umgekehrt. In ihren Auswirkungen sind beide Formen nicht gleich. Patriarchate mit Verbleib der Söhne in der Familie werden physisch stärker, weil männlicher Nachwuchs von Kindheit an vorhanden ist und in die Familie hineinwächst, während junge Männer bei Mutter-Familien erst hinzukommen, wenn die Töchter alt genug (heiratsfähig) geworden sind. Folglich spricht mehr für ein ursprüngliches Patriarchat im Werden der Menschen, solange sie sich in einem Jäger-und-Sammler-Zustand befanden und gegen Konkurrenten zur Wehr setzen mussten. Die verbreitete, in allen Kulturen vorhandene Vergewaltigung von Frauen weist ebenfalls in diese Richtung. Der Größen- und Kraftunterschied zwischen Männern und Frauen passt gleichfalls besser zum Patriarchat. Wie auch die außerordentliche, meist von Gruppen ausgehende Aggressivität der Menschen. Kriegerische Amazonen gab es in Sagen, aber echte Beweise für die Übernahme der kämpferischen Rolle durch Frauen fehlen oder sind zumindest zweifelhaft.

Für die patriarchalische Grundstruktur der Gruppen ergeben sich jedoch zwei schwerwiegende Nachteile. Frauen, zumindest sexuell aktive, sind knapp, und da die Männer altersbedingt nicht gleich sind, kommt eine interne Rangordnung zustande. In dieser kann der Alpha-Mann (= Gruppenchef) alle Frauen für sich beanspruchen, was die anderen frustriert. Sigmund Freud interpretierte in genau diesen Zustand einen seiner erdachten Kern-Komplexe hinein, den Ödipus-Konflikt, der im Vatermord endet, den die gegen den Tyrannen rebellierenden Brüder begehen. Ohne aber danach friedliche Gleichheit zu gewinnen, wie man weiß. In dieser Situation einer Dominanzhierarchie der Männer in der Gruppe sollten die fruchtbaren Frauen dazu tendieren, sich dem Chef anzudienen oder einen höherrangigen Mann zu bevorzugen, nachdem sie in der Gruppe als von außen Gekommene integriert sind. Allerdings müsste dadurch die Bereitschaft aller Männer in der Gruppe entsprechend zurückgehen, die Frauen engagiert zu versorgen. Offenbar gibt es die ideale Gesellschaft nicht, und es hat sie auch nie gegeben. Unser Verhalten drückt dies in aller Deutlichkeit aus.

Noch einmal: Die sexuellen Interessen von Männern und Frauen sind aus biologischen Gründen sehr verschieden. Männer können in der Zeitspanne von neun Monaten, der Entwicklung des menschlichen Babys im Mutterleib, viele weitere Kinder zeugen, die Frau jedoch nicht. Ihr Fortpflanzungspotenzial ist eng begrenzt auf ein Dutzend Kinder, in Ausnahmefällen ein paar mehr, während (wirtschaftlich-politisch) potente Männer Hunderte Nachkommen haben können, bis an die tausend angeblich. Diese ungleiche Lage gleichen die Frauen mehr oder weniger gut mit Sex aus, mit dem sie einen Mann zumindest auf einige Zeit an sich binden. Die Entwicklung ihres verdeckten Eisprungs hält ihnen die Möglichkeit zum Fremdgehen offen, mindert aber auch die Chancen eines dominanten Mannes in der Gruppe, die Bemühungen der an ihre Frauen gebundenen Männer allzu sehr zu unterlaufen. Synchronisieren die Frauen ihre Zyklen, sinken die Erfolgschancen für den Gruppenboss, steigern sich aber zugunsten der Wahl eines bevorzugten Partners. Aus guten Gründen wuchs in diesem Zusammenhang die Eifersucht und erreichte häufig selbstzerstörerische oder todbringende Intensität.

Eifersucht

Die obigen Ausführungen stellen ein Modell dar, das Seltsamkeiten unserer Sexualität erklärt, insbesondere solche der Frauen. Je nach Betrachtungsweise mag man sie für plausibel oder für zu konstruiert halten. Beweisbar im strengen Sinne sind sie nicht, weil die Menschheit keine Aufzeichnungen zu ihrem Werden bis in die allerjüngste Vergangenheit hinterlassen hat. Nirgends im gesamten Bereich des menschlichen Verhaltens wird so viel geschwindelt und verheimlicht wie im Sexuellen. Doch bei näherer Betrachtung stößt man immer wieder auf Befunde, die zum obigen Modell mitunter sogar irritierend gut passen.

Ein allgemein bekanntes, viel gescholtenes, aber kaum zu korrigierendes oder völlig zu unterdrückendes Empfinden ist die Eifersucht. Beobachten lässt sie sich bei zahlreichen Tieren. Wer Haustiere hält, weiß das. Hunde können so schlimm eifersüchtig sein, wenn ein Baby in die Familie kommt, in der sie leben, dass sie diesem gefährlich werden. Oder sie bemuttern es so sehr, dass es auf andere Weise problematisch wird, sie angemessen zurückzuhalten. Unter Freilandbedingungen ist festzustellen, dass andere Artgenossen, bereits heranwachsende Jungtiere, schon eine Paarung im Vollzug zu stören oder ganz zu verhindern versuchen. Unter Geschwistern sind beide Formen von Eifersucht normal, nämlich untereinander, die älteren auf die jüngeren, die vielleicht zu viel Aufmerksamkeit seitens der Mutter erhalten, aber auch auf Vater oder Mutter, wie es auch bei Einzelkindern vorkommen kann. »Eifersucht ist eine Kraft, die mit Eifer sucht, was Schaden macht!«, sagt der Volksmund. Beim Menschen wirkt sie am stärksten im erotisch-sexuellen Kontext, wenngleich nicht nur. Da kann sie krank machen und lebensgefährlich werden, um dies nochmals zu betonen. Sie gibt sich nicht damit zufrieden, dass der konkrete Anlass vorüber ist, etwa ein vermeintliches oder tatsächliches »Anmachen« durch eine andere Person. Vielmehr wirkt sie nach. Sie kann nicht ertragen, dass eine andere oder ein anderer bevorzugt werden könnte. Sie trachtet vermehrt danach, dem geliebten Menschen zu schaden, möglichst sein Leben zu zerstören. Wie immer die psychologischen Erklärungen ausfallen und welche familiären Hintergründe im konkreten Fall zu berücksichtigen sind, eines steht fest: Die Intensität der Eifersucht hängt mit der Länge der erotisch-sexuellen Bindungen zusammen. Bleibt diese locker, unverbindlich, wie es die Bezeichnung direkt ausdrückt, fällt die Eifersuchtsreaktion entsprechend schwach aus oder unterbleibt, während sie auf der Basis von sehr starker Liebe überwältigend werden kann.

Vermutlich trifft die Annahme zu, dass Frauen schneller eifersüchtig werden als Männer. Bei ihnen geht es ja um weit mehr als das Sexuelle, um den Nachwuchs und die gesicherte Versorgung. Dies stimmt überein mit der Intensität der Bindung, die sie anstreben. Hinzu gehört, dass Frauen zögerlicher eine solche eingehen, wie etwa Nancy Friday feststellte. Sie »zieren sich«, nicht nur bei Menschen. Zumeist testen sie gründlicher, ob der Mann passen könnte, sofern sie nicht von vornherein bloß auf ein kurzes Abenteuer aus sind. »Drum prüfe, wer sich ewig bindet, ob sich das Herz zum Herzen findet!«, riet Schiller. Mit »ewig« war in seiner Zeit die religiös-christliche Unauflöslichkeit der Ehe gemeint. Dass so eine Forderung überhaupt zustande kam, die doch am allermeisten die gerade erst herangereiften jungen Leute betraf, die noch keine Lebenserfahrung haben konnten, drückt aus, dass es sich hierbei um Druck aus der Gesellschaft handelte. Die in unserer Zeit vorherrschende, sogenannte serielle Monogamie funktioniert gewiss nicht schlechter als ein erzwungenes Zusammenleben, »bis dass der Tod scheidet«. Eifersucht und Ehezwänge drücken auf ihre unterschiedliche Weise aus, dass es um die Erhaltung einer (für das Wohlergehen der Kinder) hinreichend langen, festen Partnerschaft ging. Würde Eifersucht nicht unbewusst und schon frühzeitig bei den Kindern entstehen, könnte man sie für einen direkt von ihnen ausgehenden Zwang halten. Vermutlich steuerten (Überlebens-)Interessen der Kinder zwar einen gehörigen Teil bei in der Verstärkung der Eifersucht, aber nicht nur.

So offensichtlich ihre Wirkungen sind, bliebe dennoch die Eifersucht rätselhaft, wenn man die biologisch angelegte, langfristige Bindung der Männer an »ihre« Frauen unberücksichtigt lässt. Ihre schillernde, schlimme Fratze tauchte bereits bei der Behandlung des Phänomens der »bösen Schwiegermutter« auf. Dieses lässt sich nun vielleicht etwas besser verstehen. Schwiegertochter und Schwiegermutter eifern um dauerhafte Bindung an den Sohn bzw. an den Mann. Dieser ist das Objekt beider Begierden, die er unmöglich beide befriedigen kann. Die böse Schwiegermutter kann für die Enkelkinder eine wunderbar sanftmütige, verständnisvolle Großmutter sein, obwohl diese von der Schwiegertochter zur Welt gebracht wurden und nicht von ihr selbst. Den Genen sei Dank, die sich in den Verhaltensweisen äußern. Die Wurzel des Generationenkonflikts steckt darin. Doch nun muss der Mann in den Fokus rücken.

Männer, Väter, Krieger

Es wäre zu einfach, festzustellen, Männer sind anders, Frauen auch. Das erklärt jedoch nichts. Vielmehr erschwert es uns, die Wechselwirkungen zwischen den Geschlechtern zu verstehen. Mode und Werbung sind viel weiter. Sie führen offen vor, worauf Männer und Frauen reagieren. Betont werden bei den Frauen jugendlich attraktives Aussehen, wohlproportionierte Figur und daran insbesondere der Busen. Bei den Männern sind es Breitschultrigkeit, athletischer Körper sowie gesellschaftliche Position und Vermögen. Die Regenbogenpresse liefert beständig Beweise für die Beständigkeit dieser Kriterien. Als (evolutionsbiologische) Grundformel gilt: Männer bevorzugen erotische Attraktivität, Frauen »Männlichkeit« und Vermögen. Natürlich fügt sich das nicht von selbst zu allgemeiner Passung und Zufriedenheit zusammen, und zwar aus mehreren Gründen. Bei den Frauen beschränkt sich »jugendliche Attraktivität« auf etwa ein Jahrzehnt. Dann setzt von Schwangerschaft zu Schwangerschaft unweigerlich ein Alterungsprozess ein, der sich im auffälligsten weiblichen Attribut, dem Busen, am sinnfälligsten äußert. Darauf ist zurückzukommen. Vorhandene Kinder zeigen darüber hinaus, welchen Anteil ihrer Fruchtbarkeit die Frau bereits »geleistet hat«. Geht es oder ginge es bei der Partnersuche vorrangig um diese, schwindet die Attraktivität der Frau für eine weitere, dauerhafte Partnerschaft. Sie tat und tut in den meisten Kulturen gut daran, bei ihrem Mann zu bleiben. Sonst drohten Versorgungsschwierigkeiten und sozialer Absturz.

Anders beim Mann. Seine Attraktivität für junge wie auch für schon etwas gealterte Frauen steigert sich in dem Maße, in dem sein Vermögen und/oder seine gesellschaftliche Position zunehmen. Die »alten Reichen« tun sich leicht, sich wirkmächtig mit jungen Frauen zu umgeben. Das ist gesellschaftlich so normal, dass es allenfalls in extremen Fällen mediale Aufmerksamkeit erregt. Präsentiert sich hingegen eine vermögende alte Dame mit mehreren jungen Männern, kann sie fast sicher sein, dass dies als skandalös eingestuft wird. Ungerecht, gewiss, aber offenbar fest verankert in den Empfindungen, aus denen die gesellschaftlichen Konventionen hervorgehen. »Es menschelt eben überall«, hieß es in der großen Zeit der Vergleichenden Verhaltensforschung der 1970er- und 1980er-Jahre. Einer der engsten Mitarbeiter von Nobelpreisträger Konrad Lorenz, Irenäus Eibl-Eibesfeldt, bewies mit seinen Filmen, die er global in unterschiedlichsten Kulturen drehte, die grundlegende Übereinstimmung vieler Verhaltensweisen der Menschen. Der Wiener Otto Koenig konzentrierte seine Forschungen auf den kulturellen Bereich und wies nach, wie sehr die darin ablaufenden Prozesse denen der biologischen Evolution gleichen. Wenngleich die eingesetzten Mittel durchaus verschieden sein können, werben (junge) Frauen überall ganz ähnlich um die Gunst der Männer, wie diese auf ihre gleichfalls übereinstimmende Weise imponieren. Beide aber, Frauen wie Männer, konkurrieren untereinander am meisten. Zustande kam das außergewöhnliche Phänomen, dass es beim Menschen nicht das eine »schöne Geschlecht« gibt, bei dem es sich von ganz wenigen Ausnahmen abgesehen bei den Säugetieren und Vögeln stets um das männliche handelt, sondern mit den Frauen gleichrangig oder noch viel ausgeprägter deren zwei. Oder besser, alle Menschen neigen dazu, sich zu schmücken, besonders die Frauen, und diese mit zunehmendem Alter oft sogar stärker. Diese Feststellung enthält so viel Brisanz, dass sie in einem eigenen Abschnitt weiter ausgebreitet und begründet werden soll.

Blenden wir zurück zum »Problem Mann«. Es hat sich bei den obigen Erörterungen bereits als komplexes Phänomen erwiesen, das der Vereinfachung bedarf, um es in den Griff zu bekommen. Dafür eignet sich das bereits benutzte Modell einer patriarchalisch organisierten Großfamilie, in der die Männer untereinander verwandt sind, weil sie in ihrer Gruppe blieben, die Frauen dagegen aus anderen Clans stammen. Das Modell entspricht in etwa den Verhältnissen in den Schimpansenhorden. Doch wie kommen die Männer zu Frauen? Auf zwei unterschiedliche Weisen. Zahllose Befunde, die bis in unsere Zeit reichen, zeigen, dass die Frauen entweder zwischen den Gruppen oder

Clans ausgetauscht wurden, wenn die Mädchen das entsprechende Alter erreicht hatten. Oder aggressiv durch Frauenraub. Dazu wurden in der Umgebung lebende Stämme überfallen und so viele Männer wie möglich getötet. Die solcherart überzählig gewordenen Frauen hatten den Bedarf beim siegreichen Stamm zu decken, während die getöteten Männer die unterlegene Gruppe für längere Zeit so schwächten, dass dieser keine schnelle Revanche möglich war. Gelegentlich führte so ein Frauenraub zur Ausrottung des schwer betroffenen Stammes. Schimpansen führen dies in unserer Zeit immer wieder vor. Den Ethnien auf Neuguinea oder in Amazonien verbieten inzwischen die dominanten Fremdgesellschaften, in deren Einflussbereich sie zwangsintegriert wurden, solche Praktiken. Gemeinsame Feste zu feiern, bei denen letztlich Frauen ausgetauscht werden, gehört mancherorts durchaus zum gängigen Repertoire. In den modernen Gesellschaften erfüllen Feste und Diskotheken auf weniger offensichtliche, gleichwohl im Sinne des friedlichen Kennenlernens neuer Partner strukturierte Weise, oft unterstützt mit viel Alkohol, dieselbe alte Funktion.

Wie schon betont, erzielt eine Clanstruktur, in der Männer dominieren, in aller Regel den größeren Fortpflanzungserfolg als eine, in der die jungen Frauen im Clan bleiben und fremde Männer hinzukommen müssen. Sie bleiben im Durchschnitt schwächer und den männerdominierten Formen unterlegen. Und da sich dies in der Menge der überlebenden Kinder ausdrückt, entstand auch kein Selektionsdruck gegen den Frauenraub. Dafür ein umso stärkerer auf die Vaterschaft. Sie wirkt biologisch in Richtung auf Verbleib bei den Kindern, zumindest solange sie klein sind, selbst wenn es sich beim einen oder anderen um die Frucht eines Seitensprungs der Frau gehandelt haben sollte. In der Bilanz erzielen gute, verlässliche Väter mehr Söhne und Töchter, die das Alter der Fortpflanzungsfähigkeit erreichen, als unzuverlässige Abenteurer. Einher ging mit dieser Entwicklung die starke Verminderung der Aggressivität der Männer gegenüber kleinen Kindern. Sie war und ist in ursprünglichen Primatengruppen oft die Haupttodesursache für die Kleinkinder. Je länger die Väter bei den Kleinen blieben, desto verträglicher wurden sie – bis hin zu einer hormonell nachweisbaren »Verweiblichung«.

Die Anthropologin Sarah B. Hrdy hält die Verminderung der männlichen Aggressivität sogar für den entscheidenden Schritt zur Menschwerdung im sozialen Bereich. Das hat sie in ihrem neuen Buch *Father Time* umfassend ausgeführt. Und dabei begründet, weshalb Väter (fast) genauso wie Mütter für Babys sorgen können; ein zu weit gehender Schluss, der zu den gegenwärtigen Entwicklungen in westlichen Gesellschaften offensichtlich passt, aber nicht beanspruchen kann, allgemeingültig für die Menschheit zu sein. Sarah B. Hrdy berücksichtigt zudem nicht, dass bei der so langen Zeit, die Knaben und junge Männer in der Familie zusammen mit ihren Geschwistern und in mehr oder minder regelmäßiger Folge von Neugeborenen verbringen, ganz von selbst die Gewöhnung an Babys stattfindet. Schon die jungen Mädchen lernen auf diese Weise mit Babys umzugehen. Umgekehrt schützt das gemeinsame Aufwachsen vor Inzest. Die Wirkungen von Hormonen, deren Einflüsse durch das soziale Umfeld verstärkt, gemildert oder anders strukturiert werden, stecken dahinter.

Für die Männer ergibt das anders als für die Mädchen und Frauen ein Dilemma. Einerseits müssen sie gute Krieger sein, andererseits sollen sie gute Väter werden. Beides gleichzeitig geht nicht. Der Kompromiss äußert sich in einer zeitlichen Verschiebung um eine Anzahl von Jahren. Zuerst mussten sie sich als Krieger bewähren bzw. sie werden zum Militärdienst eingezogen, dann tun sie sich mit Frauen zusammen und werden Familienväter. Das ist die große Linie. Je nach Situation in den Gesellschaften strecken oder komprimieren sich beide Zeiten, oder es kommt zwangsweise zur Trennung, weil die jungen Männer in den Kampf müssen, auch wenn sie Frau und Kind(er) haben. Ältere Männer genießen in solchen Situationen den Vorzug des Alters, das sie weniger kampffähig macht. Es sei denn, es kommt zum totalen Krieg, an dem alle teilnehmen müssen, weil es ums bloße Überleben geht.

Dieses Grundmuster ist so geläufig, dass es eigentlich nicht näher erläutert werden müsste, wenn sich daraus nicht ableiten würde, dass junge Männer ihrer Natur nach zu höchst riskantem Verhalten neigen. Sie setzen ihr Leben aufs Spiel, wie es ganz richtig heißt. Sie tun dies aber nicht nur, um Mädchen zu imponieren, die oft gar nicht anwesend sind. Vielmehr drückt sich darin die tief in die Vergangenheit der Menschen wurzelnde Selektion auf kriegerische Aggression im Jungmänneralter aus. Hormone sind beteiligt, und Umstände der Umwelt, in der sie leben, wirken als Auslöser dafür. Aber die Grunddisposition ist so oder so vorhanden. Wie sehr das der Fall ist und wie leicht junge Männer ausgenutzt werden können, führen in unserer Zeit die Selbstmordattentäter vor, auf die ihrem Glauben zufolge das Paradies mit wunderschönen Jungfrauen wartet. Kamikazeflieger stürzten sich im Zweiten Weltkrieg in den Tod, und Unmengen junger Soldaten riskierten ihr Leben fürs Vaterland und verloren es. Derart Fiktives würde nicht so übermächtig wirken, gäbe es nicht seit Urzeiten der Menschheit die emotionale Grundeinstellung hierzu. Einst ging es um die Familie, um die eigene Gruppe und ihr Territorium (»das Land«). Dieser unmittelbare Bezug wurde historisch ersetzt von den abstrakten Gebilden »Volk« (Nation) und »Staat«. Sehr wirkmächtig ganz offensichtlich.

Hierarchien

Rangordnungen stabilisieren viele Gemeinschaften von Tieren. Mehrfach ist auf den Alpha-Mann Bezug genommen worden, als es um die innere Struktur von Primatengemeinschaften und ihre denkbaren Vorstufen für die unsrigen ging. Sie erweisen sich bei näherer Betrachtung nicht unbedingt als abhängig von der Körperkraft. Gleichwohl erringen Schwächlinge kaum jemals eine höhere Position, geschweige denn die Führung. Doch bereits bei den Schimpansen deutet sich an, dass nicht Kraft allein die Alpha-Position garantiert. »Köpfchen« kann den Ausschlag geben. Etwa in jenem Fall des Schimpansen im Gombe-Stream-Reservat in Tansania, wo Jane Goodall mit ihrem Team forschte, der darauf gekommen war, dass er mit einem leeren Benzinkanister einen weit eindrucksvolleren Lärm machen konnte als andere (Jung-)Männer seiner Gruppe. Damit wurde er gleichsam mit einem Schlag zum Boss.

Offenbar ist dies kein Einzelfall. Ähnliche Befunde zeigen sich bei Spechten, die ungemein auf Weibchen ihrer Art wirkten, als sie anstelle von dürren Ästen in Baumkronen Fernsehantennen nutzten, um darauf zu trommeln. Am anderen Ende des Spektrums der Mittel, mit denen die Dominanz des Stärksten erfolgreich gebrochen wurde, stehen Koalitionen von zwei oder mehr Männchen, die gemeinsam den Boss entthronen. Das Phänomen wird Macchiavellische Intelligenz genannt. Sie ist nicht auf Menschen oder gar nur auf Männer beschränkt. Bündnisse verändern die Strukturen und Beziehungen. Sie müssen gepflegt werden. Bekanntestes Beispiel der offensichtlichen und vergleichsweise harmlosen Sorte ist die gegenseitige Fellpflege von Primaten, das Groomen. Subtilere, gleichwohl wirkungsvollere Allianzen äußern sich weniger deutlich, bis der kritische Zeitpunkt kommt, an dem sie das bestehende Machtgefüge stürzen. Auch dies kennen wird aus den Abläufen unserer Zeit, ohne auf alte Berichte oder Modelle zur fernen Vergangenheit zurückgreifen zu müssen. Frans de Waal und andere Primatenforscher haben eine Menge Befunde hierzu erarbeitet.

Zwei davon sind wesentlich für die Verhältnisse in unserer Zeit. Erstens stellen junge Menschen das (aus ihrer Sicht verkrustete) Establishment generell gerne infrage und versuchen es zu stürzen. Zweitens kehren sie selbst, zu Rang und Namen gekommen, zum grundsätzlich gleichen konservativen Verhalten zurück. Man weiß, dass selten etwas Besseres nachkommt. Das Ergebnis vieler Revolutionen war schlimmer als die Missstände, die sie zunächst beseitigt hatten. Aus den Diadochen strebt ein neuer Machthaber hervor, der sich zum Despoten entwickelt. Bei Schimpansen wie bei Menschen. Die wenigen Ausnahmen davon bekräftigen nur die Regel. Um es noch deutlicher auszudrücken: Gemeinschaften funktionieren über hierarchische Ordnungen. Diese erschaffen sich von selbst aus den Notwendigkeiten heraus. Sie sind »emergent«, um den beliebten neuen Jargon dafür zu verwenden. Gleichheit herrscht nirgends über nennenswert lange Zeiträume. Das wird im dritten Teil vertieft.

Aber sähe es denn nicht anders oder gar besser aus, wenn Frauen die Macht ergriffen und die Dominanzhierarchien der Männer mit Kooperation ersetzten? Die Überlegung an sich ist bereits so schön, dass sie ausprobiert werden müsste. Sie wurde praktiziert, und zwar bei den Bonobos, wie ebenfalls schon erwähnt. Die Allianzen der Bonobo-Frauen verhindern, dass einzelne Männer dominant (und tyrannisch) werden. Sie sind das starke Geschlecht. Mit ihrem Sex lösen sie Konflikte und befrieden die Gesellschaft. Streit mit Liebe zu schlichten, um es romantisch auszudrücken, das wäre doch wunderbar. Dieses ihr Bonobo-Experiment läuft seit vielen Jahrtausenden im Innersten Afrikas, »im Herz der Finsternis«, wie Joseph Conrad die Region in seinem Erfolgsroman genannt hatte. Die Bonobos überlebten damit, jedoch weit weniger erfolgreich als die Schimpansen mit ihrem anderen als herkömmlich zu bezeichnenden Modell von Dominanz und Aggressivität. Mit dem Schrumpfen des Waldes, in dem die Bonobos leben, schrumpfen auch ihre Aussichten, weiter zu überleben. Die Hippies verschwanden schneller in der ungleich dominanteren Welt der modernen Menschen. Ihr Modell, in dem einzelne Männer wie Gurus doch das entscheidende

Sagen hatten, funktionierte nicht. Aus diesen Erfahrungen heraus bietet es sich an, die heutigen selbstverwirklichten jungen Menschen zu beleuchten. Auch das soll im dritten Teil geschehen.

Hinzu kommt das Problem der Größe der Gemeinschaft. Kleine Gruppen benötigen keinen komplexen Aufbau. Mit zunehmender Größe steigen die Anforderungen an die Führung. Die hierarchische Strukturierung nimmt zu. Entweder bekommt die Spitze mehr Macht, oder die zu groß gewordene Gruppe teilt sich auf. Dies geschieht sehr häufig bei Primatengruppen. Mit dem günstigen Nebeneffekt, dass Gruppen, die nicht näher miteinander verwandt sind, zusammentreffen und Frauen austauschen können. Bei südamerikanischen Indios im brasilianischen Xingú-Gebiet geschah dies regelmäßig bis zu ihrer weitgehenden Brasilianisierung in den 1970er-Jahren. Auf der Basis zahlreicher Gruppengrößen aus völkerkundlichen Untersuchungen kalkulierte Robin Dunbar die schon genannten Größen von 50 bis 150 Personen, die gerade noch zusammenbleiben können, so die äußeren Umstände dafür günstig sind. Familiengruppen von 15 bis 30 Individuen waren eher die Regel in Jäger-und-Sammler-Gesellschaften, die ohne eine gewisse Basisversorgung im Rahmen kleiner Gartenbaukulturen existierten. Größere, über 150 hinausgehende Stammesgruppen bedurften einer mächtigeren Führung. Dies galt auch noch für die Anfänge von Sesshaftigkeit mit Ackerbau. Sobald sich diese flächenmäßig ausdehnte, entstanden Führungsschichten, aus denen das Fürsten- und Königtum hervorgingen. Nahezu ausnahmslos mündete es in Despotismus. Menschen sind ihrer Herkunft gemäß Kleingruppenwesen. Ihre Integration in größere Gesellschaften fällt schwer. Sie wird nicht leichter in guten Zeiten. Äußere Feinde bewirkten seit jeher mehr Zusammenhalt als die Einsicht, dass ein aufeinander abgestimmtes Gemeinwesen für alle günstiger ist.

Positionen

Bei der Betrachtung der Hierarchien bewegten sich die Überlegungen auf einer Ebene. Das ist oft so. Denn allzu selten, auch und gerade auch in unserer Zeit, wird berücksichtigt, dass Menschengruppen als Teile einer Population keine beständige Durchschnittsgröße aufweisen. Vielmehr verändern sie sich beständig durch Zugänge über Geburten, Verluste über Todesfälle oder Abwanderung in andere Gruppen sowie, nicht zu vergessen, dadurch, dass alle Zugehörigen altern. Die Kinder und Jugendlichen wachsen heran. Nur im reinen Idealfall nehmen sie in genau dem Maße, in dem gealterte Mitglieder sterben, deren Plätze ein. In Wirklichkeit findet ein unregelmäßiges Auf und Ab statt, mitunter ein längeres Wachstum, bis die Umwelt Grenzen setzt, oder ein Prozess des Schwindens, weil der Population die Kräfte ausgehen und sie ausstirbt.

Diese unvermeidbare Dynamik bedeutet, dass jede Position, die Menschen einnehmen, eine Rolle auf Zeit darstellt. Das gilt für alle, ausnahmslos. Beim Streben junger Männer nach der Alpha-Position sehen wir diese Veränderung zwar exemplarisch, erfassen sie aber nicht vollständig genug. Das ganze Geschehen lässt sich selbst dann schwer überblicken, wenn wir die Position forschender Betrachtung von außen einnehmen, etwa bei der Untersuchung von Primatengemeinschaften. Auch die Völkerkunde des 19. Jahrhunderts enthält weithin Befunde, die bei der heute möglichen, distanzierteren Sichtung beweisen, dass man günstigstenfalls von Annahmen, häufig aber von Vorurteilen ausgegangen war, als »das Leben der Wilden« geschildert wurde. Vorsicht ist also geboten. Dennoch geht eines klar aus den alten Forschungen hervor, nämlich, dass so gut wie alle Mitglieder einer Gemeinschaft im Rahmen der Möglichkeiten nach Verbesserung ihrer Positionen strebten. Der Anteil derer, die sich mit der ihnen zugekommenen Rolle zufriedengaben, war stets in der Minderheit. Gealterte, schwache Personen oder sozial aus irgendwelchen Gründen Ausgegrenzte bildeten diese

Minderheit. Kam es zu größeren Veränderungen in den Gruppen, etwa durch einen erfolgreichen Kriegszug gegen eine Nachbargruppe mit Gewinn von Territorium, strukturierten sich die Positionen auch um. Es ist überflüssig, dies weiter auszubreiten, weil wir dies alles viel besser aus unseren eigenen Gesellschaften kennen bzw. miterleben müssen. Ein Sonderfall Mensch ist das nicht. Vielmehr repräsentiert das Geschehen in der Menschenwelt, was ganz allgemein in der biologischen Evolution abläuft. Gefasst ist es in ein Konzept, das seltsamerweise der Parabel »Alice hinter den Spiegeln« von Lewis Carroll entnommen worden war: »In unserem Land musst du laufen, um nicht zurückzufallen«, sprach (sinngemäß) die Rote Königin zu Alice. Daher die wissenschaftliche Bezeichnung »Red-Queen-Hypothese«.

Evolution ist ein Prozess, ein Spiel könnte man es nennen, das auf den Bühnen der sich verändernden Zeiten stattfindet und sich dementsprechend unablässig anpassen muss. Dies geschieht im Innern von Populationen durch Verschiebung von Positionen und den damit verbundenen Erfolgen oder Misserfolgen in der Erzeugung von Nachkommen. Jedes Mittel ist dazu recht, gleichgültig, ob es uns gefällt oder ob wir es moralisch verurteilen. Eine Eigenschaft der Männer gehört dazu, die wir zutiefst verurteilen. Dennoch wird sie immer wieder auch in der Menschengesellschaft praktiziert, das Töten von Babys und Kleinkindern. Konrad Lorenz hielt das für »Entartung«, als Beispiele von Kindstötungen bei Tieren bekannt wurden. Er lag damit insofern falsch, als er moralisch geurteilt hatte über ein biologisches Phänomen, das vor jeglicher Moral stattfindet.

Das bekannteste Beispiel stammt von Löwen. Die Männchen, die ein Rudel aus Weibchen führen, gebärden sich aus der Sicht menschlicher Vorurteile wie Paschas. Sie lassen die Weibchen jagen, bedienen sich oft als Erste an der Beute und leisten ansonsten wenig, außer dass sie viele Male nacheinander mit brünstigen Weibchen kopulieren. Das Rudel verteidigen sie gegen andere Löwenmännchen, außer die Neuen sind nach Zahl und Stärke in der Übermacht. Da hat ein starker Löwe kaum eine Chance gegen zwei jüngere, in die Jahre voller Kraft gekommene, und diese müssen zumeist einer Dreiergruppe weichen. So weit wäre alles auch so gut und belanglos, geschähe es nicht, dass die Neuen sogleich damit beginnen, eventuell vorhandene Junge zu töten, die noch an ihren Müttern trinken. Dieser »Kindsmord« erregte die Gemüter, bis deutlich wurde, dass er kein spezieller Fall bei Löwen ist, sondern weit verbreitet vorkommt, auch bei verschiedenen Arten von Primaten. Wer das Geschehen beobachtet, kann nicht umhin, es scheußlich zu empfinden. Könnte man eingreifen und die Kleinen schützen, würde dies gewiss vielfach geschehen. Schlimm genug bei Löwen, so geht es uns noch viel näher, wenn dies bei Schimpansen passiert. Einige Monate später sind die Folgen klar: Die Weibchen, die ihre noch kleinen Jungen an die fremden Männchen verloren haben, wurden wieder schwanger und werden alsbald erneut Kinder haben. Diese stammen nun von den neuen Vätern. Deren Leistung fürs Rudel oder für die Primatengruppe kommt damit nicht mehr den Nachkommen der Vorgänger zugute, sondern den eigenen. Die Tötung kleiner Junge vermehrt den Fortpflanzungserfolg dieser »Mörder«.

Von wenigen typischen Krankheiten abgesehen, geht die häufigste Todesursache von Kleinkindern beim Menschen unserer Zeit (!) aufs Konto von Stiefvätern, stellte S. B. Hrdy in *Father Time* fest. Sie sind gefährlicher als alle Fährnisse ihres jungen Lebens, wenn die Mütter normalen Zugang zu medizinischer Versorgung haben. Der biblische »Kindsmord zu Bethlehem« greift dies als Motiv auf, wenngleich mit anderer Ausrichtung. Aber Kindstötungen und Vergewaltigungen waren und sind stets Begleiterscheinungen von Kriegen, mögen sie inzwischen noch so klar international geächtet sein. In der Bibel, im Alten Testament, ist sogar die Anweisung enthalten, die Jahwe seinem auserwählten Volke gegeben hatte, die Amoriter auszurotten mitsamt ihren Weibern und dem Vieh, also Völkermord zu betreiben. Gerichtet war sie an die Männer seines Volkes. Als Gegenreaktion galt es, rechtzeitig genug Frauen und Kinder in Sicherheit zu bringen.

Im Kampf drehen sich bezeichnenderweise die Positionen um. An die Front geschickt wird das (einfache) Fußvolk, während sich hochrangige Offiziere oder der Feldherr gewöhnlich erst dann zeigen, wenn die Schlacht bereits zu ihren Gunsten geschlagen ist. Beim Triumphieren wollen sie die Ersten sein. Wenn auch dies wieder einmal sehr plakativ formuliert ist, so entspricht es doch der historischen Bilanz.

Das Positionsprinzip gilt in so gut wie allen Bereichen des Lebens, in unserer Zeit wie seit eh und je. Die Niederen müssen bei Gefahr im Verzug nach vorn, die in Spitzenposition Befindlichen präsentieren sich, wenn es Erfolge zu vermelden gibt. Die Spitzenpositionen bezahlen relativ zu ihrem Einkommen auch am wenigsten Steuern. Die größten Lasten tragen die mittleren Schichten. Auch dies gehört im dritten Teil vertieft. In der Anlage und in vielen Varianten der Anfangsstadien ist dieses rangabhängige Verhalten in der sogenannten Natur und bei den entsprechend (aus hoher Warte der dominanten Kulturen) eingestuften »Naturvölkern« zu finden. Das Ideal der positionslosen Gleichheit gab es höchstwahrscheinlich nie. Diese Annahme rechtfertigt nun keineswegs bestehende Ungleichheiten und Ungerechtigkeiten. Sie stellt aber das romantische Ideal der »edlen Wilden« grundsätzlich infrage.

Das Streben nach Verbesserung gehört zum Leben. Unabdingbar, denn Leben richtet sich gegen den Strom der Zeit, der Zerfall und Auflösung bewirkte, wenn nicht dagegen gearbeitet würde. Auf jeder Ebene ist Leben diesem Gegenstrom ausgesetzt. Die Bildung von Strukturen stellt eines der Gegenmittel dar. Sie müssen dennoch unablässig verbessert werden, um dem Prinzip der »Roten Königin« gemäß nicht zurückzufallen, was Zerfall bedeuten würde. Deshalb kommen wir nicht umhin, unsere speziellen gesellschaftlichen Strukturen immer wieder dem Tauglichkeitstest zu unterziehen und sie schnellstmöglich anzupassen. Nur das hält sie up to date, und nicht das vergebliche Beharren auf Beständigkeit des einmal Erreichten. Doch da das Alte weiterwirkt, müssen die Neuerungen, so notwendig sie sind, darauf aufbauen. Die Kriege in unserer Zeit öffnen hoffentlich all jenen die Augen, die da glaubten, das Ende der Geschichte sei mit dem Zusammenbruch der Sowjetunion gekommen und nun würde die Menschheit in eine friedliche Zukunft eintreten. Es dauerte nur wenige Jahre, bis die alten Muster von

Aggressionen und gegenseitigen Vernichtungen wieder aufflammten, sogar unter früheren »Brudervölkern« wie bei den Balkankriegen und gegenwärtig zwischen Russen und Ukrainern. Die verhaltensbiologische Menschenforschung der zweiten Hälfte des 20. Jahrhunderts hatte man als »biologistisch« abgetan und einen großartigen, besten geistigen Prinzipien sowie den Menschenrechten der Vereinten Nationen folgenden Menschen propagiert. Er scheint nicht einmal in einem so wohlhabenden Land wie Deutschland in nennenswerten Mengen vertreten zu sein. Tiefere Einblicke in unsere Natur schützen nicht automatisch davor, den alten Mustern zu folgen oder diese wiederherzustellen. Sie liefern keine Rezepte für Besserung. Aber sie können davor bewahren, von unzutreffenden Annahmen auszugehen.

Halten wir inne an dieser Stelle und wenden wir uns einem weiteren Bereich zu, der unsere Gesellschaften prägt und offenbar Wurzeln in der Vergangenheit hat, die sogar weit über unsere Primatenverwandtschaft hinaus reichen. Der Übergang ergibt sich wiederum aus einer Banalität. Wir Menschen empfinden uns als Individuen, und zwar so ausgeprägt, dass die sogenannten Menschenrechte bei genauerer Betrachtung Individualrechte darstellen. Das Streben nach Positionen ergibt ja nur dann Sinn, wenn diese ganz persönlich gemeint sind und nicht bloß formal oder funktionell, dass wie in einer Schaltanlage eine bestimmte Rolle zu erfüllen ist. Eigentlich bewegten wir uns bei den vorausgegangenen Ausführungen beständig abwärts in den Hierarchien hin zu den Individuen. Um diese ging es, als »die Frau« und ihr versteckter Eisprung behandelt wurden oder »der Mann« im Spannungsfeld zwischen Held und fürsorglichem Vater. Es ist die grundsätzliche Ungleichheit, die uns Menschen zu Individuen macht. Ungleichheit bedeutet nicht Ungleich-Wertigkeit. Das kann nicht nachdrücklich genug betont werden. Im Gegenteil. Weil wir alle voneinander verschieden sind, kommt der besondere Wert des Individuums zustande. Es ist einmalig. Darum geht es im folgenden Kapitel.

Individualität

Ihre Einmaligkeit empfinden wohl alle Menschen. Sogar Zwillinge, die aus einem befruchteten Ei entstanden, weil sich dieses einmal komplett geteilt hatte, bevor die Entwicklung anfing, sind bei aller Übereinstimmung verschieden. Dieses unbewusste Wissen bestätigt uns die molekulargenetische Forschung unserer Zeit. Die Vielzahl unserer Erbanlagen (Gene) lässt sich auf so astronomisch große Weise kombinieren, dass nie ein Individuum mit einem anderen identisch wird. Und was an genetischen Unterschieden vorgegeben ist, wird nach der Geburt durch die unterschiedlichsten Einflüsse weiter verstärkt. Unsere Individualität hat eine doppelte Quelle, die genetische und die sogenannte epigenetische. Diese umfasst alle Veränderungen, die im Verlauf der Entwicklung zustande kommen. Wir liegen also völlig richtig mit unserem Gefühl, einmalig zu sein.

An sich wäre dies nichts Besonderes. Andere Lebewesen sind im Prinzip genauso einmalig, weil auch sie dank geschlechtlicher Fortpflanzung einmalige Kombinationen von Genen väterlicher- und mütterlicherseits mitbekommen. Die Ausnahme bilden Klone, die aufgrund ungeschlechtlicher Vermehrung entstehen. Wie etwa bei Blattläusen, die Junge gebären, die bereits Junge in sich tragen und zur Welt bringen. Dieser Nachwuchs weist keine genetischen Unterschiede auf. Solche kommen erst wieder zustande, wenn im Sommer oder Herbst eine generative Generation gebildet wird, die aus Geschlechtstieren besteht.

Diese kurze Abschweifung in die uns doch recht ferne Welt der Insekten geschieht aus einem besonderen Grund. Die genetische Forschung unserer Zeit hat bei manchen Menschen zu der Hoffnung geführt, sie könnten gleichsam unsterblich werden, indem sie sich klonen lassen. Mit dem Klonschaf Dolly der 1990er-Jahre rückte diese Vorstellung in den Bereich des Möglichen. Denn es war ungeschlechtlich aus identischem körpereigenem Erbgut erzeugt worden. Dass Dolly nicht lange lebte, könnte nichts weiter gewesen sein als eine technische Anfangsschwierigkeit. Die Methode schien ein Durchbruch. Aber nur für kurze Zeit. Denn gegen Ende des 20. Jahrhunderts wurden die Einflüsse, die während der Entwicklung ab dem befruchteten Ei bis zum Heranwachsen nach der Geburt die Ausprägung der genetischen Eigenschaften bestimmen, immer deutlicher. Sie sind unter dem Begriff »epigenetisch« zusammengefasst. Wer sich selbst klonen lassen würde, könnte keine Jungfassung seiner selbst bekommen, weil diese »Zweitschrift« unter veränderten Umweltbedingungen aufwächst als die betreffende Person selbst, also keine Kopie der Erstfassung wird. Was einfach ausgedrückt bedeutet: Wir sind stets Kinder der Zeit. Und dies sogar in doppeltem Sinne: genetisch/epigenetisch und mental. Denn auch in unserem Kopf entwickeln sich Denken, Vorstellungen und Überzeugungen in Wechselwirkung mit der Umgebung, in der wir aufwachsen. Auch dies wissen wir, wollen es aber kaum jemals in angemessener Weise berücksichtigen. Wir sind nicht einfach wir, sondern wir sind geworden, was wir zu irgendeinem Zeitpunkt unseres Lebens sind. Allenfalls für die großen Lebensabschnitte Kindheit, fortgeschrittenes Alter und die Jahrzehnte dazwischen akzeptieren wir gefühlsmäßig, dass wir anders waren.

Die Gesellschaft grenzt für verschiedene Lebensbereiche ab, was uns gebührt. Die lange Zeit von Kindheit und Jugend endet abrupt mit Erreichen des 18. Geburtstags (oder zu einem anderen Datum in früheren Zeiten und in anderen Kulturen). Danach sind wir »volljährig« und voll verantwortlich für unser Tun und für die Entscheidungen, die wir treffen. Wie alle Abgrenzungen, die Fülle philosophischer Definitionen ist ausdrücklich mit einzubeziehen, scheitert diese Festlegung immer wieder, weil der betreffende Mensch eben doch noch nicht voll zurechnungsfähig war oder dies längst gewesen wäre, wenn ihm die mildernden Umstände zugebilligt werden, weil das fiktive Datum des 18. Geburtstags gerade noch nicht erreicht war. Biologisch-medizinisch lässt sich diese Grenze nicht begründen. Es ist ein aus praktischen Gründen getätigter Zeitschnitt durch eine kontinuierliche Entwicklung. Noch drastischer äußert sich dieses Vorgehen bei der Festlegung der Altersgrenze. Sie macht uns plötzlich zu Seniorinnen und Senioren, wie das gegenwärtig euphemistisch formuliert wird, ganz ohne medizinische und psychologische Prüfung auf den tatsächlichen Alterungszustand.

Mildernde Umstände wegen verminderter Zurechnungsfähigkeit werden gegenwärtig fast in jedem Strafverfahren juristisch eingefordert, weil die Tatumstände oder was zur Tat geführt hatte, angeblich dem psychischen Normalzustand der Zurechnungsfähigkeit nicht vollinhaltlich entspricht. Unabhängig von der Meinung des gesunden Menschenverstandes zu den konkreten Fällen und den gefällten Urteilen bedeutet dies, dass wir offenbar auch in der Zeit zwischen Volljährigkeit und altersbedingt einsetzender Senilität nicht immer wir selbst sind. Das mag formal richtig sein, entspricht aber nicht den eigenen Empfindungen. Diese gaukeln uns vor, so auch die Befunde der modernen Gehirnforschung, stets gleich wir selbst zu sein, obwohl sich die mentalen Zustände unablässig ändern. Das rechtfertigt eine Nebenbemerkung als Frage, die sicher manchen, wenn nicht vielen gläubigen Menschen ins Mark geht: In welchem Zustand möchten sie in die Ewigkeit eingehen? Das ganze Leben von Anfang bis zum Ende stünde zur Auswahl. In mitfühlender, von Gedanken an das eigene Ende begleiteter Weise ziehen wir Lebenden es vor, den verstorbenen Menschen im Zustand vor seinem beginnenden mentalen oder physischen Verfall in Erinnerung zu behalten. Wir sind Zeit-Wesen in jeder Hinsicht. Untrennbar von unserer körperlichen Ganzheit gilt dies für das allzu bereitwillig, nicht selten mutwillig, abgetrennte Geistig-Seelische. Unsere Ganzheit lässt sich nicht mit definitorischen Klimmzügen oder philosophisch-religiösen Dogmen spalten. Es gibt sie nicht, »die Person«. Ebenso wenig wie »die Art Mensch« in der Wirklichkeit existiert. Beide sind zeitliche Prozesse, keine festlegbaren Zustände. Wir machen sie scheinbar dazu, indem wir sie benennen.

Mit der Zuteilung eines Namens wird das biologische Individuum zu einer Person, die in unseren Empfindungen mehr darstellt als eben bloß ein Individuum der Art Mensch. Wie dies in der Praxis geschieht, sehen wir am besten bei Haustieren, etwa beim Hund. Gesetzt den Fall, dieser wird nicht aus einem Tierheim geholt, sondern von klein an großgezogen, vollziehen wir an diesem Individuum ganz Entsprechendes wie bei uns Menschen. Wir geben dem Hund einen Namen. Dieser personifiziert ihn. Obgleich er selbstverständlich vorher auch ein Individuum war, hebt ihn der Name auf eine höhere Stufe; auf eine, die weitgehend unserer eigenen entspricht. Der Hund heißt nun nicht einfach so, wie man ihn genannt hat, sondern er reagiert auf seinen Namen, wie kleine Kinder nach und nach auf ihren reagieren. Ganz persönlich. Wir können ihn aus einer herumtollenden Gruppe anderer Hunde beim Namen rufen. Wie sehr dieser wirkt, sehen wir daran, dass er mit dem Eindruck eines schlechten Gewissens schließlich doch kommt, obwohl er offensichtlich weiterspielen wollte. Anscheinend ist ihm der Name Verpflichtung geworden. Bei zahlreichen anderen Tieren funktioniert die persönliche Benennung auf ähnliche Weise. Am besten eignen sich soziale Arten, also solche, die natürlicherweise in Familiengruppen oder in komplexeren Gemeinschaften leben. Möglicherweise identifizieren darin (bei Säugetieren) individueller Duft oder auch Rufe die Zugehörigen.

Unsere Sprache versetzt uns in die Lage, die persönliche Benennung mit der Abkunft zu verbinden. Der Rufname wird mit dem Familiennamen erweitert und damit präzisiert. Der Name identifiziert. Der Familienname vermittelt die Herkunft. Werden Titel hinzugefügt, geschieht dies, um besondere Leistungen kundzutun. Die Titelsucht verrät, wie sehr sich die Eitelkeit mit der Betonung der Individualität steigert. Sie durchläuft einen seltsamen Prozess. In unserer Zeit beginnt die zusätzliche Benennung oft schon mit den untersten akademischen Abschlüssen. Diese bekommen sogar weibliche Formen (im Deutschen/Österreichischen). Titel ehrenhalber kommen gegebenenfalls hinzu wie Orden, die beim Militär verliehen werden und die umso höher steigen, je weniger die Träger gekämpft haben. Vorgemacht hat es der Adel mit seiner über vererbbare Titel ausgedrückten, selbst ernannten Hierarchie. Napoleon persiflierte sie, indem er sich selbst zum Kaiser krönte. Davor hatten über ein Jahrtausend lang die Kirchenfürsten mit den echten Fürsten um die Vorherrschaft gekämpft. Das klerikale System versuchte sich über das säkulare zu erheben und den Papst über alles zu stellen, auch über den/die Kaiser. Diese hatten wie auch das Papsttum das Spiel der sich ständig übersteigernden Titel aufgegeben und waren zum Einfachsten von allem in der Benennung zurückgekehrt, zu »Papst Leo«, »Kaiser Karl« und dergleichen. Darüber gab es nichts mehr auf Erden. Das Höchstmögliche war dann »gottgegeben«. Dass ein sich übersteigernder Egoismus stets mitlief und die Individualisierung zum Gegenstrom der Notwendigkeiten des sozialen Zusammenwirkens machte, braucht gar nicht besonders betont zu werden. Wer am meisten Nächstenliebe oder Vaterlandsliebe propagierte, hielt sich bekanntlich selbst am wenigsten daran. In altherkömmlich schulisch gebildeter Ausdrucksweise hieß es »quod licet Jovi, non licet bovi« vulgo: Was mir als Vornehmem ziemt, geht dich als Prolet nichts an. Wir finden die mit der extremen Individualisierung aufs Engste verbundene Problematik wieder bei der Behandlung von Entstehung und Ergreifung von Besitz.

Wann Menschen anfingen, einander persönlich zu benennen, wissen wir nicht. Die Annahme, dass dies schon früh in der Entwicklung der Sprache geschah, wenn nicht sogar ihren Anfang bedeutete, liegt nahe. Doch auch vorher waren die (werdenden) Menschen bereits Individuen, wie die Menschenaffen, alle Primaten und die allermeisten der Tiere, die über ein komplexes Nervensystem mit Gehirn verfügen. Denn darin, in der Gehirntätigkeit, entsteht der Übergang vom bloß Individuellen der genetischen Ausstattung zum Persönlichen der Empfindungen, der Speicherung von Erfahrungen und der Umsetzung in persönliche Eigenheiten. Anders ausgedrückt: Der »Geist« kam nicht urplötzlich durch irgendeine Fügung zustande. Mentale Prozesse und Fähigkeiten haben sich aller Wahrscheinlichkeit nach im Lauf der langen Zeiten der Evolution auf vielen unterschiedlichen Bahnen (= Entwicklungslinien von Tieren mit Gehirnen) entwickelt wie bei jedem Menschen vom vagen, der Erinnerung nicht mehr zugänglichen Beginn des Denkens bis zu dessen Schwinden mit zunehmender Demenz. Wenigen bleibt der Prozess des mentalen Niedergangs bis ins hohe Alter erspart. Doch umso klarer erleben sie ihren körperlichen Verfall. Das Gehirn mit seinem Nervensystem ist ein Teil des Körpers. Und wie im täglichen Leben auch verlaufen darin nicht alle Prozesse genau synchron miteinander. Zum Glück, darf man wohl hinzufügen, denn intensive Verdauung und intensives Denken vertragen sich nicht, Ruhe und Schlaf passen noch weniger mit intensiver körperlicher Betätigung zusammen. Sie müssen nach dem Grundsatz »alles zu seiner Zeit« hinreichend getrennt ablaufen.

Dieses Prinzip der zeitlichen Entkoppelung von Vorgängen im Körper zieht sich durch das ganze Leben. Die Fortpflanzung beginnt noch nicht im Kleinkindalter, die Wachstumsprozesse verändern sich, und nicht alle inneren Funktionen des Körpers altern gleich schnell. Sonst sähe es schlecht aus für unser Herz. Warum wollen so viele Menschen dies nicht auch für den Geist akzeptieren oder für das, was sie dafür halten? Vermuten lässt sich, dass dies am Prinzip der Person rütteln würde, die wir ein für alle Mal sein wollen, obgleich wir so sehr nach Veränderung, nach Verbesserung streben. Die Person bietet eine Konstante im beständigen Fluss der Veränderungen, denen wir unterworfen sind. Die Unsterblichkeit der Seele wurde offenbar daraus abgeleitet. In welchem Zustand sie in die Ewigkeit eingehen soll, wird entweder nicht weiter bedacht oder aber verbunden mit einem notwendigen Läuterungsprozess, der sie »rein für die Ewigkeit« macht. Dem Zwiespalt von Veränderung und dem steten Bemühen, Beständigkeit zu halten, entspringt das Metaphysische, das über das Wirkliche hinausgeht. Es zeitigt vielfältige, oftmals extrem schlimme und unmenschliche Folgen. Im dritten Teil werden einige aufgegriffen, die unmittelbar unser Leben und unser Wirken auf die Natur betreffen.

Haben wir damit das Menschsein erfasst? In einigen Facetten wohl, aber gewiss nicht in seiner ganzen Fülle. Vollständigkeit wäre ohnehin nicht zu erreichen. Solche Ansprüche stellt die naturwissenschaftliche Betrachtung in aller Regel nicht. In unserem Sosein und in den verschiedenen Äußerungen menschlichen Lebens gibt es zahlreiche weitere Bereiche, mit denen die biologische Forschung befasst ist. Die noch ausstehenden, die hier behandelt werden sollen, können wir in zwei Gruppen teilen. Die eine umfasst das Ausdrucksverhalten der Menschen, die andere die Aufrechterhaltung des inneren Betriebs, also Ernährung und Energieversorgung des Körpers. Da sie zu einer grundlegenden Neuerung führen, die mit dem Sesshaftwerden der Menschheit auf das Engste verbunden ist, kommen sie nach dem Ausdrucksverhalten an die Reihe. Denn erst damit, mit dem Wechsel zur selbstständigen Erzeugung von Nahrung, hat der Mensch begonnen, die Erde zu verändern. Das Ausdrucksverhalten hingegen rückt Bereiche in den Brennpunkt, die mitunter Schmunzeln oder Kopfschütteln auslösen. »So verrückt können nur Menschen sein!«, dieser Ausruf mag in manchen Fällen zutreffen, zeigt aber oft, dass uralte Verhaltensweisen zutage treten, die noch aus den Zeiten vor der Steinzeit stammen. Beginnen wir mit einigen Überlegungen zur weiblichen Brust.

Brüste und Busen – dasselbe, aber nicht gleichwertig

Brüste wirken attraktiv auf Männer. Mit Brüsten konkurrieren Frauen untereinander. Brüste kennzeichnen die Gruppe der Säugetiere, zu deren Verwandtschaft wir gehören. An der Mutterbrust wächst das Menschenbaby in den ersten Lebensjahren normalerweise auf. Dass es mit dem Milchfläschchen einen Ersatz gibt, ist eine neue Erfindung, die für die Betrachtung der beiden Kernfunktionen der weiblichen Brust ganz unerheblich bleibt. Die wichtigste und ursprünglichste Funktion ist die Absonderung von Milch, und zwar zur rechten Zeit und in der nötigen Menge. Der Milchfluss beginnt normalerweise, nachdem das Baby geboren ist. Dann schießt die Milch ein. Die Brüste vergrößerten sich zwar bereits während der Schwangerschaft, aber sie bleiben »trocken«, bis das hormonelle Signal sie erreicht.

Es würde zu weit führen, dies hier näher auszubreiten. Unmittelbar wichtig ist jedoch eine Feststellung, nämlich, dass es für die Menge der Milchproduktion nicht auf die Größe der Brüste ankommt. Auch kleine können sehr viel bieten und große (zu) wenig. Ein mäßig starker Zusammenhang ist dennoch gegeben. Ammen haben in der Regel große Brüste. Und bei den meisten Frauen vergrößern sie sich mit jeder weiteren Geburt. Dabei werden sie nicht fester, sondern schlaffer. Damen der oberen Gesellschaftsschichten bedienten sich früher nach Möglichkeit der Ammen, um ihre Babys zu nähren, bevor das Fläschchen erfunden und die passende Zusammensetzung von Ersatzmilch verfügbar war. Manche Säugetiere lassen sich auf erhöhte Milchleistung züchten, wie unsere Milchkühe. Auf die Frauen bezogen bedeutet dies, dass die Größe ihrer Brüste nicht allzu direkt ihre biologische Eignung als Mütter sichtbar werden lassen. Die Brustgröße variiert bekanntlich so sehr, dass Büstenhaltern Größenziffern zugeteilt werden, ähnlich wie Schuhgrößen. Die Körbchengrößen steigern sich auch nicht unmittelbar mit der Körpergröße der Frauen oder mit ihrem Gewicht. Dass etwas so Wichtiges wie die Leben spendenden Brüste so variabel ist, sollte uns aus biologischer Sicht wundern. Für die Herzgröße zum Beispiel ginge dies nicht. Die Brüste dürfen aber sehr unterschiedlich ausfallen, wenn sie nur genug Milch geben. Diese Feststellung leitet über zum mit den Brüsten verbundenen Phänomen, nämlich zu ihrer enormen Wirkung auf Männer und auch auf andere Frauen. Der Busen stellt im westlichen Kulturkreis und in den meisten anderen Gesellschaften das bedeutendste weibliche Sexsymbol dar. Manche Kulturen gebieten kompromisslos ihre Verhüllung. Um »oben ohne« tobt immer wieder auch in freizügigen Gesellschaften ein Streit, ob überhaupt zulässig oder unter welch eingeschränkten Bedingungen. Doch gerade wenn und wo die Brust verhüllt sein muss, wird sie umso kräftiger gestützt, verformt und scheinbar vergrößert mit speziell dafür entwickelten Accessoires.

Diese zweite, von der Ernährung des Säuglings unabhängige und ihre ab einsetzender Pubertät um Jahre vorausgehende Funktion der Brust schlägt sich bereits nieder in ihrer Benennung als Busen. Brust wird (biologisch) neutral verstanden, gemäß ihrer primär nährenden Funktion. Busen ist hingegen sexuell getönt – in der heutigen Tendenz zumindest, auch wenn die Anwendungen nicht scharf voneinander getrennt sind und historisch verschieden waren. In der begrifflichen Unterscheidung zwischen Brust und Busen spiegeln sich gesellschaftliche Tendenzen und die schwankenden Ansichten darüber, was anständig oder anstößig ist. So war es in der Zeit des (europäischen) Barock bis zum Beginn der Romantik alles andere als unanständig, wenn die Damen der Gesellschaft ihre Busen entblößt trugen, oft geschickt angehoben durch stützendes Korsett. Oben ohne oder ganz nackt in Stadtparks in der Sonne zu liegen prägte die Freizügigkeit der 1970er- bis 1990er-Jahre. Männer, gleich welchen Alters und welcher Figur, dürfen weiterhin oben ohne sein, nicht nur beim öffentlichen Baden, sondern bei vielen Freizeitaktivitäten, bei der Garten- oder Feldarbeit. Verboten wurde dies den Frauen zunächst nicht. Diskriminierend-einschränkende Regelungen kamen erst später.

Ungeachtet der individuellen Motivationen und unabhängig von psychologischen oder soziologischen Thesen, die Erklärungen dieses höchst merkwürdigen Phänomens zu geben versuchen, kann festgestellt werden, dass Brüste und Busen als unterschiedliche Versionen des gleichen Attributs empfunden werden. Die erste Funktion ist auf das Baby bezogen, also mütterlich, die zweite richtet sich dagegen auf die Männer und, dafür spricht manches, fast noch mehr auch auf andere Frauen. Denn vom Busen gehen Attraktivität und Konkurrenz aus.

Die evolutionsbiologische Erklärung hierfür wurde bereits kurz angerissen. Die in ihrer attraktiven Wirkung zum Busen gewordenen Brüste ersetzten die für die uns nächstverwandten Primaten typischen Genitalschwellungen zu Beginn der fruchtbaren Zeiten in ihren Zyklen. Das mag weit hergeholt klingen. Ist es auch, denn die gemeinsamen Vorfahren lebten vor fünf oder sechs Millionen Jahren. Das ist eine lange Zeit, gewiss. Aber nicht wirklich bedeutsam lange, wenn wir die grundlegenden Funktionen der sexuellen Zyklen betrachten. Sie reichen noch viel weiter zurück in die Vergangenheit. Beweise hierfür liefern die vielen medizinischen Übereinstimmungen in den Körperfunktionen, insbesondere bei den Hormonen und im Ablauf der Schwangerschaften. Verglichen damit sind Bildungen wie der Busen mit seinem zur Form gewordenen »Versprechen«, das sich an die Empfindungen der Männer richtet, eine wirklich junge Entwicklung. Und fraglos sind sie keine schlechte, weil die zum auffälligen Busen gewordene Brust ungleich leichter zu (er-)tragen ist als die massiven Genitalschwellungen. Der Busen signalisiert nicht bloß sexuelle Reife, wie die Monatsblutungen auch, sondern die Fähigkeit, ein Baby zu ernähren. Je größer, desto sicherer, so das sich verstärkende Signal, das wohl ursprünglich von ihm ausging. Und wenn er fest und augenfällig groß geworden ist, der Busen, signalisiert die heranreifende junge Frau, dass sie biologisch alsbald bereit ist, Mutter zu werden.

Eine weitere Eigenschaft hat sich im Verlauf der Entwicklung der Brüste zum erotischen Signal hinzugesellt. Wie Mütter wissen, die ihre Kinder gestillt haben, ist der Beginn des Saugens oft recht schmerzhaft.

Selbst wenn die Milch bereits fließt und sich in den Brüsten staut, muss eine Schmerzschwelle überwunden werden. Das ist durchaus sinnvoll, denn wäre dem nicht so, könnten Krankheitserreger leicht(er) über die Milchkanäle in die Brust eindringen. Aus guten Gründen sind sie mit einer Art Pfropfen verschlossen, der zugleich eine Erstversorgung des Kindes mit schützenden Bakterien und nährenden Vitaminen bietet. Anschließend wird das Saugen des Babys belohnt mit Glücksgefühlen, ausgelöst von Hormonen im Körper der Mutter. Diese machten die Brüste, speziell die Nippel, die im Deutschen so despektierlich Brustwarzen genannt werden, zu einer wirksamen erogenen Zone. Signalwirkung und Gefühle machen die Brust zum Busen und zu einer besonderen Bildung.

Das setzt ihn zwangsläufig auch der Konkurrenz aus. Ein jugendlicher Busen pflegt voll und sichtlich fest zu sein. Ist er proportioniert in Bezug auf den Körper, benötigt er keine Stütze. Die so einfache, schwer auszublendende Verbindung von »Größe und Qualität« spielt in den Augen der Betrachter, an die sich das »Signal Busen« unmittelbar richtet, und in jenen der Betrachterinnen, die unwillkürlich vergleichen, zwangsläufig eine große Rolle. Das macht den zur Schau getragenen Busen für andere Frauen so herausfordernd. Ihre Entgegnungen sind raffinierte Verhüllungen, die häufig mehr vortäuschen, als vorhanden ist, oder einzwängen, was in befreitem Zustand zu weich wäre. Wenn wir von der Gegenwart ausgehen: Kein Kleidungsstück erzielte eine so umfassende Wirkung und eine so globale Verbreitung wie der Büstenhalter. Und in unserer Zeit wird keine Schönheitsoperation so häufig durchgeführt wie Änderungen in Größe und Form der Brüste. Ziel ist der ideale Busen. Wie sehr die Konkurrenz der Frauen untereinander dabei treibende Kraft ist, geht aus der schlichten Tatsache hervor, dass sie dabei zur Normierung tendieren, nicht zu einer individuellen Vielfalt, die vielleicht von den Männern sogar bevorzugt würde. Teile der Individualität zu opfern zugunsten einer größeren Übereinstimmung mit anderen Frauen gibt aus evolutionärer Sicht ein beredtes Zeugnis ab für die immense Stärke der Konkurrenz.

Die Brüste werden so getragen und über Büstenhalter geformt, dass sie bis ins höhere Alter den äußerlichen Eindruck erhalten gebliebener Jugendlichkeit erwecken. Wird dies nur »für die Männer« getan? Oder wenigstens in erster Linie, um Eindruck bei diesen zu erzielen? Diese Fragen sollen hier absichtlich offenbleiben, weil sich zutreffende Antworten aus einer entsprechend großen Zahl ehrlicher Äußerungen der Frauen selbst ergeben würden. Dabei muss, wie generell im Sexuellen, vorab bezweifelt werden, dass hinreichend offen gesprochen wird. Wahrscheinlich ist zudem, dass wie in der Mode einfach mitgemacht wird, weil es die anderen auch so machen. Das Phänomen Busen reicht sicherlich über die Wirkung auf die Männer hinaus.

In gewisser Weise entspricht es dem Evolutionsphänomen des verdeckten Eisprungs der Menschenfrauen und der Synchronisation ihrer Zyklen bei engerem Zusammenleben. In den modernen Massengesellschaften findet in vielen Lebensäußerungen zwangsläufig Angleichung statt, auch wenn uns dies nicht mehr bewusst wird, wenn man selbst von Kindesbeinen an in die Prozesse mit einbezogen ist. Daraus entstehen die einander widerstreitenden Zwänge von Angleichung und Betonung von Individualität. In keinem Lebensbereich der Frauen ist dies direkter und besser zu sehen als in der Mode. Wie Streifzüge durch Kaufhäuser oder Einblicke in den Online-Handel zeigen, richtet sich die Mode in weitaus überwiegendem Maße an die Frauen. Sie folgen bereitwillig neuen Trends, die ihnen gleichzeitig mit der Ausführung der jeweiligen Modelle die persönliche Note vorgaukeln. Allzu menschlich ist dies, aber mit deutlicher Schieflage. Nicht nur das weitaus geringere Angebot für Männer belegt, dass sie im Modebereich weniger trendanfällig sind, sie lassen sich dagegen viel leichter in Uniformen stecken und als Truppe(n) in Marsch setzen.

Die »Schwächen« der Geschlechter sind unterschiedlich verteilt; keines ist allein das »starke Geschlecht« oder »das schöne«. In dieser Behauptung steckt so Seltsames, dass sich die biologische Forschung bis heute schwertut, einen Konsens zu finden, wenn es um das Thema »Schönheit« bei Frauen und Männern geht. Charles Darwin hatte in seinem zweiten Hauptwerk, in dem er ausführlich auf den Menschen einging, eine Erklärung geboten, die in seiner Zeit Mitte des 19. Jahrhunderts der viktorianischen Gesellschaft indiskutabel lächerlich schien, die »Sexuelle Selektion« als Ergänzung zur »Natürlichen Selektion«. Sie mochte für Pfauen zutreffen, doch gewiss nicht für Frauen. Und wenn es sie doch bei Menschen geben sollte, dann bei den »seltsamen Naturvölkern«, bei denen sich Männer Federkronen auf den Kopf setzten und allerlei Schnickschnack dazu.

Sexuelle Selektion

Der Wandel der Brüste zum Busen war bereits ein Beispiel für sexuelle Selektion. Als Funktionswandel, genauer als Zugewinn sehr wichtiger Bedeutungen, unterlag die Entwicklung des Busens offensichtlich der Auslese durch die Männer. Hätten sie kleine Brüste bevorzugt, wären diese bezeichnend für die heutigen Frauen und große die seltene Ausnahme. Denn, nochmals betont, die kleine Brust eignet sich sehr wohl als Milchquelle fürs Baby. Wären schräg seitlich abstehende bevorzugt worden, gäbe es solche ungleich häufiger, als sie in der Variationsbreite der Brüste auftreten. Dass der Busen so geworden ist, wie er in den verschiedenen Ethnien aussieht, verdanken die Frauen aller Wahrscheinlichkeit nach den Bevorzugungen der Männer. Ein Abstecher in die bunte Welt der Vögel vermittelt einen leichteren Zugang zur Wirkung der sexuellen Selektion.

Allerdings betrifft diese in der Vogelwelt hauptsächlich die Männchen. Doch umso klarer treten die Zusammenhänge zutage. Viele, aber keineswegs alle Männchen entwickeln rechtzeitig vor Beginn der Balzzeit ein Prachtgefieder, sofern sie erwachsen sind. Dieses kann sehr bunt ausfallen. Auffällig ist es jedenfalls. So die Prachtfedern beim Pfau, die zwischen Rücken- und Schwanzfedern fast am Körperende ansetzen und zum bekannten Rad aufgestellt und gefächert werden können. Meterlang werden diese Federn mit dem »Auge« an ihrem verbreiterten Ende. Beim normalen Herumlaufen überragen sie die Schwanzfedern erheblich. Den Körper des Pfauenhahns verlängern sie auf das Doppelte. Damit müssen die Hähne zurechtkommen, während die Hennen fast wie große Hühner ziemlich normal aussehen. Eine Zumutung, möchte man meinen, dass die Pfauenhennen so ein belastendes, das Leben der Hähne beeinträchtigendes Gebilde mit ihrer Partnerwahl für die Fortpflanzung zustande gebracht haben, weil sie solche Hähne zur Paarung bevorzugten, die das größte Rad mit den meisten Augen darin schlagen konnten.

Pfauen stammen aus dem tropischen Südasien, wo sie Wälder bewohnen. Die Vorfahren unserer Haushühner, die Bankivahühner, kommen auch von dort. Deren Hähne tragen zwar keine Schwanzschleppe, aber verlängerte, sichelförmige und smaragden glänzende Schwanzfedern, buntes, schillerndes Halsgefieder und einen kecken Kamm auf dem Oberkopf, der anschwellen kann. Sie sind auf ihre Weise prächtig. Das sind auch die Erpel zahlreicher verschiedener Arten von Enten, die bei uns leben. Die Weibchen sehen dagegen sehr schlicht aus mit ihrem tarnfarbenen, mehr oder weniger braunen Gefieder. Blicke in Vogelbestimmungsbücher genügen, um eine Menge Beispiele prächtig gefiederter Männchen zu sehen, zu denen schlichte Weibchen gehören. Bei wenigen Entenarten sind die Erpel den zugehörigen Enten ähnlich, und bei den meisten Gänsen und Schwänen gibt es, von der Körpergröße abgesehen, keine Unterschiede zwischen den Geschlechtern. Fand bei diesen keine sexuelle Selektion statt? Und warum wirkte bei den Arten mit den bunten Männchen dann eine so starke, dass diese auf den Gewässern weithin plakativ auffallen?

Darwin erklärte solche Unterschiede mit seinem Konzept der sexuellen Selektion nicht wirklich. Denn sie besagt lediglich, dass die Weibchen wählen und dadurch das Aussehen der Männchen verändern können. Warum sie wählerisch sein dürfen oder dies sogar sein sollten, geht aus der Bezeichnung »sexuelle Selektion« nicht hervor. Weder in Extremfällen, wie beim Pfau, noch wenn wir wie bei den Enten die Artenspektren der engeren Verwandtschaft betrachten. Und noch weniger, wenn wir andere Tiere mit in die Betrachtung einbeziehen, wie die Säugetiere, zu denen wir Menschen gehören, oder die Insekten, Spinnen und so weiter. Bleiben wir bei den Vögeln. Sie liefern einen tieferen Einblick mit Befunden, die sich auf andere Tiere und auch auf uns Menschen übertragen lassen. Dazu brauchen wir nur nachzusehen, wie die Vögel leben, deren Männchen ein auffälliges Prachtgefieder tragen, und wie solche, bei denen sich Männchen und Weibchen recht ähnlich sehen.

Der Unterschied wird sofort klar. Prächtig gefiederte Männchen kümmern sich nicht um die Brut und versorgen auch die Jungen nicht, während solche, die den Weibchen sehr ähnlich sehen, »gute Väter« sind, die brütenden Weibchen ablösen, schützen und die Jungen mitführen oder mitfüttern. Sogar die Weibchen werden von schlichten Männchen bei einigen Vogelarten während des Brütens gefüttert. Das passt doch bestens, könnte man ausrufen und sich in mehr oder weniger verbreiteten Meinungen über die Männer aus der Natur bestätigt fühlen. Doch das wäre ein vorschnelles Frohlocken, wie sich gleich zeigen wird.

Denn erstens würde es bedeuten, dass die Weibchen selbst schuld sind, solche Männchen zur Paarung zu bevorzugen, die sich nicht um den Nachwuchs kümmern. Schöne Männer, aber schlechte Väter wäre wohl nicht das ideale Ergebnis der Weibchenwahl. Zweitens ergäbe sich offenbar eine zunehmende Gefährdung der Männchen, weil sie immer auffälliger werden mit ihrem Prachtgefieder oder was sonst sie Bizarres tragen. Aus so einer (evolutionären) Sackgasse kämen sie erst dann wieder heraus, wenn die Weibchen ihren Geschmack rechtzeitig änderten. Nicht unmöglich, aber offenbar in der Natur nicht praktiziert. Denn wir haben die vielen prächtigen Männchen und die schlichten Weibchen, die dazugehören.

Dieses Dilemma, dessen sich Darwin bereits bewusst war, als er vor eineinhalb Jahrhunderten seine Theorie der sexuellen Selektion entwickelte, meinte der israelische Biologe Amotz Zahavi damit gelöst zu haben, dass er, wie er es nannte, ein »Handicap-Prinzip« einführte und zugrunde legte. Männchen, die trotz des Handicaps, so ein auffälliges und im Fall des Pfaus auch schweres Prachtgefieder umherzuschleppen, nicht vorzeitig ums Leben kommen, müssen besonders fit und gesund sein. Die Weibchen tun gut daran, solche Prachtkerle zu wählen, denn sie bekommen damit »gute Gene« für ihren Nachwuchs und »sexy Söhne« dazu. Die »Sexy-Sons-Hypothese« wird in der Evolutionsbiologie für plausibel gehalten. Schönheit als Handicap, das schluckt sich nicht leicht. Geradezu absurd würde es bei der Anwendung auf den Menschen. Dann wären schöne Frauen mit dem Handicap der Schönheit belastet. Der schöne Mann auch, dem Frauen zufliegen. Erstaunlicherweise übernahmen sehr viele Biologinnen und Biologen diese Sicht, sogar ohne den Menschen davon auszunehmen.

Vielleicht wirkt der Extremfall Pfau so überzeugend. Das kann er jedoch nur, wenn man die alles entscheidenden Fragen nicht stellt, nämlich, ob denn die Pfauenhähne tatsächlich weniger gut überleben als die Hennen und ob nicht ganz so prächtige Pfauen möglicherweise auch nicht ganz so gesund sind. Bereits dieser Zusatz erschüttert die Vorstellung vom Handicap. Denn jeder Pfauenhahn fängt jung und schlicht an. Erst mit den Jahren wird er zum Prachtkerl. Wären die Gefahren so groß, wie fürs Handicap anzunehmen, müsste die Gefiederentwicklung längst auf einer viel schlichteren Version zu einem Stillstand in moderaterer Schönheit gekommen sein. Gereicht hätte dies allemal. Nun sind Überlegungen zum »Was wäre, wenn« zwar hilfreich, um etwas kritisch zu hinterfragen, aber nicht gleich der Nachweis, dass es so nicht (gewesen) sein kann. Ein solcher Nachweis liegt erst dann vor, wenn die bunten Hähne tatsächlich weniger gut überleben als die schlichten Hennen. Wer Pfauen in Europa halbfrei hält, weiß, dass entgegen der Handicap-Theorie die Hähne besser überleben, weil die Hennen rund einen Monat lang auf ihrem mehr oder weniger gut im Gebüsch versteckten Gelege brütend sitzen und dann noch einmal so lange oder länger ihre Kükenschar zu führen haben. Das macht sie ungleich anfälliger für Feinde, wie den Fuchs bei uns und den noch viel geschickter nach versteckter Beute suchenden Leoparden in der süd- und südostasiatischen Tropenheimat der Pfauen. Eigene Erlebnisse in Indien und auf Sri Lanka öffneten mir in dieser Hinsicht die Augen, als jeweils ein Pfauenhahn von einem im Dickicht anschleichenden Leoparden angesprungen wurde. In einem Fall flog dieser gerade noch rechtzeitig in die Höhe, was Pfauen durchaus nach Fasanenart explosionsartig können. Im anderen schlug der Leopard zu, fand sich im nächsten Moment aber in einer Wolke von Pfauenfedern wieder, während der scheinbar halbierte Hahn wohlbehalten davonlief und auf den nächsten Baum in Sicherheit flog. Die Prachtfedern wachsen nach; sie werden ohnehin regelmäßig bei der Mauser abgeworfen und ausgetauscht. Der Pfau hatte beim Angriff eine sogenannte Schreckmauser gemacht und einen ziemlich verdutzt schauenden Leoparden in einem Haufen prächtiger Federn zurückgelassen.

Exotische Beispiele lassen sich exemplarisch vorbringen. Sie beweisen noch zu wenig. Die uns näherliegenden, weil verbreiteten und in manchen Arten auch häufigen Enten sind aufschlussreicher. Sie führen zum zentralen Gesichtspunkt, den wir bei der Übertragung auf uns Menschen beachten müssen. Die Zählung Tausender Enten getrennt nach Geschlechtern im Winter und vor Beginn der Brutzeit ergibt ganz konträr zur Handicap-Theorie ein Überwiegen der Erpel. Wie verschieden auch immer die Ergebnisse ausfallen, der Überschuss liegt zu hoch für ein rein statistisch zufällig bedingtes Schwanken. Besonders groß ist er in Stadtpopulationen bei der dort häufigsten Art, der Stockente, mit bis zum Doppelten der Weibchenzahl. Aber schon 10 oder 20 Prozent mehr Erpel bedeuten, dass die Weibchen die Wahl haben – weil sie in der Minderzahl sind. Wären dies die Männchen, könnten sie unter den Weibchen wählen. Diese geraten in der Regel in die Minderzahl, weil sie, wie beim Pfau angeführt, die Produktion der Eier, das Brüten und die Führung der Jungen viel Energie und wertvolle körpereigene Stoffe kosten. Das schwächt sie. Und durch die Bindung an Gelege und Junge sind sie weit mehr den Gefahren ausgesetzt und fallen Feinden eher zum Opfer als die Männchen, die auf sich selbst schauen können. Wenn überhaupt von Bedeutung, müsste das Handicap bei den Weibchen liegen.

Dies weiter auszubreiten würde zu weit führen. Lediglich eine Bilanz ist anzufügen. Sie besagt, dass in Summe der Aufwand, den die Weibchen für den Nachwuchs treiben, den Männchen gleichsam frei zur Verfügung steht. Aber nicht beliebig, sondern je nachdem, ob es sich um Energie handelt, die von den Männchen zu Schau- oder echten Rivalenkämpfen eingesetzt werden kann, in denen sie den Weibchen ihre Fitness demonstrieren, oder um Eiweißstoffe, die bei diesen in die Eibildung eingehen. Die Männchen können daraus bunte Federn machen, da diese auch aus Eiweiß bestehen. Die Umsetzungen von Stoffen und Energie gleichen sich bei beiden Geschlechtern aus.

Nun verfügen wir über das Grundprinzip, das sich auf den Menschen übertragen lässt. Die Brücke bilden die Gänse und Schwäne mit der hohen Beteiligung der Männchen an der Betreuung der Brut oder die uns als Säugetiere ungleich näherstehenden, in ihrem Verhalten durch ihre Abkömmlinge, die Hunde, vertrauten Wölfe. Die Rüden sind größer und kräftiger als die Wölfinnen oder innerhalb ihrer Rassen die Hündinnen. Sie beteiligen sich intensiv bei der Versorgung der Welpen, die zwar zunächst auf die Milch ihrer Mutter angewiesen sind, alsbald aber die Zusatzversorgung von Vater und Rudel benötigen, in das sie geboren wurden.

Vom Ausmaß der Beteiligung beider Geschlechter an der Versorgung des Nachwuchses hängt es ab, wie ähnlich oder wie unterschiedlich sie voneinander (geworden) sind. Keine oder lediglich sehr geringe Beteiligung führt zu schönen Männchen, in seltenen Fällen, bei denen diese die Jungenfürsorge allein voll übernehmen, auch zu prächtig gefiederten Weibchen. Weitgehend gleiche Arbeitsteilung spiegelt sich hingegen in einem sehr ähnlichen Äußeren. Das System sieht einfach und klar aus, wenn es um eine einzige Fortpflanzung geht, wie bei vielen kleinen Singvögeln, die im Durchschnitt nur eine solche erleben. Folgen aber mehrere Fortpflanzungsperioden aufeinander, weil die Individuen länger leben, geht es um die Bilanz aller Aufwendungen für alle Schwangerschaften oder Bruten.

Diese lange Schleife führt uns nun mitten hinein in das kompliziert lange Leben der Menschen. Die Frau hat eine klar abgegrenzte Fortpflanzungszeit von etwa 30 Jahren Dauer. Beim Mann reicht sie erheblich darüber hinaus bis ins hohe Alter. Damit sind insgesamt mehr Männer für die gebärfähige Frau verfügbar. Also sollte die Frau als das seltenere Geschlecht wählen können. Und die Männer so veranlassen, ihre individuellen Qualitäten in Form ehrlicher, d. h. nicht zu fälschender Signale körperlich sichtbar auszudrücken. Die Männer müssten dementsprechend wie bei fast allen Säugetieren und Vögeln das »schöne Geschlecht« sein. Doch so einfach geht es in der Menschenwelt nicht zu. Das Ausgreifen in den Bereich der Vögel hatte Gründe. Es geht nicht um »Entweder-oder«, sondern um Mengenanteile im Zusammenwirken von Männern und Frauen bei der Versorgung der Kinder. Das Spektrum, das in der Gruppe der Entenvögel von sehr prächtigen Männchen und ganz schlicht gefiederten Weibchen am einen Ende bis zu lediglich ein wenig in der Körpergröße verschiedenen Geschlechtern am anderen Ende reicht, entspricht den jeweiligen Anteilen der Männchen an der Beteiligung der Versorgung des Nachwuchses. Der beim Menschen mit 10 bis 15 Prozent Körpermasse geringe Unterschied zwischen Männern und Frauen bedeutet auf dieser rein biologischen Bezugsbasis, dass der Mann natürlicherweise einen recht hohen Anteil an der Versorgung der Kinder leistet. Und dass es demzufolge weder zu einer starken Größendifferenz, wie bei den Gorillas, noch zur Ausbildung männerspezifischer Pracht direkt am Körper gekommen ist. Ein erfreulicher Befund aus der Sicht der Frauen sicherlich, aber offenbar ist dieser doch nicht so ganz wirklichkeitsnah. Denn die Männer waren und sind in den weitaus meisten Gesellschaften dominant. Aber nur relativ, nicht absolut, was auch aus unseren Gesellschaften wohlbekannt ist.

Intuitiv erkannten die Männer wahrscheinlich schon in früheren Zeiten, dass nicht sie allein, sondern auch die Frauen die Wahl haben. Bei manchen Gruppen, die das umherschweifende Leben von Jägern und Sammlern noch bis ins frühe 20. Jahrhundert führten und ethnologischen Forschungen unterzogen wurden, hat man tatsächlich diese beiderseitige Freiheit der Wahl festgestellt, ansatzweise zumindest. Jedoch nicht mehr in den Ackerbau betreibenden Gesellschaften. Dies wird uns noch beschäftigen. Gegenwärtig ist es so, dass erst im Verlauf des letzten Jahrhunderts im westlichen Kulturkreis weithin eine relativ freie Wahl der Frauen zustande kam. Ein medizinisches Mittel, »die Pille«, begünstigte und verstärkte ab etwa den 1970er-Jahren den Wandel. Aber noch ist die Menschheit insgesamt weit entfernt von der Gleichheit und von der Selbstbestimmung der Frauen. Über die Zeiten hinweg, soweit wir historisch zurückschauen können, und in den unterschiedlichsten Gesellschaften wurden Maßnahmen entwickelt und zur Norm erhoben, die die Wahlmöglichkeit der Frauen drastisch beschränkten oder ganz aufhoben. Die Bildung eines Harems aus zahlreichen Frauen war in historischen Zeiten eine der Formen, die die Mächtigen ausübten. Das schloss entsprechend viele junge Männer von der Fortpflanzung aus und erzeugte Spannungen. Waren Privilegien in der Fortpflanzung der Spitze der Gesellschaft vorbehalten, wie dem König Salomon der Bibel oder muslimischen Machthabern, erfasste das Recht, bei entsprechendem wirtschaftlichem Status nicht nur eine Frau, sondern mehrere besitzen zu dürfen, breitere Schichten der Gesellschaft. Die gesellschaftliche Position der Familie und das wirtschaftliche Vermögen traten damit formal an die Stelle der natürlichen Qualitäten der jungen Männer. Solche Systeme zeigen, wie wirkmächtig, beim Menschen aber auch beschränkt, das zugrunde liegende biologische Prinzip ist, das sich hinter dem Fachausdruck sexuelle Selektion verbirgt.

Voll sichtbar wurde es, als die Frauen in den modernen offenen Gesellschaften selbst wählen konnten. Die jungen Männer setzten sich seither zwar keinen Schmuck aus Paradiesvogel- oder Papageienfedern auf den Kopf. Sie verwenden Ersatzobjekte, von denen die Frauen mehr haben, wie schnelle Autos, die sie nach Art brunftiger Hirsche aufröhren lassen. Alte Männer drücken ihre Attraktivität mit dem vorzeigbaren Vermögen aus, das ein luxuriöses Leben verspricht. Und so fort. All die verschiedenen Formen von Angeberei sind wohlbekannt, aber sozial nicht geächtet. Denn im Grunde genommen streben alle danach, nur die ganz jungen und die ins (zu) hohe Alter gekommenen Menschen ausgenommen. Erstere wissen noch nicht Bescheid, Letztere sind abgeklärt vom Leben.

Geklärt ist hierzu zwar ein für unser aller Leben sehr gewichtiger Teil, aber keineswegs alles. Wie kommt es, dass wir in der modernen (westlichen) Welt die Frau als das »schöne Geschlecht« einstufen? Der Theorie der sexuellen Selektion zufolge sollten die Frauen zum schönen Geschlecht werden, wenn sie in der Überzahl sind. Dann können die Männer wählerisch sein. Je größer das Angebot, umso ausgeprägter. Die Kulturgeschichte enthält eine Fülle an Beispielen für solche Situationen.

Die jüngste liegt rund ein Dreivierteljahrhundert zurück. Nach Ende des Zweiten Weltkriegs waren in Europa die Männer sehr knapp, weil viele ums Leben gekommen waren. Nun putzten sich die Frauen aller Altersgruppen heraus wie Puppen. Kaum ein Mann blieb übrig, so groß war der Bedarf. Noch leben Menschen, die diese Zeit erlebt haben und auch die danach einsetzende Entwicklung mitverfolgen konnten, die zu einer zunehmenden Angleichung der Kleidung von Frauen und Männern führte. Frauen begannen Anzüge wie Männer zu tragen, die sie als »Business-Women« voll im Geschäftsleben stehend auswiesen, und die vordem jungmännertypische Jeans wurde selbstverständlich ebenfalls übernommen. »Unisex« bzw. »Uni« wurde Modetrend. Wir befassen uns damit nochmals im übernächsten Kapitel, in dem es um die Schönheit und ihre Zurschaustellung geht. Davor sollen noch physische Unterschiede von Frauen und Männern vergleichend betrachtet werden. Auch wenn manche davon klein sind und vermeintlich unbedeutend, drückt sich in ihnen doch biologisch Wichtiges aus, das sich nicht ausklammern oder verdrängen lässt.

Frauen – Männer: Eine Gegenüberstellung

Die sexuelle Selektion bescherte den Menschenmännern keine bunte Haut oder Hörner aus Haaren, wie sie Nashörnern wachsen. Sie blieben auch von der Bildung einer übergroßen Nase verschont wie bei den Nasenaffen (*Nasalis larvatus*). Diese leben in Küstenwäldern von Inseln des heutigen Indonesiens. Die vergrößerten, breit lappenartigen Nasen sind ein Zeichen von Männlichkeit: Je größer der dicke Lappen, umso dominanter der Träger. Dass Nasenaffen-Frauen so etwas mögen und sogar bevorzugen, beweist einmal mehr, dass sich über Geschmack nicht streiten lässt. Die Nasen sind bei den verschiedenen Großgruppen von Menschen allerdings durchaus auch so verschieden, dass die These entstand, ihre Größe und Form könnten der sexuellen Selektion unterworfen gewesen sein. Die »Langnasen«, die Europäer in chinesischer Charakterisierung, verweisen darauf, wie umgekehrt die platteren, dickeren Nasenformen afrikanischer Bevölkerungsgruppen. Ergänzend kam in amerikanischen Forschungen die These auf, die kleineren, flacheren Nasen zentral- und ostasiatischer Völker seien eine Anpassung an die kalte Luft. Denn alles gut Durchblutete, das vom Körper absteht, verliert stärker Wärme, wenn große Kälte herrscht. Die Anpassungsforschung kann vergnüglich sein. Die folgenden Beispiele werden dies unterstreichen.

So fordert der Bart des Mannes als auffälligstes Attribut größerer Teile der Menschheit die Fantasie heraus. Kam er zustande, weil Frauen in grauer Vorzeit als sie noch richtig wählen konnten, mit wem sie sich einließen, Männer mit Bart umso attraktiver fanden, je üppiger dieser wuchs? Oder diente er ursprünglich dazu, andere Männer, Kämpfer, bei kriegerischen Auseinandersetzungen einzuschüchtern? Die »Barbaren« der Antike waren wohl Bärtige, die sich damit von den sich für zivilisierter haltenden Griechen und Römern unterschieden. Einigermaßen zuverlässige Beurteilungen sind hierzu aus zwei Gründen nicht möglich. Erstens entwickelt sich der Bartwuchs sehr verschieden stark bei Männern unterschiedlicher Gesellschaften, ohne dass Folgen für deren männliche Fitness erkennbar sind. Zweitens wirkt der Bart umso eindrucksvoller, je älter die ihn tragenden Männer werden. Ausdruck von zunehmender Weisheit also? Junge Männer, die gegen andere kämpfen, verleihen ihren Gesichtern durch Einfärbung mit Ruß oder Ocker ein grimmiges, zu allem entschlossenes Aussehen. Und unterstreichen dies mit Kriegsgeschrei oder Schlachtgesängen.

Das weibliche Gegenstück zum Bart sind die langen Kopfhaare, die sich in der Pubertät besonders prächtig entwickeln. Evolutionsbiologisch betrachtet wirken diese verständlicherweise auf Männer attraktiv. Das führte einerseits zur weiteren Betonung der Haare mit Frisuren, andererseits zum Kopftuch, das den Zustand der Haare vor fremden Blicken schützt, die Begehrlichkeiten wecken könnten. Nachsuche in der Bibel, im Alten Testament, klärt auf, warum. Kopftücher haben die Haare zu verhüllen, weil diese Fruchtbarkeit ausdrücken. Biologisch ist dies richtig, weil sie aus Keratin bestehen. Es ist dies ein aus Proteinen zusammengesetzter Stoff, also ein Eiweiß-Produkt. Proteine braucht die schwanger gewordene Frau in besonderem Maße für die gute Entwicklung des Kindes. Die Haare werden bekanntlich mit zunehmendem Alter schütterer, was bei vielen Männern zur Entstehung einer Stirn- oder einer Hinterkopfglatze führt. Mit besonderen Frisuren oder eingesetzten Haarteilen versuchen manche den Haarschwund zu verbergen. Der Zusammenhang zwischen Kopftuch und Signalwirkung der Haare ist offensichtlich. Dass Frauen viel weniger Haare am großen Rest des Körpers entwickeln, auch wenn diese in winziger Form vorhanden sind, hängt vielleicht mit der Zuteilung von Proteinen bei den Schwangerschaften zusammen. Darauf wurde schon hingewiesen. Frauen wurden im Verlauf der Entwicklungsgeschichte möglicherweise schneller nackt als die Männer. Ob sie deshalb stärker dazu neigen, ihre »Blöße« zu bedecken, sei dahingestellt. Wer Ethnien erlebt hat, in denen die Frauen nackt leben, wird dies bezweifeln. Viel wahrscheinlicher ist, dass das kulturelle Bild der Nacktheit der von ihnen so genannten Naturvölker von Missionaren geprägt worden war, die diese paradiesische Nacktheit anstößig, weil für sie selbst höchst verführerisch finden mussten. Entsprechend »unzivilisiert« und primitiv verteufelten sie die Nacktheit der »Naturkinder«. Dass die antiken Gesellschaften Nacktheit nicht annähernd so oder gar nicht anstößig empfanden, das dokumentieren eindrucksvoll die aus jenen Zeiten überkommenen Statuen. Und die Bilder aus altindischen und anderen Kulturen. Die vorherrschende Sicht der heutigen Zeit in den westlichen Kulturen ist durchdrungen und geprägt vom Christentum und seiner speziell auf die Frauen bezogenen Körperfeindlichkeit.

Betrachten wir nun Muskulatur und Körperfett. Männer sollen breitschultrig muskulös sein, um Kraft auszustrahlen, so das Klischee. Frauen sind weniger muskulös und daher »weicher«. Das macht sie sexuell attraktiver. Sie tragen normalerweise auch bei Idealfigur deutlich mehr Körperfett als Männer. Dessen Verteilung an Hüften und Gesäß verbindet sich mit den in den Brüsten gespeicherten Vorräten zum Eindruck dafür, wie gut körperlich ausgestattet die Frau ist für die Versorgung eines Babys. Die weibliche Figur war daher sicher zu allen Zeiten bedeutungsschwanger im Doppelsinn dieses qualifizierenden Wortes. Zahlreiche Steinzeit-Figurinen drücken eine übertriebene Üppigkeit der weiblichen Formen aus. Beim nomadischen Leben der steinzeitlichen Menschengruppen wären solch füllige Frauen jedoch nicht in der Lage gewesen zu überleben, magersüchtige Frauen gleichfalls nicht. Auch dies beschäftigt uns weiter, wenn es um die Schönheit geht.

Wir haben noch andere Unterschiede zu betrachten. Wichtig ist zweifellos die Stimmlage. Sie bleibt bei jungen, pubertierenden Frauen fast kindlich hoch und nimmt mit zunehmendem Alter langsam ab, aber normalerweise nicht so weit, dass das tiefe Normalniveau der männlichen Stimme erreicht würde. Dieses kommt über einen sogenannten Stimmbruch in der Pubertät zustande. Zwar wird dieser Wechsel auf die tiefere Stimmlage hormonell ausgelöst, aber da junge Frauen in der Pubertät auch starke hormonelle Veränderungen durchmachen, ist die tiefere Stimme der Männer damit nicht wirklich erklärt. Die sprachliche Verständigung funktioniert sicherlich auch auf Frauenstimmniveau bestens. Dennoch sieht es ganz danach aus, dass die Frauen über sexuelle Selektion im Lauf der Evolution unserer Art Männer mit tiefer Stimme bevorzugten. Vielleicht weil die tiefere Stimme beruhigend wirkt, auf die Frauen selbst und auf Babys und kleine Kinder. Möglicherweise auch, weil sich in tiefer Stimme mehr Männlichkeit (hormoneller Art) ausdrückt. Es darf darüber weiter spekuliert werden.

Zum Ausgleich ein Aspekt, der uns Menschen in beiden Geschlechtern auszeichnet, die Mimik des Gesichts. Über eine Vielzahl feiner und feinster Muskeln wird sie kontrolliert und durch »das Weiße im Auge«, den weißen Augapfel, in ihrer Wirkung verstärkt. Kein anderer Primat hat ein so ausdrucksstarkes Gesicht. Bei hellhäutigen Menschen kommt das Erröten der Wangen aus Verlegenheit oder bei Erregung hinzu. Fehlt es, so können Gesichter eher bedrohlich wirken. Lächeln mit teilweise entblößten Zähnen wirkt dem entgegen und beruhigt. Die ausdrucksstarke Mimik erinnert an das Problem, den Ursprung der Sprache zu erklären. Denn sie ermöglicht eine so gute und so zuverlässige nichtsprachliche Kommunikation, dass Mangel nicht der tiefere Grund gewesen sein kann. Im Gegenteil. Es fällt viel schwerer, die Mimik zu verstellen, um die Absichten oder die eigentliche Motivation zu verbergen, als mit Worten zu lügen. In der Verwendung wirkungsvoller, feinsinniger Mimik dürften die Frauen den Männern generell überlegen sein. Wahrscheinlich hängt dies damit zusammen, dass sie mehr als die Männer im sozialen Umfeld tätig sind. Auch die Intensität stets vorhandener Konkurrenz der Geschlechter wird oft unterschätzt oder nicht berücksichtigt.

Zahlreiche weitere Unterschiede zwischen Männer und Frauen ließen sich anführen. So interessant sie im Detail sein mögen und sosehr sie zum Streitfall wurden, wie die Raumorientierung, die technische Geschicklichkeit oder die Fähigkeit, größere Bevölkerungen »staatsmännisch« zu führen, sie würden den Rahmen des Buches sprengen. Lediglich ein Unterschied soll hier noch angeführt werden, nämlich die im

Durchschnitt zu erwartende Lebensdauer. Mehrfach wurde darauf hingewiesen, dass Frauen eine um mehrere Jahre längere Lebenserwartung haben. Männer seien anfälliger für Krankheiten und mit zunehmendem Alter stärkerem Verschleiß wichtiger Körperfunktionen ausgesetzt. Das sei eine Folge ihrer Männlichkeit, abhängig also von Testosteron, dem männlichen Hormon. Dieses erzeugt aber auch der weibliche Körper, wie der männliche gleichfalls weibliche Hormone freisetzt. Es geht um deren jeweilige geschlechtsspezifische Balance, nicht um ein Entweder-oder. Eine stärker ausgeprägte körpereigene Produktion von Testosteron fördert den Bartwuchs und senkt die Stimme. Der vielfach vorgebrachte Zusammenhang mit der Lebenserwartung fällt nicht mehr so deutlich aus, wenn auf spezifische Einflussgrößen korrigiert wird. Ohnehin sind die Befunde aus unserer Zeit und der modernen westlichen Welt nicht zwangsläufig typisch für die ganze Menschheit und schon gar nicht für frühere Zeiten, in denen andere Lebensumstände geherrscht hatten. Vorstellbar ist allenfalls, dass regelmäßige Monatsblutungen und Schwangerschaften so etwas wie eine reinigende und wichtige Teile des Körpers erneuernde Wirkung haben. Das könnte die Frauen widerstandsfähiger machen. Ihre größere Anfälligkeit für Stress, Migräne und das sogenannte Burn-out unserer Zeit spricht allerdings eher dagegen. Wie auch immer, Frauen wie Männer hatten wohl noch nie eine so lange durchschnittliche Lebenserwartung wie gegenwärtig, und zwar global. Die altehrwürdige Urgroßmutter und der weise Urgroßvater waren seltene Fälle in früheren Gesellschaften. Vielen der Hochbetagten wird allerdings ihr langes Leben zu schwerer Last. Immer mehr bekommen ihr Elend nicht mehr mit, dank fortgeschrittener Demenz. So ist die Wirklichkeit. Ihr entgegengerichtet ist das manchmal geradezu zwanghafte Streben nach Jugendlichkeit, insbesondere bei den Frauen. Je älter, desto jünger möchten sie wirken.

Lieber jung und schön als …

… alles andere, sollte fairerweise ergänzt werden. Denn es bringt nur Nachteile. Dieser Wunschtraum ist nicht neu. Eindrucksvolle szenische Darstellungen vom »Jungbrunnen« existieren seit Jahrhunderten, philosophische Erwägungen dazu sind seit mehr als zwei Jahrtausenden überliefert. Die Vorstellungen vom Jungbleiben reichen sicherlich noch viel weiter zurück, möglicherweise sogar bis zum Beginn der Entwicklung des Denkens. Es versetzte das menschliche Leben in eine unmittelbare Gegenwart, die verbunden ist mit Erinnerungen an die Vergangenheit und Aussichten in die Zukunft. Wir gehen davon aus, ohne dies wirklich zu wissen, dass Tiere nur in der Gegenwart leben. Doch nicht nur seitens der biologischen Forschung wird diese philosophisch auf die Einmaligkeit des Menschen (welcher Menschen?) begründete Haltung infrage gestellt. Wer einen Hund hält und lange genug mit diesem zusammenlebt, wird an dessen Erinnerungsvermögen nicht zweifeln und ihm Absichten auf etwas alsbald zu Unternehmendes zubilligen. Solche »Probleme« sind eigentlich Scheinprobleme, die durch allzu eifriges Definieren verursacht werden, obwohl es die erdachten Grenzen nicht gibt, sondern Übergänge über Übergänge. Deshalb wundern wir uns besser nicht unnötig über unser so sehr in den Lauf der Zeit eingebundenes Leben, sondern wir nehmen es normalerweise an und beschäftigen uns mit den für uns gerade relevanten Folgen. Was heißt es, die Vergänglichkeit von Jugend und Schönheit zu beklagen, anstatt jeder Phase unseres Lebens ihren Eigenwert zuzusprechen?

Allerdings ist so eine Haltung leichter gefordert als verwirklicht. Denn ein Klischee schiebt sich immer wieder beeinträchtigend vor die Einsicht in die Unabänderlichkeit. Es ist das Klischee der Schönheit. Über einen Großteil unseres Lebens sind wir geneigt, dem davon abgeleiteten Ideal zu entsprechen: im Aussehen, im Verhalten und mit Schmuck. Das europäisch-westliche Schönheitsideal stammt aus dem klassischen Altertum der griechischen und römischen Kultur. Insofern ist es ein spezielles, kein universales Vorbild. Abstrahieren wir jedoch von spezifischen Facetten dieser Kultur, deckt sich der verbleibende Kern durchaus mit den Vorstellungen anderer Kulturen. Natürlich, sagt man dazu als Biologe, denn unserer Natur nach gehören wir alle zu einer Art, zu *Homo sapiens*. Diese ist zwar variabel im Aussehen, ziemlich ausgeprägt sogar, aber nicht in den Proportionen. Diese bleiben erhalten, ob es sich um Menschen kleinwüchsiger Ethnien mit Körpergrößen von 140 bis 150 Zentimetern handelt oder um sehr große mit zwei Metern. Die größenbedingten Veränderungen verlaufen, wie es in der Fachsprache heißt, allometrisch. Folglich wird die jeweilige Abweichung bei großen wie kleinen Menschen für zu dick oder zu dünn empfunden, wie im uns vertrauten Größenbereich. Ohnehin sind wir daran gewöhnt, dass sich der Mensch von Geburt bis ins gereifte Alter und zum Tod verändert. Diesen Altersstadien, die keine »Ab-Schnitte« darstellen, sondern Einteilungen aus praktischen Gründen, billigen wir zu, dass sich dabei die Proportionen und andere Äußerlichkeiten, wie Glattheit der Haut, Haarwuchs oder Gesichtszüge verändern. Am Menschsein ändert dies nichts. Wir erfassen dieses ohne jegliche Anleitung, also automatisch, sowohl in den Variationen der Größe als auch im Verlauf der natürlichen Veränderung vom Kleinkind mit übergroßem Kopf und krummen Beinen bis hin zum hohen Alter. Also sollten wir überhaupt kein Problem mit unserer eigenen Alterung haben, zumal wenn diese im Rahmen des Zeitmaßes verläuft. Lediglich vorzeitiges Altern durch schwere Erkrankung oder extrem schlechte Lebensbedingungen verdienten emotionalen Widerstand bis zu depressiver Resignation der Art »Was ist aus mir geworden!«.

Doch so leben die Menschen nicht, seit sie sich nicht ihrem Schicksal ergeben müssen, wie im allergrößten Teil der Existenzzeit der Art Mensch. Je mehr Freiheit und Lebenssicherheit erlangt werden, desto unzufriedener werden die Menschen mit sich selbst. Die moderne Konsumgesellschaft verstärkt diese Tendenzen, indem sie alles Mögliche und viel regelrecht Unmögliches anbietet, um jünger zu erscheinen, Makel zu kaschieren und einen schöneren, flotteren Zustand vorzutäuschen. Die Hauptkundschaft für Schönheitspflege und Schönheitsoperationen bilden die Frauen. Der Anteil der Männer steigt zwar gegenwärtig, aber offenbar in Abhängigkeit davon, wie sehr sie anderweitig in Anspruch genommen werden. Gleichmacherei im Militär und auch im Berufsleben ist nicht alles. Seniorität kann Vorteile bringen. Dazu lässt man(n) sich einen »reifen Bart« wachsen, um würdig(er) zu erscheinen und medial wirksamer zu werden. Man schreitet gemessenen Schrittes wie zu Beginn altersbedingter Unsicherheiten im Gehen und vermeidet jugendlich-hektisches Sprechen. Entsprechendes mit dem Risiko, es ins Lächerliche zu ziehen, charakterisiert den gegenläufigen Trend der Frauen mittleren oder fortgeschritteneren Alters. So peinlich Extreme bei Frauen wie bei Männern sind, sie sollten nicht von der Betrachtung des zugrunde liegenden Trends ablenken. Frauen tendieren dazu, ihr Schönheitsideal zeitlich zu verschieben in jugendlicheres, mitunter sogar noch unausgereiftes Alter. Männer bleiben eher altersbezogen, oder sie wollen älter wirken, bis es mit ihnen ohnehin so weit ist und sie es nicht mehr nötig haben. Dann steigen manche um auf flotte Turnschuhe mit Jogging-Outfit, gebärden sich als Rocker, düsen mit dem Motorrad umher und verheimlichen ihre Wehwehchen.

Sondern wir die Spreu der Auswüchse vom Weizen des Kerngehalts, so ergibt sich, dass Frauen den Zustand der gerade erlangten Reife in jugendlicher Blüte anstreben: voller Busen, volles Haar, volle Lippen, mit Rot in ihrer Fernwirkung unterstrichen, und schlanke Taille bei festem Po. Männer versuchen breitschultrige Kraft mit entsprechendem Jackett oder, besser, mit Bodybuilding darzustellen. Dreitagebart oder eine andere markante Bartform, falls das Gesicht zu rundlich ohne hervortretende Backenknochen und markantes Kinn ausgebildet ist, helfen zusammen mit sonorer Stimme und Würde, ihren Zustand männlicher Reife zu präsentieren. Zwei Versionen in eine Figur zu bringen scheint schwieriger, ist aber im Hinblick auf die Ansprüche der Frauen an sich selbst letztlich einfacher. Denn den Männern bleibt eine viel breitere Spanne ihrer Lebenszeit zur Selbstdarstellung offen als den so sehr nach der vergangenen Jugendlichkeit eifernden Frauen.

Die Mode vereint gleich zwei an Zauberei grenzende Tricks, denen viele Frauen bereitwillig erliegen. Sie kaschiert das wahre Alter mit über die Körper gestülpter Jugendlichkeit, und sie eröffnet mit ihren grenzenlosen Variationen die individuelle Selbstdarstellung im eigentlich gleichgeschalteten Modetrend. Selbstdarstellung ist uns bekanntlich so wichtig, dass die Unverletzlichkeit der Person oberster Rechtsgrundsatz geworden ist.

Individualität und Trend miteinander zu verbinden, Konkurrenz und Kooperation im äußerlichen Erscheinungsbild zu vereinen und gleichzeitig scheinbar die Zeit zurückzudrehen oder anzuhalten ist das nach außen verlagerte Kernstück des emotionalen Menschseins im unerbittlichen Zeitlauf. Wir können nicht heraus aus unserer Haut, können aber sehr wohl beliebig viele »fremde Häute« darüberlegen. Angefangen hatte dies mit dem Bestreichen von Teilen des nackten Körpers mit Farbe. Im Gesicht wohl zuerst, doch sicher bald gefolgt von Malerei auf Brust und Armen. Die Einfärbung verwandelte Männer in wilde Krieger, betonte das gewinnende Lächeln bei Frauen und verbarg wohl auch erste Falten des Alters. Der naheliegende Folgeschritt war, sich mit schönen bunten Dingen, wie Blüten und Federn, zu schmücken. Attraktiv und abstoßend sollte die Außenwirkung werden, je nach Zweck und Situation. Dass Farbiges und Glitzerndes am besten wirken, ist offensichtlich. Es besteht kein grundlegender Unterschied zwischen Frauen der Steinzeitkulturen, die sich mit Federn und den schillernden Deckflügeln von Käfern schmückten, und heutigen Frauen mit Gold und Brillanten. Beides ist an sich nutzlos. Federschmuck auf Damenhüten war bis ins frühe 20. Jahrhundert so stark gefragt, dass manche Vogelarten ausgerottet oder an den Rand der Ausrottung gebracht wurden. Es mag mit Nostalgie zusammenhängen, drückt aber gewiss keine hohe Intelligenz aus, wenn gegenwärtig Federschmuck in der Damenwelt wieder in Mode kommt. Der Sucht nach Gold fielen zahllose Menschen zum Opfer. »Für Gott und Gold«, Ersterer als dummdreiste Ausrede, ging von der Iberischen Halbinsel die größte Ausrottung von Menschen und Kulturen mit der Eroberung Amerikas und anderer Teile der Erde aus. Dass sich die Schmucksucht moralisch nicht rechtfertigen lässt, steht außer Frage. Doch selbst der biblische Sündenkatalog verhinderte nicht, dass sich die Kirchenfürsten in überheblichster Weise selbst schmückten und ihre Domizile und die Kirchen dazu. In seiner Gesamtheit übertrifft der klerikale wahrscheinlich den in Fürstenhäusern angehäuften Schmuck um ein Vielfaches. Unter ihren vor Gold strotzenden Gewändern sind Bischöfe, Kardinäle und Päpste, Fürsten, Könige und Kaiser nackt wie jede Frau und jeder Mann. Gelebte Ungleichheit ist das in einer Welt, in der alle Menschen gleich(wertig) sein sollten.

Gleich waren sie nie und werden sie nie werden. Das Uralte, den Menschen Innewohnende ist viel zu stark. Es strebt nach Individualisierung, nach höherem Status und größerem Erfolg. Die Gesellschaft kann dieses Streben abmildern, aber nicht abstellen. Der Kommunismus scheiterte daran. Der angestrebte neue Mensch ließ sich nicht erschaffen. In den postkommunistischen Staaten explodierte die egoistische Individualisierung geradezu. Die kapitalistische Wirtschaftsform bedient sie. Wer sie ablehnt, sollte das Streben nach mehr und Prunk durch etwas ersetzen können, das mindestens genauso motivierend, möglichst aber noch besser wirkt. So eine Alternative ist jedoch nicht in Sicht. Im Gegenteil: Das kommunistische System war gescheitert, weil es den größten Teil der Bevölkerung gleichzuschalten versuchte, während sich die Machthaber davon ausgenommen hatten. Das Persönliche steht immer in Wechselwirkung mit der Gesellschaft. Vor allem, seit sich eine grundlegende Änderung in der Lebensweise mit dem Sesshaftwerden vollzogen hat.

Aufgegebene Freiheit

Die härteste Zeit der letzten Eiszeit war vorüber. Wie ein großartiger Frühling nach langem, bitterkaltem Winter setzte eine Wärmezeit ein, in der alles grünte und blühte, das Eis schmolz, die Flüsse voller Wasser und reich an Fischen wurden und Bäume das baumlose Land zurückeroberten. In der Region des heutigen Vorderen Orients, von Unterägypten über den Libanon und sein östliches Vorfeld bis in die südöstliche Türkei und zu den beiden großen Flüssen, dem Tigris und dem Euphrat, die von dort zum oberen Ende des Persischen Golfs strömen, wanderten Gazellen in großen Herden. Grasländer breiteten sich aus, wogten golden geworden im warmen Sommerwind nach den Regenfällen im Winter und Frühling. Wasser gab es genug. Wildvögel auch.

In dieser Region, die wir den Fruchtbaren Halbmond nennen, geschah gänzlich Unerwartetes. Nomadische Stämme, die nach Art der Jäger und Sammler seit Zehntausenden von Jahren umhergezogen waren, ließen sich nieder und wurden sesshaft. Dieses Unerhörte veranlasste zur Bezeichnung »Neolithische Revolution«, denn revolutionär im Sinne von umwälzend war das Ereignis wahrlich. Allerdings geschah es nicht von einem Jahr aufs andere, sondern allmählich. Nur die Rückschau, die die Zeiten umso mehr zusammenpresst, je entfernter sie uns sind, vermeint ein plötzliches Ereignis wie eine Revolution zu erblicken. »Neolithische Transformation« ist treffender, wenngleich zu fachlichsperrig.

Betrachten wir den Vorgang bildlich vereinfacht, so kommt ein etwas nach rechts geneigtes S zustande: Auf zunächst unmerklich langsamen Anstieg folgt eine ziemlich schnelle Zunahme, die sich nach Jahrtausenden verlangsamt und schließlich aufhört, dabei aber auf dem neuen, veränderten Niveau bleibt. Dieses Bild ist in zweifacher Hinsicht treffend. Erstens, weil es den zeitlichen Vorgang gut zusammengefasst wiedergibt. Und damit zeigt, dass es sich um eine sich verstärkende Veränderung, um eine Transformation gehandelt hat. Zweitens steckt darin auch die Zunahme der Zahl der Menschen. Im Verlauf dieser Transformation vervielfachte sie sich von dünner, ortsungebundener Besiedlung zu dichten Orten, aus denen alsbald große Dörfer und Städte hervorgingen. Auf größere Flächen bezogen, etwa auf 100 oder 1000 Quadratkilometer, stieg die Siedlungsdichte der Menschen auf das Zehn- bis Hundertfache. Die höchsten Werte kamen entlang der Flüsse zustande. Diese lieferten das Wasser, das in der Gegend, die ein subtropisches Klima hatte, für die Bewirtschaftung der Felder nötig war. An diesen Fluren lag es, dass Menschen sesshaft wurden und dazu übergingen, anhaltend Ackerbau zu betreiben. Viehzucht kam hinzu. Diese Sesshaften mussten nun nicht mehr irgendwo nach essbaren Knollen oder gerade reifenden Früchten suchen und sich von den Schamanen ihrer Gruppe das Jagdglück herbeizaubern lassen. Sie hatten die Früchte des Feldes vor ihren Behausungen und das Vieh daneben, das bei Bedarf geschlachtet werden konnte und alsbald auch Milch lieferte. Wunderschön; paradiesischer als der in jener Region verortete Garten Eden.

Doch gemäß den fernen Erinnerungen an das frühere Leben, geschildert in der Bibel, verhielt es sich seltsamerweise genau andersherum. Die (dortigen) ersten Menschen, Adam und Eva, wurden aus dem Paradies vertrieben. Fortan hatten sie im Schweiße ihres Angesichts ihr Brot zu verdienen. Sie wurden offenbar zu geschundenen Sklaven ihres Ackerbaus. Dabei lebten überall in der Umgebung des Fruchtbaren Halbmonds, in dem nach Stand des Wissens der Übergang zur Sesshaftigkeit zuerst stattgefunden hatte, weiterhin zahlreiche nomadische Menschengruppen in Afrika, Asien und auch in Europa. Ihre freie, nicht orts- und bodengebundene Lebensweise führten sie weiter über die folgenden Jahrtausende. Manche blieben bis in unsere Zeit dabei, allerdings abgedrängt in unwirtliche Regionen, wie die Nomaden der arktischen Regionen rund um das verbliebene Eis des Hohen Nordens, in Afrikas Trockengebieten des Ostens und Südens sowie in tropischen Regenwäldern Südamerikas, Südostasiens und des Kongobeckens.

Auf das neuartige Geschehen im Fruchtbaren Halbmond folgte Gleichartiges im Industal des heutigen Pakistans und in den großen Flusstälern Chinas mit nur geringer Zeitverzögerung, vielleicht ziemlich gleichzeitig. Die Datierungen hierzu sind noch nicht ganz schlüssig. Die Vorgeschichtsforschung geht derzeit infolgedessen davon aus, dass der Ackerbau unabhängig voneinander in mehreren Regionen entstand, und mit ihm die Sesshaftigkeit. Auszuschließen ist jedoch nicht, dass es nur einen Ursprung gab an Euphrat und Tigris im Vorderen Orient und dass sich der Ackerbau durch nomadisch umherziehende Gruppen ostwärts ins nahe Industal und weiter nach China ausgebreitet hatte. Die amerikanischen Ackerbaukulturen scheinen gegen diese Sicht zu sprechen, weil die Kultivierung von Mais und Kartoffeln keinen Zusammenhang mit den asiatischen Getreidekulturen erkennen lässt. Doch da sich die Vorstellungen vom Eindringen der Menschen in den amerikanischen Doppelkontinent in den letzten Jahrzehnten aufgrund neuer archäologischer Funde stark verändert haben, ist die Entwicklung des Ackerbaus an mehreren Stellen unabhängig voneinander nicht mehr ganz so sicher. Unstimmigkeiten in der geografischen Abfolge bestehen, und eine frühe Schifffahrt über den Pazifik wird in Betracht gezogen. Bessere Daten sind von den molekulargenetischen Untersuchungen an lebenden Menschen und fossilen Resten von Vorfahren zu erwarten. Die bereits verfügbaren zeichnen ein höchst komplexes Bild. Wanderungen bilden darin die zentralen Befunde; Zuwanderung wie auch genetische Unterwanderung. Wir befassen uns gleich noch etwas mehr damit.

Zurück zum Ursprung des Ackerbaus. Die Entstehung im Fruchtbaren Halbmond bedeutet unabhängig davon, ob er sich ähnlich zeitgleich oder etwas später in drei anderen Großregionen auch entwickelte, dass in der dortigen Region kein Mangel an Wild herrschte. Der Fruchtbare Halbmond war ein guter Bereich. Das Attribut »fruchtbar« drückt dies aus. Wo Getreide gut wächst, können keine schlechten Bedingungen für Wildtiere geherrscht haben, die wie Gazellen im südlichen oder die Wildrinder im nördlichen Teil des Bogens, in der heutigen Türkei, von Gras leben. Wie die afrikanischen Savannen, der Ursprungsregion der Gattung Mensch, waren die außerafrikanischen Grasländer nicht arm, sondern reich an Wild. Am wildreichsten waren die sub- und randtropischen Savannen, aber auch Steppen, die sich bis in die Kälteregionen Asiens erstrecken. Bis in die Gegenwart gibt es dort von Gräsern lebende Wildtiere. Die Zeiten waren mit der Erwärmung des Klimas vor 10 000 Jahren richtig gut geworden für die Menschen. Mangel, Not, als immer noch vorgebrachte Erklärung für den Wechsel von der nomadischen zur sesshaften Lebensweise dank der Erfindung des Ackerbaus, überzeugt daher nicht. Die Umstände sprechen mehr dafür, dass gute Zeiten im Fruchtbaren Halbmond wie auch in den Flusstälern von Indus und Ostchina geherrscht hatten. Ackerbau in Handarbeit ist eine Plackerei, der man sich nicht ohne Not unterzieht, so das Gegenargument. Menschen, die in ursprünglicher Weise jagend und sammelnd leben, brauchen gegenwärtig sogar deutlich weniger Zeit pro Woche dafür als bei der Bearbeitung des Bodens und Pflege der Kulturen. Zudem sind die Sesshaften weit stärker von Krankheiten gefährdet. Die Nomaden verlassen ihre Wohnstätten rasch genug, bevor sich zu viele Parasiten ansammeln, und sie leben in viel geringerer Siedlungsdichte, was die Ansteckung mit Infektionskrankheiten vermindert.

Solche Einwände sind jedoch zu allgemein. Wir unterscheiden sehr wohl, was wir bevorzugen beim Essen. Gerade in guten Zeiten geht es nicht um die bloße Sättigung, sondern um Genuss. Gemeinsames Speisen wurde zu allen Zeiten zelebriert. Von der Hand in den Mund geht es beim Pflücken reifer Beeren. Die allermeiste Nahrung wird irgendwie zubereitet; gebraten oder gekocht. Wie schon angemerkt, verbessert dies die Verwertbarkeit enorm im Vergleich zum rohen Direktverzehr von Pflanzenstoffen oder Fleisch. Getreide wird erst durch eine spezielle Behandlung zu Brot. In unserer Bezeichnung für dieses Produkt aus gemahlenen Körnern verbirgt sich noch der alte Zusammenhang mit dem »Brauen«, nämlich mit dem Vergären des mit Wasser angefeuchteten Getreides. Aus dem Brei wird entweder Brot durch Trocknen der

Fladen, also Fladenbrot, und durch Backen, oder es setzt die Gärung ein, und Bier kommt zustande. Es gibt gute Gründe für die These, dass am Anfang der Getreidenutzung nicht das Brot stand, sondern das Bier. Weshalb, das ist hier nicht weiter zu vertiefen. Doch auf eine Gemeinsamkeit soll hingewiesen werden, die für alle Formen von Ackerbau sowie auch für Gartenbau zutrifft: Überall erzeugten die Menschen ein alkoholisches Gebräu: Bier aus Getreide, vor allem aus der zuerst kultivierten Form, der Gerste, aus Reis zu Reiswein vergoren, aus Hirse als Hirsebier, aus Maniok zu Chicha (»Spuckebier«, mit eingeleiteter Gärung aus dem Speichelferment Ptyalin), Palmwein aus Palmenfrüchten und sogar Flechtenbier in der Arktis. Es muss nicht betont werden, wie sehr gemeinsamer Genuss alkoholischer Getränke die Menschen zusammenführt und feiern lässt.

Bei all diesem Für und Wider und den so unterschiedlichen Ansichten darüber, was zuerst kam, das Brot oder das Bier, bleibt ein Befund unangefochten: Die Sesshaftigkeit hat zu einem starken Anwachsen der Bevölkerung geführt. Sie ist das natürliche Maß für Erfolg, nicht, was persönlich gefällt oder zu beschwerlich erscheint. Von der Zahl der erfolgreich überlebenden Kinder hängt der Erfolg einer bestimmten Lebensweise ab.

Die Sesshaftigkeit setzte sich durch, obwohl sie den Menschen so viel abverlangt und erhebliche individuelle Nachteile gebracht hat. Den »Schweiß des Angesichts« in der biblischen Vertreibung aus dem Paradies. Dieser lohnte. Die Ackerbaukulturen breiteten sich aus und eroberten letztlich nahezu die ganze bewohnbare Erde. Sie mischten die menschlichen Populationen neu auf, von früh-historischer Zeit, die auf die Neolithische Revolution folgte, bis in die jüngste Vergangenheit mit der Eroberung von Nord- und Südamerika, von Australien und Teilen anderer Kontinente durch die Kolonisten aus Europa. Nicht die Eroberung als solche änderte die Verhältnisse, sondern die Kolonisierung. Dschingis Khan eroberte mit seinen Reiterarmeen im 13. Jahrhundert das größte zusammenhängende Reich, doch seine Wirkung blieb vernachlässigbar, verglichen mit der Einwanderung anatolischer Ackerbauern nach Europa. Um dies nachvollziehen zu können, ist es nötig, die Verteilung der Menschen vor der Entwicklung des Ackerbaus zu behandeln. Wir hatten die Wege der Menschen zwischenzeitlich verlassen, um spezifische Eigenschaften zu betrachten, aber ausgeklammert, dass die Menschheit recht verschieden aussieht. Eines der größten Probleme für ein gelingendes Zusammenleben bildet seltsamerweise die Hautfarbe. Wie kam sie zustande? Warum unterscheiden sich die Menschen bestimmter Regionen so sehr von anderen?

Aus Afrika über die ganze Erde (III)

Der Befund aus Teil I ist gut gesichert: Der anatomisch moderne Mensch, *Homo sapiens*, besiedelte Eurasien von Afrika aus auf zwei Hauptwegen. Der erste folgte offenbar weitgehend den damals tiefer liegenden Küstenlinien am Indischen Ozean. Schon vor mehr als 40 000 Jahren wurde Australien erreicht. Der andere, spätere, verlief über Vorderasien nach Zentralasien und nordwestwärts nach Europa, wo die neuen Menschen auf die alteingesessenen Neandertaler trafen. In Zentralasien und offenbar weiter verbreitet in Ostasien gab es die Denisovaner, wie gleichfalls schon angemerkt worden ist. Im fernen Südostasien lebten sogar noch Abkömmlinge von *Homo erectus*, der als erste Menschenart definitiv aus Afrika gekommen war und sich über Eurasien ausgebreitet hatte. Es kam zu Vermischungen, die allerdings in *Homo sapiens* der Menge nach nur geringe genetische Spuren hinterließen. Daraus ist zu schließen, dass die neuen Menschen die alteingesessenen nicht einfach genetisch unterwanderten. Diese wurden offenbar durch Konkurrenz verdrängt, und sie starben aus, wie auch immer es im Detail abgelaufen sein mag.

So weit das grobe Bild. Nehmen wir es etwas unter die Lupe, löst es sich zu dem auf, was wir im Prinzip kennen: Es gibt nicht den einen Menschen, der überall im Rahmen normaler Variationen gleich aussieht, sondern sehr verschiedene Menschen. Alle gehören sie zwar genetisch eindeutig zur gleichen Art *Homo sapiens*, aber sie sind gegliedert in ein Mosaik von Populationen, wie man sie als Unterarten (Subspezies) vielfach in der Natur findet. Wie dort sind diese nicht scharf voneinander getrennt, sondern mit Übergängen verbunden. Die Unterschiede bleiben dennoch so deutlich, dass sie einen verminderten genetischen Austausch anzeigen. Findet man Ähnliches bei Tieren, wird sogleich vermutet, dass es sich um Anpassungen an lokale bzw.

regionale Verhältnisse handelt. Entsprechende Untersuchungen bestätigen dies vielfach, gleichwohl nicht immer. Denn es kann sich auch um sogenannte genetische Drift handeln. Sie kommt zustande, wenn eine kleine Startpopulation in ein noch von der Art unbesiedeltes Gebiet gelangt, auf eine Insel zum Beispiel, und sich dort etabliert. Bei ihrer geringen Anfangszahl bringt sie nicht die ganze Fülle der Gene mit sich, die im Hauptareal der Art vorhanden sind. Abgeschnitten davon sortiert sich die vorhandene Auswahl und bedingt Abweichungen, die sichtbar werden, aber nicht unbedingt eine besondere Anpassung darstellen müssen. Käme eine kontinuierliche Verbindung zwischen der Ausgangs- bzw. der Mutterpopulation und ihrem Ableger wieder zustande, würde sich alles erneut mischen und vereinheitlichen. Oder nicht mehr, wenn bereits eine Anpassung an die neuen Verhältnisse zustande kam. Die abgetrennte Population steht damit an der Schwelle zur Artbildung, zur Entstehung einer neuen Art. Bei den uns nahestehenden Säugetieren gibt es viele solche Fälle, noch mehr bei Vögeln und anderen Tieren, die dank ihrer Flugfähigkeit entferntere Orte erreichen können als bodengebundene Vierfüßer.

Teile von geografisch gegliederten Arten (Spezies), die deutlich unterscheidbar sind, werden wissenschaftlich Subspezies genannt. Sie gehören zwar zu einer gemeinsamen Art und sind untereinander fruchtbar, zeigen aber Unterschiede, die auch für sie selbst von Bedeutung sind, nicht bloß für Menschen, die darauf achten und die Teilgruppen als Unterarten (Subspezies) beschreiben. Treffen solche Unterarten in einem Grenzbereich aufeinander, findet häufig ein sogenanntes »assortativ mating« statt. Der Ausdruck besagt, dass die einander Ähnlicheren, die zu der einen Subspezies gehören, ihresgleichen zur Fortpflanzung bevorzugen, sodass die Unterschiede erhalten bleiben, auch wenn beide Populationen aneinandergrenzen. So eine selektive Partnerwahl erzeugt ein in Mitteleuropa bekanntes Phänomen, nämlich, dass sich die westlichen Rabenkrähen (*Corvus corone corone*) nicht so frei mit den östlichen Nebelkrähen (*Corvus corone cornix*) vermischen, dass eine einheitliche Form, die Aaskrähe, zustande käme. Als solche ist sie zwar wissenschaftlich benannt und in die genannten Subspezies Raben- und Nebelkrähe unterteilt. Aber die oft nur wenige Dutzend Kilometer breite Mischzone verläuft als Grenze durch Deutschland von Nordwest nach Südost und westlich von Wien vorbei um die Alpen herumschwenkend nach Oberitalien. In der Grenzzone gibt es viele Mischlinge, die gesund sind, aber als Mischform nicht dominant werden.

Gegenwärtig herrscht in der zoologischen Systematik (erneut) die Tendenz, solche deutlich abgrenzbaren geografischen Subspezies in den Status von Arten zu erheben. Diese Neigung hat in letzter Zeit die Zahl der Arten ganz erheblich gesteigert, aber eben nur formal. Mit Blick auf die Vögel oder andere Tiere kann man sagen, es ist offenbar Geschmacksache, wie man Arten festlegt. Rückblickend erweist es sich als ein Auf und Ab der Ansichten. Ende des 19. Jahrhunderts hatten die Spalter, die »Splitter«, wie sie genannt wurden, fast jede Lokalform als Art benannt und damit ein unüberblickbares Chaos verursacht. Es zwang dazu, dass stark zusammengefasst wurde und die »Lumper« die Oberhand gewannen. Derzeit läuft eine neue Welle der Aufspaltung. Solche Kuriositäten wären nicht erwähnenswert, würde die zugrunde liegende Einstellung nicht auch den Menschen betreffen. Und uns folgerichtig in verschiedene Arten aufspalten. Das darf nicht geschehen, weil allzu leicht Wertungen mit einfließen. Es ist eine Tatsache, dass sich die rein schwarz gefiederten Rabenkrähen sehr deutlich von den am Körper grauen Nebelkrähen unterscheiden. Das heißt aber nicht, dass deswegen die eine Form der anderen überlegen wäre, oder gar, dass sie mehr wert wäre. Solche Urteile schleichen sich jedoch als unbewusste Vorurteile schnell ein in die Betrachtungen, zumal wenn die Beurteilenden einer bestimmten, politisch gerade dominanten »Form« angehören. Auf diese Weise stuften die expansiven Europäer als »Weiße« die Angehörigen anderer »Rassen« als von ihnen klar abweichend und folglich »minder-wertig« ein. Die Folge war Rassismus. Dieser ist längst noch nicht überwunden. Er wird auch nicht so schnell aus der Welt geschafft werden können, weil er global verbreitet ist. Viele stuften sich selbst in ihrer Sprache einfach als »Menschen« ein, denen die anderen nicht angehörten, sodass diese un-menschlich behandelt werden konnten.

Aufgrund dieses historischen Kontexts sollte daher die Bezeichnung »Rasse« auf Züchtungsformen beschränkt werden, wie bei Hunden und anderen Haustieren. Denn bei diesen geht es tatsächlich um Unterschiede, die bewertet werden. Nach Leistung zum Beispiel, was allerdings zu den Turbo-Kühen mit gigantischer Milchleistung geführt hat, zu Rennpferden oder Rassehunden für speziellen Gebrauch, oder nach Schönheit, die bei manchen Züchtungen ans Unerträgliche grenzt. Menschen sind in ihrer Unterschiedlichkeit keine gezüchteten »Rassen«, sondern Teile unserer Art mit unterschiedlicher Geschichte. Diese begann mit der Auffächerung der aus Afrika gekommenen, anatomisch modernen Menschen, nachdem sie die unterschiedlichsten Regionen besiedelt hatten. Aber auch innerhalb Afrikas differenzierten sich Menschen in beträchtlichem Ausmaß. Die größten und die kleinsten Menschenformen gibt es in Afrika südlich der Sahara, und auch die größten genetischen Unterschiede treten in Afrika auf. Diese werden geringer, je weiter sich die Menschen global ausbreiteten; ein Befund, der die Theorie des »Out of Africa« stützt.

In welchem Bezug steht dazu aber die Ausbildung der Hautfarbe? Die Bräunung Hellhäutiger, wie sie vor allem in großen Teilen Europas vorkommen, verweist auf den Sonnenschutz, den das dunkle Hautpigment, das Melanin, verleiht. Und es besagt umgekehrt, dass sein Fehlen die Haut empfindlicher macht. Also sollten eigentlich alle Menschen ziemlich dunkelhäutig sein und nicht allzu verschieden voneinander.

Das ist nicht der Fall. Die Intensität der Hautfarbe sortiert sich gemäß dem Ausmaß der Sonneneinstrahlung in den verschiedenen Regionen: dunkel bis intensiv schwarz in den Tropen und zunehmend heller, je weiter von der Tropensonne entfernt. Das stimmt nicht, wird zu Recht sofort eingewandt. Die unter tropischen Verhältnissen lebenden Singhalesen, Malaien oder Indios in Amazonien sind nicht schwarz. In Nord- und Südamerika gab es vor Ankunft der Europäer und bevor diese schwarze Menschen als Sklaven aus Afrika mit sich brachten, nur ein geringes Gefälle in der Tönung der Haut. Im heutigen Indonesien leben in Äquatornähe Menschen mit recht heller und solche mit sehr dunkler Haut. Auf der polnahen, sonnenarmen Seite der Erde leben nicht die hellhäutigsten Menschen am weitesten nördlich. Also stimmt es nicht mit dem Zusammenhang und mit der Anpassung an die Sonnenstärke.

Doch auch diese Entgegnung stimmt so nicht. Die Abhängigkeit der Stärke der Hautpigmentierung von der Intensität der Sonne ist gegeben, aber längst nicht mehr so direkt. Denn Völker, die aus mittleren Breiten Asiens stammten, sind in der jüngeren Vergangenheit, beginnend am Ende der letzten Eiszeit, sowohl nordwärts gewandert in die eisfrei und wildreich gewordenen Regionen als auch südwärts in die Tropen und über Nordostasien hinüber nach Amerika. Sie taten dies ausgestattet mit Kleidung. Nordwärts zum Schutz gegen die nächtliche und winterliche Kälte, tropenwärts als Schutz vor der intensiven Sonneneinstrahlung auf ihre zu helle Haut. Die sehr dunkelhäutigen Menschen außerhalb Afrikas, die es in Südostasien (Melanesien) und Australien gibt, gehören hingegen zur ersten Auswanderungswelle, die im tropischen Bereich verblieb und den Küsten des Indischen Ozeans folgte. Sehr dunkelhäutige Menschen erreichten Australien und entwickelten sich dort zu den Aborigines.

Was hier in groben Zügen vereinfacht geschildert wird, verlief im Detail komplexer. Das geht aus den inzwischen vorliegenden genetischen Befunden hervor. Das große Bild bleibt dennoch erhalten. Die Kleidung, die in den außertropischen Regionen notwendig geworden war, führte bei späteren Wanderungen in die Tropen dazu, dass eine starke Zunahme der Pigmentierung nicht nötig war. Die Besiedlung Amerikas unterstreicht dies. Vom hohen Norden Kanadas und Alaskas bis Feuerland an der Südspitze von Südamerika gibt es nur geringe Unterschiede in der Hautfarbe. Die Vorfahren aller indigenen Völker beider Amerikas gelangten erst vor 15 000 Jahren, allenfalls einige Jahrtausende früher, in die damals für die Art Mensch ganz Neue Welt. Als die hellhäutigeren Südostasiaten auf die indonesische Inselwelt trafen, lebten dort bereits seit Jahrtausenden dunkelhäutige Menschen, Verwandte der Aborigines in Australien, die vor gut 200 Jahren plötzlich mit den ihnen geografisch entferntesten Europäern konfrontiert wurden. Deren technische Ausrüstung erzeugte, wie vorher schon im tropischen und südlichen Afrika, als die Kolonialmächte dort eintrafen, eine so gewaltige Ungleichheit, dass sich Ab- und Aufwertung im Status der so unterschiedlichen Menschen einstellten. Verwerflich war dies von Anfang an, aber im sich aufbauenden Konflikt praktisch zwangsläufig. Denn die Neuen, die »Weißen«, verdrängten und vernichteten als die Stärkeren die »Schwarzen« dank ihrer Waffen und Technik. Dieser Rassismus geriet umso heftiger, je mehr es um Land und Ressourcen ging. Einzig große Bevölkerungen mit ihrer Fülle endemischer Krankheiten boten Widerstand und schützten sich vor der Ausrottung. Bei kleineren Populationen kehrten sich die Verhältnisse um. Krankheiten wurden zu den Begleitern oder regelrecht zu den Wegbereitern der (europäischen) Eroberer.

Eingeschleppte Krankheiten und Abwesenheit der Abwehrstoffe gegen sie bestimmten fortan die Ausbreitungsgeschichte der Menschen. Sie verhinderten trotz endloser Ströme von Eroberungen, Unterwerfungen oder auch beim Scheitern von Ansiedlungen das Zustandekommen einer globalen Gemeinschaft. Moderne Bildung und global verfügbares Wissen sind dafür immer noch nicht stark genug, aus der historisch entstandenen, komplexen Vielheit von Bevölkerungen eine Menschheit zu schaffen. Die Vereinten Nationen sind ein kraftloses Gebilde. Religionen und Ideologien spalten nach wie vor weitaus effektiver, als die von der UNO proklamierten Menschenrechte verbinden und die Wirkungen globaler Wirtschaft zuwege bringen. Auch dies ist im dritten Teil weiter zu verfolgen.

Fassen wir hier zusammen. Die Menschheit ist ein komplexes Gebilde, das offenbar dabei war, sich in ein Bündel verschiedener Arten aufzuspalten, als vor rund 500 Jahren die Globalisierung einsetzte. Anpassungen an spezifische Lebensbedingungen sind in Vielzahl entwickelt. Dazu zählen neben Änderungen in Körpergröße, Gesichts- und Gliedmaßenform oder Haarwuchs auch physiologische Eigenschaften, wie

Blutmenge, rote Blutkörperchen und das Bindungsvermögen des roten Blutfarbstoffs für Sauerstoff bei Bewohnen großer Höhen, die Fähigkeit, als Erwachsene Milch verdauen zu können, und andere mehr. Es gibt schlanke, hochwüchsige Ethnien und zierlich kleine, massigere und gedrungene, kurz, eine so große Vielfalt, dass manche sich erinnert fühlen an das, was Domestikation bei Tieren hervorgebracht hat. Aus diesem Eindruck heraus entstand die Theorie der Selbstdomestikation der Menschen. Despektierlich wurde sie Verhaustierlichung genannt, um damit Verweichlichung auszudrücken. Die entgegengesetzte Sicht klingt fast zu philanthropisch. Mit der Selbstdomestikation haben die Menschen ihre ursprüngliche Wildheit gezähmt; einigermaßen zumindest, und die Menschheit sei einfach noch auf dem Weg zu mehr Menschlichkeit. Sehen wir uns dazu die unmittelbaren Folgen der Sesshaftigkeit an, und versuchen wir zu klären, warum die Menschen dennoch nicht sesshaft blieben, sondern immer wieder kreuz und quer umherzogen. Und auch in unserer Zeit andere Völker unterwerfen und erobern wollen.

Vom Streifgebiet zum Grundbesitz

In den Zeiten des Jäger-und-Sammler-Daseins der Menschen gab es keinen Landbesitz. Die Streifgebiete erstreckten sich über mehr oder weniger großes Gelände, je nachdem, wie viel dieses am Notwendigen zum Leben enthielt. Keinem Mitglied der Gruppe gehörte davon etwas persönlich. Größere Beute wurde zum Vorteil aller geteilt. Paradiesisch war dieser Zustand dennoch nicht, obgleich er in über 90 Prozent der Existenzzeit unserer Art und sicher auch schon bei den anderen Menschenarten davor geherrscht hatte. Die Streifgebiete verschiedener Gruppen berührten einander. Sie waren wohl nicht scharf abgegrenzt. Die Randzonen bildeten zumeist ein Niemandsland, das gelegentlich aufgesucht wurde. In diesem überlappten sich die Streifgebiete der Horden, wie dies bei den San-Völkern im südlichen Afrika bis ins späte 19. und frühe 20. Jahrhundert noch der Fall war. Gerade so verhält es sich auch bei den Schimpansengruppen. Und wie bei diesen kam es bei den Menschen in den Grenzbereichen von Zeit zu Zeit zu Auseinandersetzungen, die sehr folgenreich werden konnten, wenn eine Horde erheblich stärker als die andere geworden war. Dann kämpften insbesondere die Männer auf Leben und Tod. Die Alternative war, dass sich die angewachsene Horde teilte und ein neues, noch nicht besetztes Gebiet suchte oder ein solches zu erobern trachtete. Dies sind Verhaltensmuster, die unter sozialen Säugetieren weit verbreitet vorkommen. Es gibt sie auch bei Ameisen. Diese führen regelrechte Kriege gegeneinander, und zwar mit einer besonderen Kriegerkaste, die große Kieferzangen trägt. Bei diesen Kriegern handelt es sich jedoch nicht um Männchen, sondern wie bei allen Kasten der Ameisen um nicht selbst zur Fortpflanzung fähige, genetisch weibliche Tiere.

Als Faustregel gilt: Je sozialer eine Art, desto stärker bekämpfen einander ihre Gruppen. Die Menschen waren zu allen Zeiten gewiss keine Ausnahme. Im Gegenteil. Viele unserer bezeichnenden Verhaltensweisen sind darauf zurückzuführen. So das Fremdeln der kleinen Kinder und die allgemein verbreitete Fremdenfeindlichkeit. Die Entwicklung der Sprachen verstärkte die Abwehrhaltung gegen die anderen, die sich nicht mehr »verkleiden« konnten, um vorzutäuschen, zur Gruppe zu gehören. Sprechweise und Bedeutungsinhalte der Sprache verrieten sie. Die beim Menschen besonders extrem entwickelte spontane Ablehnung des/der Fremden wird uns im dritten Teil weiter beschäftigen. Hier steht sie für einen frühen Verstärker der Beanspruchung von Revieren, die aus einem unscharf abgegrenzten Aktionsraum, dem Streifgebiet, ein festes Territorium machte. In diesem Begriff steckt *terra*, lateinisch für »das Land«. Zum persönlichen Besitz wurde es mit der Sesshaftigkeit. Zwangsläufig, denn wer mit viel Mühe über Monate ein Stück Land bestellte, beanspruchte sodann zu Recht die Ernte für sich. Gemeinsame Feldbestellungen, wie sie bis in unsere Zeit immer noch verbreitet praktiziert werden, vor allem auch von Allmende-Flächen als Nutzungsform bei der Viehhaltung, tragen in sich als Kernproblem, dass die Menschen in ihren Arbeitsleistungen unterschiedlich sind. Hinzu kommen unvermeidliche Unterschiede in der Kopfzahl der Familien, die mit den Erträgen zu ernähren sind. Das ist so offensichtlich, dass es nicht weiter ausgebreitet werden muss.

Auch nicht im Hinblick auf die Zuteilung von Wasser zum Bewässern der Felder. Dass gemeinschaftliche Nutzungen längerfristig funktionieren, setzt Regeln voraus, die hinreichend fair den Bedürfnissen und den einzelnen Beiträgen entsprechen müssen. Infolgedessen hatte sich eine zum Ackerbau übergegangene, sesshaft gewordene Gesellschaft in geeigneter Weise zu strukturieren. Aus der weitgehenden sozialen Gleichheit im nomadischen Leben entwickelte sich Ungleichheit, und dies umso stärker, je größer die Gemeinschaften wurden. Was sich unter einem Dutzend Beteiligter noch direkt absprechen ließ, musste bei Hunderten oder Tausenden administrativ festgelegt werden. Dabei wurde die Zeit immer bedeutsamer, je stärker zukunftsorientiert gewirtschaftet wurde. Eine einmalige Nutzung eines entsprechend zubereiteten Feldes war für den Beginn nicht schlecht, aber eine anhaltende, Jahr um Jahr wiederholte Nutzung selbstverständlich viel besser. Mit dieser zeitlichen Dimension wurde Land vererbbar. Und es konnte getauscht oder verkauft werden, sobald anderweitiger Gegenwert verfügbar war.

Für die Sesshaften wurde gesicherter Grundbesitz existenziell. Verteidigen ließ er sich mit zunehmender Größe der bewirtschafteten Flächen und bei Anwachsen der Gemeinschaft alsbald aus eigener Kraft nicht mehr. Man konnte sich drohender Gefahr auch nicht mehr, wie einst im nomadischen Leben, durch Flucht entziehen. Die wachsenden und dank guter Erträge gedeihenden Gesellschaften brauchten einen doppelten Schutz. Intern als Garantie des Grundbesitzes, der ihnen von anderen nicht weggenommen werden durfte, und nach außen gerichtet zur Verteidigung der Gemeinschaft gegen die stets bedrohlichen Räuber, die sich, ohne selbst die Arbeit zu leisten, die Früchte zu holen trachteten. Zur inneren Abgrenzung der Flächen als persönlicher Besitz musste die äußere, möglichst gut gesicherte Grenze hinzukommen. Sie wurde zur »Staats-Grenze«.

Hieraus ergaben sich zwei weitere Prozesse als Selbstläufer. Unterschiede in der internen Produktivität und Zugewinne von Flächen erzeugten Ungleichheit. Diese sortierte sich immer stärker hin zu Großgrundbesitz und schied diesen von den Kleinbauern, die wegen zu kleinen Flächen Pächter anderer oder Leibeigene der Großen wurden. Die Vererbung des Grundbesitzes verschärfte diese Problematik. Sollte dieser gerecht auf alle Kinder verteilt werden, erzeugte dies bereits bei mittlerer, durchaus ertragreicher Flächengröße Armut und Hunger in der ersten Nachfolgegeneration, wenn die Familie groß war, viel Arbeitskraft hatte und gute Erträge erwirtschaftete, die das Überleben der Kinder sicherten. Wurde auf einen Erben, zumeist auf den Erstgeborenen, vererbt, blieb der Grundbesitz zwar erhalten, aber die leer ausgegangenen Kinder wurden zum »Proletariat« mit häufig sklavenartigem Dasein. Diese Problematik verschonte auch die Großen nicht, die Land hinzugewonnen hatten und einflussreicher wurden. Vor allem die männlichen Nachkommen stritten dann untereinander um das Erbe, der Festlegung auf den Erstgeborenen zum Trotz. Die Bibel enthält auch hierzu aufschlussreiche Ausführungen. Eine gute, allen Nachkommen gleichermaßen genehme Lösung gab und gibt es bis heute nicht.

Zu Änderungen kam es erst, als Leben und Fortkommen nicht mehr nur von den Erträgen des Landbesitzes abhingen, sondern von anderen Leistungen, die die Gesellschaft honorierte, also bei der Überlagerung von Agrargesellschaften mit komplexeren Formen aus Handwerk, Handel und Administrationen im weitesten Sinne, die Ausbildung der Kinder in Schulen miteingeschlossen. Den Übergang zu so einem komplexen Leben ermöglichte ein System, das in dieser Funktion in der modernen Welt kaum noch Beachtung findet. Das sind die Religionen. Sie entstanden wahrscheinlich nicht als Ersatz für den alten Schamanismus aus dem Nomadenleben, sondern aus der administrativen Notwendigkeit, Fürstenmacht zu vergöttlichen, um sie auch dann wirksam zu halten, wenn die Mächtigen und ihre Handlanger nicht anwesend sein konnten. Es ist vielleicht kein Zufall, dass Vorstellungen von einer allmächtigen Gottheit in personifizierter Vaterfigur in genau jener Region entstanden und zu Weltreligionen wurden, in der die Landwirtschaft erfunden worden war, im Fruchtbaren Halbmond. Exemplarisch drückt sich dies im Gottkönigtum aus, also der formalen Verschmelzung von übernatürlich-göttlicher und harter natürlicher Fürstenmacht. Nicht der Animismus, der das Empfinden der allgemeinen Beseeltheit der Natur vermittelte, sondern die personifizierenden Religionen wurden zur Stütze der Mächtigen oder suchten mitunter diese zu Fall zu bringen, wenn sie sich von der religiösen Bevormundung zu befreien versuchten. Die enge Kooperation der kirchlichen Macht mit der weltlichen ist ungebrochen. Ihre Umsetzung verändert sich lediglich chamäleonartig ganz nach Bedarf. Sie heiligt sogar den Krieg, die schrecklichste Erfindung der Menschen.

Es kommt daher nicht von ungefähr, dass das Sesshaftwerden für das Urübel der Menschheit gehalten wird. Mit ihm endete das einstig »goldene Zeitalter« und führte hinein ins kriegerisch »eiserne«. In neuester Zeit haben sich zwar die unmittelbaren Ziele von Kriegen verschoben, weil Landbesitz in einer arbeitsteilig komplex gewordenen Welt nicht mehr das oberste Gut ist, aber im Hintergrund geht es nach wie vor um Macht, als »Vermögen« definiert.

Auf kleinstem territorialem Niveau kam in ganz ähnlicher Weise der »Hausfrieden« zustande, der nicht gebrochen werden darf, es sei denn, ein richterlicher Beschluss liegt vor, weil der dringende Verdacht einer schweren Straftat besteht. Die Wohnung ist eine Tabuzone für alle, die kein Wohnrecht darin haben. Jedem anderen kann der Zutritt verwehrt werden. Die Besitzer der Wohnung haben die uneingeschränkte Freiheit, zu entscheiden, welcher Person sie Zutritt gewähren. Entsprechend werden uralte Formen und Floskeln der Höflichkeit ausgetauscht. Einem zunächst fremden Menschen den Schlüssel anzuvertrauen bedeutet bedingungsloses Vertrauen. Sprachlich übertragen wird dies in Formulierungen, wie die oder der hat »Zugang« zu jemandem. Im fremden, aber frei zugänglichen Raum »besetzt« man einen »Platz«. Auch dies wird normalerweise respektiert. Falls nicht, wie im Urlaub am Strand, erzeugt die Missachtung große Aufregung bis hin zu massivem Streit. In öffentlichen Verkehrsmitteln zusammengezwängt zu sein, pflegt man so hinzunehmen, dass man äußerlich möglichst unbewegt wirkt, obwohl uns ein starkes Unbehagen erfasst. Denn es gehört sich, niemandem »zu nahe zu treten«.

Gleichsam nach uralter Gepflogenheit ist es Sitte, den in Anspruch genommenen Platz rechtzeitig in auffälliger Weise zu markieren. Erfreulicherweise geschieht dies nicht mehr in der bei den meisten Säugetieren üblichen Form mittels Geruch, mit den beschönigend als Duftmarken bezeichneten Absonderungen. Territorialen Besitz grenzen Zäune ein. Landesgrenzen sind mit Schlagbäumen und Fahnen gekennzeichnet, oder es schützt sie auf ganzer Länge ein Zaun, der möglichst unüberwindlich sein soll. Je unsicherer ein Staat sich seiner Grenzen ist, desto massiver werden diese gesichert. Passierpapiere, zu Pässen vereinheitlicht, eröffnen den Durchlass, indem sie die betreffenden Personen eindeutig identifizieren. Illegal über eine Grenze zu wollen kann tödlich enden. In aller Regel wurde und wird es bestraft. Derzeitig praktiziertes, illegales Eindringen in fremde Länder spaltet aus nachvollziehbaren Gründen die Gesellschaften der betroffenen Staaten. Immer wieder löste Grenzverletzung Kriege aus. Dazu gleichfalls mehr im dritten Teil. Wenden wir uns nun dem zu, worum es beim Besitz eigentlich geht und auch ursprünglich gegangen war. Der Anspruch auf eine bestimmte Fläche steht stellvertretend für das, was wirklich wichtig ist. Und das sind Ressourcen, wie Nahrung, Energie- und Rohstoffquellen, aber auf Staatsebene insbesondere auch Menschen, die »Hauptressource« für Macht und die Mächtigen.

Eigentum

Der entscheidende Unterschied ist klar. Ein Jagd- und Streifgebiet brauchte nicht bis in letzte Konsequenz gegen andere verteidigt zu werden, weil es keine »Immobilien« enthielt. Das, worum es ging, das Jagdwild, war mobil, oder entstand zuzeiten als Nahrung in Form reifender Früchte oder gehaltvoller Knollen, deren Vorkommen allenfalls ungefähr bekannt war. Als Gegenstück zur Inbesitznahme wie beim Getreide produzierenden Land versuchten die Nomaden das Wild mit Jagdzauber zu »bannen«, also im Bereich zu halten, in dem diesem erfolgreich nachgestellt werden konnte. In der Jägersprache ist (Jagd-)Banngebiet noch gebräuchlich. Das Wild ist offensichtlich lebendig, sichtlich klug in seinem Verhalten und undurchsichtig in seinen weiteren Absichten. Es zu verehren stellte die einzige Form dar, seinem Leben gerecht zu werden und ihm nach erfolgreicher Erlegung die gebotene Wertschätzung durch Dank zu erweisen. Manche Jäger praktizieren dies in letzten Resten noch damit, dass sie dem getöteten Tier, das in Anbetracht der modernen Fernwaffen ohnehin keine Chance hatte, eine »letzte Äsung« in den Mund stecken. Selbst als »Henkersmahlzeit« ist dies zu spät. Bei Wild, das einst zur Hauptbeute der Steinzeitjäger gehört hatte, geschieht dies, nicht aber beim von den heutigen Jägern so abwertend bezeichneten Raubwild. Denn diese »Räuber« nehmen den guten Jägern gutes Wild weg, so die dahintersteckende Sicht. Wild wird, wie Getreide, als Produkt der Scholle erachtet und das Jagdrecht daher mit dem Besitzrecht an Land verbunden. Der geschossene Fuchs bekommt keinen letzten Hasen zwischen die Zähne, bei (illegal) geschossenen Luchsen oder Wölfen käme eine solcherart vorgespiegelte Wertschätzung ohnehin nicht infrage. Solche Tiere stören ja damit, dass sie von Natur aus von Beutetieren leben müssen, die »Hege« erzeugt und in Anspruch nimmt. Mit Hege ist etwas gemeint, das einer landwirtschaftlichen Nachzucht stark ähnelt. Diese wird wie der Ertrag der Felder als Ernte nach der Jagd »auf Strecke gelegt«.

In der flächenbezogenen Revierjagd spiegelt sich somit bis heute der Übergang von der Nutzung frei lebender, niemandem gehörender Wildbestände zur echten Landwirtschaft, deren produzierende Flächen bestimmten Menschen gehören. Diese profitierten von den Erträgen im kommerziellen Sinne, denn pro Fläche hinreichender Größe erzielt die Bewirtschaftung ein Mehr- bis Vielfaches an Erträgen, als das gleiche Gebiet im naturbelassenen Zustand hervorbringen würde. Landwirtschaft ist der Beginn von Mehrwert. Die Folge war, dass die sesshaft gewordene Bevölkerung viel stärker anwuchs als die in der Umgebung weiterhin nomadisch lebenden Jäger und Sammler. Mehr Kinder, die erfolgreich überlebten, bildeten den ursprünglichsten Mehrwert. Je produktiver die Flächen, desto begehrter wurden diese. Und umso dringender wurde ihr Schutz erforderlich. Sie schufen damit eine zweite Form von Mehrwert, die den Mächtigen zugutekam. Der Mehrwert wird in modernen Staaten in ausgeklügelter Weise in Form von Steuern erhoben. Dieser zweite Mehrwert führte zur Entwicklung der ersten Schriftzeichen, um damit aufzuzeichnen, was abgegeben oder eingenommen wurde. Daraus entsprang die Notwendigkeit, austauschbare Gegenwerte einzuführen: Geld.

Ein unbeweglicher Wert, die Immobilie Feld, mutierte so zu beliebig austauschbarem Gut, für das alles Mögliche und viel Unnötiges zu erhalten waren. Der gedrängten Übersicht tieferer Sinn: Das System, das in unserer Zeit Kapitalismus genannt wird, hat seinen Ursprung in der Landwirtschaft mit der Schaffung und Sonderung von unbeweglichem und beweglichem Gut, mit dem Mehrwert erzeugt werden kann. Solange es lediglich ausreicht, über die jährliche oder saisonale Produktion gerade den Bedarf mehr schlecht als recht zu decken, findet dabei kein weiteres Wachstum statt. Gelingt es aber einem anderen, Benachbarten, mehr zu erzeugen, als gebraucht wird, ergibt sich ein konkurrierender Wettbewerb, der kaum jemals in ein Gleichgewicht kommt. Denn nicht zu wachsen, wenn die Konkurrenz dies tut, bedeutet, zurückzufallen und zugrunde zu gehen. Wer die Wachstumsideologie unserer Zeit anprangert, müsste in der Lage sein, Ersatz anzubieten, ohne eine sich tatsächlich mäßigende Gesellschaft in den Untergang zu führen. Bislang liegt dazu nichts vor. Wenn gelegentlich Stagnation eintrat, was in vergangenen Zeiten immer wieder geschah, lag dies an äußeren Zwängen, nicht an innerer (besserer) Einsicht. Dies weiter ausbreiten zu wollen wäre hier verfrüht. Denn wir haben noch nicht berücksichtigt, dass bislang keine einzige Landwirtschaft auf Dauer anhaltend ertragreich war. Keine hat ein stetes Wachstum der sie praktizierenden Bevölkerung ermöglicht.

Erschöpfung der Ressourcen

Irgendetwas ist in der obigen Darlegung offenbar nicht stimmig. Denn die Menschheit wuchs nicht einfach kontinuierlich an mit dem Sesshaftwerden vor rund 10 000 Jahren. In der globalen Bilanz tat sich lange nicht allzu viel, bis im 18. Jahrhundert dann tatsächlich ein starkes Wachstum einsetzte und die Weltbevölkerung von gut einer auf über acht Milliarden zu explodieren schien. Davor gab es ein Auf und Ab wie in einem brodelnden Kessel, dessen Wabern aus großer Distanz betrachtet wird. Kulturen stiegen auf und vergingen. Manche taten dies über kontinentale Distanzen hinweg ziemlich gleichzeitig, in Europa und Ostasien zum Beispiel im europäischen Hochmittelalter, oder gänzlich isoliert aus kleinen Anfängen heraus, die sich schnell zu Großreichen ausweiteten und kurz darauf wieder zusammenbrachen zur globalen Bedeutungslosigkeit.

Die historische Forschung sieht sich immer noch nicht in der Lage, ursachenbedingte Prozesse für die Geschichte auszumachen, weil nahezu alles nur Lokal- und Regionalhistorie zu sein scheint. Herrscher und Ideologien machen Geschichte. Wo und wie sie auftauchen und warum sie an bestimmten Orten historisch wirksam werden, erweckt den Eindruck chaotischer Dynamik. Die biologisch-ökologische Forschung nimmt dies lächelnd zur Kenntnis, weil es sich in der Natur in aller Regel auch so verhält. Das Auf und Ab von Arten oder von Populationen einer Art verläuft ganz ähnlich. Auf den Einzelfall bezogen lässt sich zwar durchaus erklären, warum es zu einer rapiden Zunahme oder zum Zusammenbruch gekommen ist. Aber die Erfolge von Prognosen, wie es in einigen Jahren oder gar in Jahrzehnten sein wird, blieben enttäuschend gering. Zu viel Zufall steckt in den Veränderungen. Sie sind »stochastisch«, nicht »deterministisch«, wie es im statistischen Fachjargon heißt. Verläuft die menschliche Geschichte grundsätzlich genauso, erübrigen sich Spekulationen über die Zukunft. Dass solche im dritten Teil vorgenommen werden, hat gute Gründe, die allerdings längst nicht so gut gesichert sind, wie sie das sein sollten, um eine verlässliche Handlungsanweisung zu sein.

Sehen wir uns nach dieser Vorsicht gebietenden Vorbemerkung den Verlauf der Geschichte in den letzten 10 000 Jahren kurz an. Mit Ackerbau und der damit eng verbundenen Viehzucht trat der Mensch in eine neue Phase seiner Entwicklung ein. Bis dahin waren die Menschen Nutzer der natürlicherweise vorhandenen Ressourcen. Jetzt schufen sie sich selbst welche. Dies geschah an den denkbar günstigsten Plätzen für eine nachhaltige Wirtschaft, in den Flusstälern randtropischer bis klimatisch gemäßigter Breiten. Zwei ökologische Besonderheiten zeichnen die Flusstäler aus. Erstens führen die Flüsse gewöhnlich immer Wasser, auch wenn die Menge stark schwanken kann. Das ist auf dem trockenen Land bekanntlich nicht der Fall. Dort hängt es von der Verteilung der Niederschläge ab, wie gut die Wasserversorgung ausfällt. Wasser ist für das Pflanzenwachstum nötig und als Tränke für Tiere und Menschen unentbehrlich. Zweitens führen Flüsse Nährstoffe mit sich, die von den Pflanzen fürs Wachstum gebraucht werden. Sie düngen. Damit wirken sie dem Entzug der Nährstoffe entgegen, der unweigerlich mit der Nutzung zustande kommt.

Je mehr Wachstum stattfindet, verbunden mit intensiver Nutzung, desto rascher magern die Böden aus. Irgendwann reichen die Mineralstoffe nicht mehr. Die Erträge sinken oder kommen nicht mehr in ausreichender Menge zustande. Die Fruchtbarkeit bliebe allenfalls dann erhalten, wenn die Nutzer, alle Wildtiere und zusammen mit ihren Haustieren die Menschen, möglichst alles wieder zurückgäben, was sie genutzt haben. Ausgenommen bleibt der Kohlenstoff, der unbegrenzt verfügbar ist als Kohlen(stoff)dioxid aus der Luft. Schon Wasser kann an Land problematisch werden. Meerwasser ist für die Landwirtschaft nicht nutzbar. Dieses zu entsalzen ist eine moderne, energetisch aufwendige Angelegenheit ohne Bedeutung für den Verlauf der Entwicklungen in historischer Zeit. Daher waren flache Uferregionen von Flüssen mit reichlich Fracht an Mineralstoffen die für Landwirtschaft günstigsten Flächen. Als problematisch erwiesen sie sich jedoch von

Anfang an. Die Ernten fielen schlecht aus, wenn zu wenig Wasser kam, oder sie wurden vernichtet, weil zur Unzeit Hochwasser über die Felder hinwegrauschte. Und gerade dort, wo das Wasser am zuverlässigsten zur Verfügung stand und nicht so oft verheerende Fluten brachte, setzte nach Jahrzehnten der Nutzung eine Versalzung der Böden ein, wenn diese bewässert wurden. Weil Wasser verdunstete und die gelösten Salze zurückblieben. In der Langzeitbilanz funktionierten Flusskulturen tatsächlich dann am besten, wenn immer wieder starke Hochwasser die Ernten vernichteten. Weil sie dabei auswuschen und säuberten und die schädlichen Salzablagerungen verminderten. Die historisch großen Flusskulturen gibt es immer noch an Euphrat und Tigris, am Indus, am Nil und an Jangtse und Hwangho. Ihre anhaltende Nutzbarkeit bedroht erst in neuester Zeit der Bau von Staudämmen zur Energiegewinnung.

Doch die Landwirtschaft breitete sich aus. Nach einigen Jahrtausenden Landwirtschaft im Fruchtbaren Halbmond und im Niltal wanderten Bauern aus Anatolien die Donau aufwärts und besiedelten große Regionen in Mittel- und Westeuropa. Ihr Eindringen nach Europa lässt sich genetisch nachweisen und auf die Zeit von etwa 6000 Jahren vor heute bestimmen. Nach und nach wurden die meisten Flusstäler Eurasiens besiedelt, auch die in Amerika. Von den Tälern griff die Landwirtschaft hinaus auf die Flächen jenseits der Wirkzonen der Hochwässer. Das ging am besten, wo die Nachwirkungen der Eiszeit fruchtbare Böden hinterlassen hatten. Etwa die schon angeführten Lössböden. Doch auf diesen wuchsen in den warmen nacheiszeitlichen Jahrtausenden Bäume. Nicht so dicht wie in den gepflanzten Forsten unserer Zeit oder in Buschwäldern, die sich nach der Abholzung der großen Bäume mit verwertbaren Stämmen entwickelt hatten, sondern eher parkartig locker. Die Wälder Europas zu Beginn der Ausbreitung der Landwirtschaft waren nicht dicht und finster, wie der römische Geschichtsschreiber Tacitus berichtet hatte, weil Wildtiere in großer Häufigkeit die Wälder beweideten. Darunter die uns vertrauten Hirsche und an den Rändern die Rehe, aber sie allein hätten die Wälder nicht offen halten können, weil Wölfe und Luchse hinter ihnen her waren. In der nacheiszeitlichen Entwicklung der Wälder waren Wildrinder, der Auerochse, auch Ur genannt, der Wisent als Waldbüffel und das Wald-Wildpferd die Waldlandschaften gestaltenden Großtiere.

Dennoch hätten die frühen Bauern aus Anatolien den Ackerbau nicht auf die Wälder ausbreiten können, hätten sie diese nicht wirtschaftsgerecht gerodet. Mit Feuer vor allem und durch Ringeln der größeren und großen Bäume. Damit unterbrachen sie den Saftfluss von den Wurzeln in die Kronen. Die Bäume starben. Irgendwann waren sie trocken genug, dass auch sie wie das gerodete Gebüsch verbrannt werden konnten. Das lieferte fruchtbare Asche. Die Rodung der Wälder bildete den großen Schritt aus den Flussauen aufs Land. Sie eröffnete ein Vielfaches an nutzbarer Ackerfläche. Nahe den Flüssen hatten die Hochwässer immer wieder frische, noch weitgehend oder ganz unbewachsene Rohböden geschaffen, auf denen sich mit geringem Aufwand Getreide pflanzen ließ. Hier kam der entscheidende Vorteil der Getreidearten zum Zug. Als Abkömmlinge von Wildgräsern sind sie als Nutzpflanzen konkurrenzschwach, aber nährstoffbedürftig, so es viele gehaltvolle Körner geben soll. Es reichte daher nicht, lediglich die Bäume zu entfernen, um Getreidefelder anzulegen. Der Boden musste auf die Anfangsverhältnisse für Pflanzenwachstum zurückversetzt werden, auf das Anfangsstadium der »Sukzession«, so der fachliche Ausdruck für die Abfolge der Vegetationsentwicklung auf unbewachsenem Rohboden bis zum Wald. Werden die Äcker möglichst von allen anderen Pflanzen gereinigt, stehen alle Nährstoffe den Kulturpflanzen für ihr Wachstum zur Verfügung. Sie sind keiner Konkurrenz anderer um Sonnenlicht ausgesetzt. Die Ackerwirtschaft tätigt den größtmöglichen Eingriff in den Naturhaushalt auf ihren Flächen. Von Anfang an tat sie dies, wenngleich nicht annähernd mit der Radikalität von heute.

Sie unterscheidet sich in einer weiteren grundlegenden Eigenschaft von der Waldnatur. Es kommt kein Kreislauf der Stoffe auf der Fläche mehr zustande. Die Erträge werden entfernt und an anderen Stellen genutzt. Dies geschah mit dem Transport von Getreide an zunehmend weiter entfernte Stellen. Schon zur Zeit der Römer wurde Weizen aus Nordafrika nach Italien und an andere Orte im Imperium geschafft. Gegenwärtig finden globale Verteilungen der landwirtschaftlichen Erträge statt. Allein die Notwendigkeit, dass Getreide aus den fruchtbaren Flusstälern Mesopotamiens oder Unterägyptens in die Städte transportiert werden musste, verhinderte das Zustandekommen eines einigermaßen funktionierenden Kreislaufs der Stoffe. Eher ging dies in der weit verteilten, auf einzelne Höfe oder kleine Siedlungen beschränkten Landwirtschaft flussferner ehemaliger Waldböden. Doch auch nur dann, wenn Viehwirtschaft mitbetrieben wurde. So gelangte wenigstens ein Großteil der Nährstoffe wieder zurück auf die Fluren. Das verschaffte den Bauern Zugewinn an Nutzungszeit, löste aber die Problematik ihres Wirtschaftens nicht. Denn von wenigen besonders günstigen Stellen abgesehen, beuteten sie die Böden unweigerlich zu schnell aus. Die Erträge sanken. Nahrung wurde knapp. Hungersnöte suchten die zu groß gewordenen Populationen immer wieder heim. Viele sind historisch dokumentiert, auch mit der ungefähren Zahl verhungerter Menschen.

Es gab nur zwei Möglichkeiten, damit umzugehen. Entweder akzeptierten die Menschen diese naturgegebenen, stark schwankenden Grenzen und passten sich mit geringer Siedlungsdichte der Kapazität ihres Landes an, oder größere Teile der Bevölkerung wanderten immer wieder aus, um neuen Lebensraum zu suchen und urbar zu machen. Die gesamte Historie der Menschheit ist voll von solchen Anpassungen und Verschiebungen bis hin zu kontinentweiten Wanderungen, wenn die Zeiten anhaltend schlechter wurden. Sie firmieren unter dem Ausdruck Völkerwanderung. In besonders großem Stil fanden sie in Eurasien und in Afrika statt. Die Zusammenhänge mit größeren klimatischen Veränderungen liegen auf der Hand, werden aber von der historischen Forschung nicht so gern zur Kenntnis genommen. Offenbar dominiert die Einstellung, Geschichte sei allein Menschenwerk, von seltenen Ausnahmefällen ganz großer Katastrophen abgesehen. Wir befinden uns in einer neuen Phase klimatischer Veränderung, die wir mit

Gegenmaßnahmen meinen anhalten zu können. In den letzten 30 Jahren verschlangen diese viele Milliarden, ohne Nutzen zu erbringen. Im Gegenteil: Die globale Erderwärmung geht weiter, als ob nichts dagegen unternommen worden wäre. Auch dies ist ein Thema, das im dritten Teil aufgegriffen wird.

Domestikation von Nutzvieh

Wildgerste und Wildweizen waren zumindest im Fruchtbaren Halbmond die ersten Pflanzen, die durch Anbau und Züchtung zu ertragreichem Getreide kultiviert wurden. Hybridisierung verschiedener Sorten aus unterschiedlichen Lokalitäten dürften zur Steigerung der Erträge am stärksten beigetragen haben. Es ist kaum vorstellbar, dass von Anfang an die Menschen, die die reifen Körner von Wildgerste und Wildweizen nutzten, diese zuerst nach Größe auswählten und stets nur die größten zur weiteren Aussaat verwendeten. Und die kleineren verzehrten. So ein Vorgehen würde Wissen um einen späteren Zustand voraussetzen, dürfte also ziemlich unwahrscheinlich sein. Wenn aber die ursprüngliche Verwertungsform der Wildgetreidekörner die Erzeugung von Bier war und Menschengruppen aus einem weiteren Umfeld an bestimmten Stellen zusammenkamen, um mit frisch gebrautem Bier Feste zu feiern, löst sich das Züchtungsproblem von selbst auf. Die mitgebrachten, lokalen Getreidesorten konnten hybridisieren und so ertragreicher werden, ohne dass der Zwang gegeben war, die Ernährung zu verbessern. Dies habe ich an anderer Stelle ausführlich dargelegt.

Im Hinblick auf die Domestikation von Tieren ist bei diesem Szenario bedeutsam, dass angesätes Wildgetreide, wie auch die nach und nach ertragreicher gewordenen Sorten davon, selbstverständlich höchst attraktiv für verschiedene Wildtiere wurde. Denn diese Gräser enthalten keine Stoffe, die schlecht schmecken oder gar giftig wirken würden, wie dies bei sehr vielen anderen Pflanzen der Fall ist. Für Wildtiere, die von Gras im weiteren Sinne leben, müssen diese Anbauflächen wie bestes Futter auf Präsentiertellern gewirkt haben. Die Felder waren von Anfang an attraktiv, sind es in unserer Zeit immer noch, sodass die Landwirtschaft die Kulturpflanzen nicht nur gegen Insekten, Milben und andere Schädlinge zu schützen trachtet, sondern auch vor dem vorzeitigen Abfressen durch Wildtiere. Schon in der Frühzeit des Ackerbaus kamen daher manche Wildtiere ganz von selbst in nächste Nähe zu den Menschen, weil es dort beste Nahrung zu holen gab. Bezeichnenderweise wurden als Erste Wildziegen und Wildschafe domestiziert. Sie haben eine für Menschen handhabbare Körpergröße. Abgesehen von kräftigen Böcken sind sie nicht sonderlich gefährlich, verglichen mit Wildrindern und Wildschweinen. Aber auch diese zeichnet aus, dass sie in Gruppen, in Familiengruppen leben, nicht einzelgängerisch. Das machte sie geeignet für die Haltung, für die Domestikation. Außerdem brauchen sie für ihre Verdauung Wasser und Salze. Sie waren somit »erpressbar« über Durst und Salzbedarf. Und ihre Jungen folgen den Müttern und der Herde. Solche Eigenschaften finden sich in passender Kombination nur bei wenigen größeren Säugetieren und nicht global gleichermaßen verteilt. Im Vorderen Orient waren die passenden Arten vorhanden, von den kleinen Ziegen und Schafen bis zu den großen Wildrindern. Es war verhältnismäßig leicht, gefangenen Jungtieren Schutz zu bieten in umzäunten Flächen, in Gehegen, und sie dort zu ernähren. Generation um Generation, bis zur Domestikation.

Die direkt an den Nutzpflanzen interessierten Tiere und eine weitere Art, die auch gut von Abfällen lebt, passten mit der neuen Landwirtschaft zusammen. Die Abfälle verwertende Art ist das Schwein, domestiziert aus dem Wildschwein. In seiner Verdauung ist es den Menschen ähnlicher als die zu den Wiederkäuern gehörenden Ziegen, Schafe und Rinder. Das machte das Schwein auch gefährlich, nämlich als Überträger von Krankheiten auf die Menschen. Parasiten und Bakterien richten sich weniger nach Nähe oder Ferne der biologischen Verwandtschaft, sondern mehr nach Art der Ernährung. Denn diese bestimmt maßgeblich den Stoffwechsel. Dass das Schwein in manchen Kulturen als »unrein« eingestuft wurde, hat nichts damit zu tun, dass es mitunter gezwungen ist, im eigenen Dreck zu leben. Seiner Natur nach wäre es nicht weniger reinlich als Kühe oder Pferde. Ob Schweine »Dreckschweine« sind oder nicht, hängt von den Haltungsbedingungen ab, unter denen sie zu leben gezwungen sind. Dies nicht nur nebenbei. Ein großer Teil der gefährlichen Infektionskrankheiten, die uns bedrohen und die seit dem Sesshaftwerden die Menschen mit Seuchen heimgesucht und dezimiert haben, stammt von Schweinen und anderen Nutztieren. So geschätzt diese als unfreiwillige, aber zuverlässige Lieferanten von Fleisch auch sind, sie haben ungezählte Opfer gefordert. Sie tun dies immer noch mit längst global gewordener Dimension der Gefährdung durch ihre Krankheiten.

Für die Landwirtschaft ergänzte die Viehhaltung die Bedürfnisse so ideal, dass sich so etwas wie eine Symbiose entwickelte. Etwas zynisch, könnte man es einen wechselseitigen Parasitismus nennen. Die Menschen nutzen das Vieh aus. Es hat Fleisch und Milch, Häute und Wolle zu liefern. Eigenständige Fortpflanzung ist dem Vieh weitgehend genommen. Die Menschen entscheiden, welches Individuum sie zulassen oder ausschließen. Männliche Tiere werden kastriert und damit zu widerstandsschwachen Arbeitssklaven gemacht. Das Los der Ochsen ist Schinderei bis zum Zusammenbruch. Andererseits beutet das Vieh auch die Menschen aus, global betrachtet. Die Rinder übertreffen zwar mit über eineinhalb Milliarden nicht an Zahl die Menschen, aber an Lebendgewicht. Die Schweine kommen ihnen nahe oder liegen schon über der »Biomasse« der Menschen. Schafe und Ziegen gibt es weit mehr, als in ihren Wildformen lebten. Diese sind gegenwärtig vom Aussterben bedroht, während ihre Abkömmlinge der Menge nach bestens leben und in vielfältigen Formen vorkommen. Das gilt auch für die Besonderheit unter den Haustieren, für den Hund. Seine Wildform, der Wolf, ist zurückgedrängt auf die zum Überleben härtesten Regionen, während Hunde wie Familienmitglieder behandelt und verhätschelt werden. Auf jeden noch lebenden Wolf kommen wenigstens 1000 Hunde. Auch wenn es aus menschlicher Sicht vielen Hunden, insbesondere jenen, die halbwild als Parias leben, nicht sonderlich gut geht, sind die wilden Wölfe ungleich schlechter dran, allenfalls von besonderen Schutzgebieten abgesehen, in denen sie ihrer Art gemäß leben dürfen. Wir werden im dritten Teil dieses Phänomen aufgreifen, dass domestizierte Tiere sogar das Menschenwohl in erheblichem Umfang bedrohen und dass sie maßgeblich zur Ausrottung von natürlicher Vielfalt beitragen.

Ausblick

Die Landwirtschaft bestimmte weit mehr als bislang beachtet den Gang der Geschichte. Ihre Form wird die Zukunft maßgeblich bestimmen. Es dürfte aussichtslos sein, mit ihrer bisherigen Wirtschaftsweise global auf ein halbwegs verlustfreies Recycling zu kommen, in dem Produktion und Verbrauch im Sinne von echtem Bedarf in ausgewogenem Verhältnis zueinander bleiben. Und damit für alle Zeiten weiterlaufen könn(t)en. Falls dies wider Erwarten doch gelänge, wäre es ein Perpetuum mobile, das jedoch auch nur unter gigantischer Energiezufuhr von außen funktionieren könnte. Dass sich die Menschheit in diese Richtung bewegt, geht aus dem Vergleich der Umsätze von Stoffen und der Zufuhr von Energie in die landwirtschaftlichen und sonstigen Produktionssysteme hervor. Langfristig ertragreich waren, wie oben festgestellt, Landwirtschaften in Flusstälern und auf von der Eiszeit überformten Böden. Externe Kräfte, fließendes Wasser und eiszeitliche Winde verlagerten die Nährstoffe und ergänzten die Verluste, die durch die Ernten entstanden. Der größere Teil blieb nicht im Kreislauf. Das Wasser floss ohnehin vorbei und kam nach. In der Ökologie wird so ein System ein fremdversorgtes Ökosystem genannt. Die Nutzung von Lössböden ist auch ein solches, aber eines mit sehr langer Zeitverzögerung. Der Antransport geschah Jahrtausende vor Einsetzen der Nutzungen. Die Bodenfruchtbarkeit kam nicht zustande durch Verwitterung des vorhandenen Mutterbodens.

Warum dieser weit hergeholte Vergleich? Die Verhältnisse entsprechen denen der modernen industriellen Landwirtschaft. Sie basiert auf importierten Stoffen und einem gewaltigen Einsatz von Energie. Aber dies in ungleich größerem Umfang als in den Flusskulturen oder bei Nutzung von eiszeitlichen Lössböden. Daher rührt ihr noch weit höherer Ertrag. Ohne diese Fremdversorgung wäre sie längst am Ende. Und große Teile der globalen Bevölkerung mit ihr auch, denn sie ist längst über die natürliche Produktionskapazität hinausgewachsen. Die

Nutzung fossiler Brennstoffe und von Materialien, die aus fernen Lagerstätten hergeholt werden, versetzen uns in die Lage, die gegenwärtig gut acht Milliarden Menschen einigermaßen zu ernähren und sehr viel Vieh dazu. Mehr als alles andere kennzeichnet dies die Lage der Menschheit in unserer Zeit.

Damit ist im Wesentlichen das Material über den Menschen zusammengetragen, das zur Beurteilung unserer Gegenwart nötig ist und das zumindest einige Ausblicke in die Zukunft ermöglichen sollte. Es ist kein umfassendes Bild vom Menschen, und es kann auch kein solches sein. Dies anzustreben wäre mehr als überheblich. In den herausgegriffenen Facetten stecken aber die Gründe und Hintergründe für die Schwierigkeiten, denen wir uns gegenwärtig ausgesetzt sehen. Darauf angemessen und wirkungsvoll zu reagieren, setzt voraus, dass die Menschen so genommen werden, wie sie sind, und nicht, wie sie aus irgendwelchen Ideologien heraus sein soll(t)en.

Teil drei

Mensch bleiben

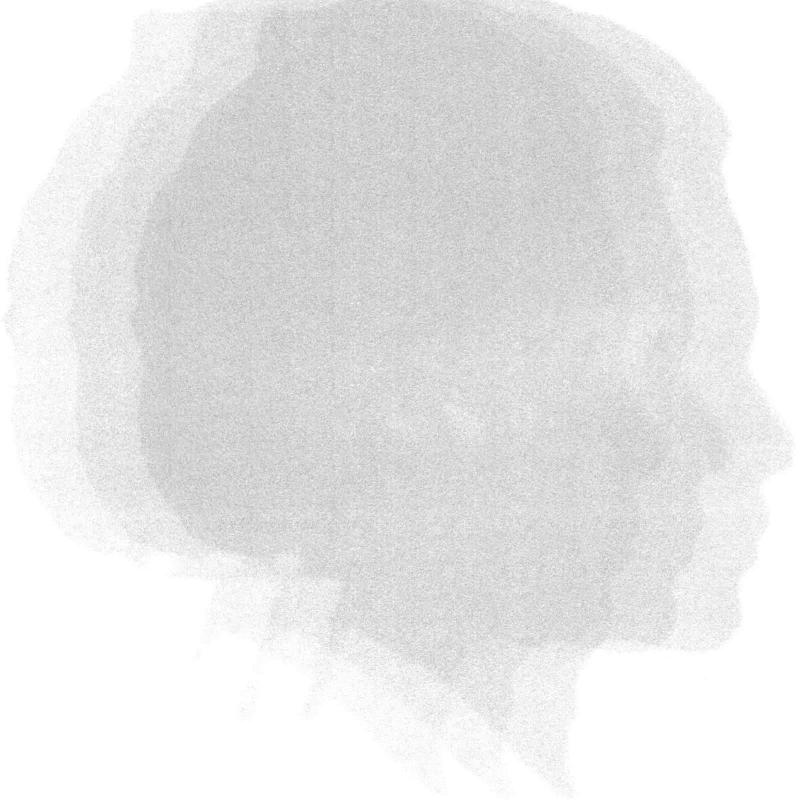

Einleitung

Was sagt uns dieses jahrmillionenlange, höchst komplexe Wechselspiel von Menschen und Umwelt? Ist es lediglich ein interessanter Rückblick in eine schier unendliche Geschichte, die durch die Fortschritte der Forschung immer wieder neue Facetten und Wendungen bekommt? Wie wir wurden, was wir sind, könnte doch gleichgültig sein für das Hier und Jetzt und die Zukunft. Viele Menschen kümmern sich nicht darum, welcher familiärer Herkunft sie sind. Allenfalls empfinden sie sich eingebunden in eine mehr oder weniger große Familie mit Eltern, Großeltern und Urgroßeltern. Dass Adelige, zumal der »Hochadel«, großen Wert auf ihre »Stammbäume« legen, halten nicht wenige für eine Marotte, die längst nicht mehr in unsere Zeit, in die globalisierte Welt passt. Dennoch lebt die »Regenbogenpresse« vom enormen Interesse, das so viele Menschen am Leben der Adeligen oder von Medienstars haben. Fände »die Kultur« auch so viel Beachtung, wären die Gesellschaften kultivierter, möchte man seufzen, wohl wissend, dass die Tendenz in den sozialen Medien in die andere Richtung geht. Influencerinnen und Influencer sind zur großen Konkurrenz für die Regenbogenpresse geworden. Offenbar gibt es ein tief verwurzeltes Bedürfnis nach »Orientierung« und Nachahmung. Zahlreiche weitere Eigenschaften tragen auch nicht gerade zum Ruhme der Menschheit bei. Sie wirkt irgendwie noch unfertig, erziehungsbedürftig, wie die Kinder, die in die jeweilige Zeit hineinwachsen, deren »Zukunft« sie sein sollen.

Religionen und Ideologien bemühen sich seit grauer Vorzeit der Menschheit darum, diese – aus ihrer jeweils eigenen Sicht – besser zu machen. Gesetze werden in abstrusen Mengen erlassen, ohne dass jemals ein hinreichend allgemeines und allgemein verbindliches Gesetz zustande kam. Der Verweis auf die ständigen Kriege und anderweitigen Zwistigkeiten erübrigt sich fast, obgleich er notwendig ist, weil es nach allem, was wir wissen, keine andere Art von Lebewesen gibt, deren Angehörige sich so bekämpfen wie die Menschen. Bei diesen Gegebenheiten mag es müßig erscheinen, Ausblicke in die Zukunft zu versuchen, geht es doch ganz unmittelbar darum, die Gegenwart irgendwie zu meistern. Dennoch beschäftigt uns »die Zukunft«, besonders, wenn wir Kinder und Enkel haben. Politisch wird vielfach mit den »zukünftigen Generationen« argumentiert, insbesondere wenn die gegenwärtigen Menschen etwas leisten sollen, das ihrem Egoismus zuwider ist. Und sosehr immer wieder von politischen Neuanfängen die Rede ist, so zeigt die Erfahrung ausnahmslos, dass alles scheinbar so Neue aus dem Alten, dem Vorhandenen entsteht. Sozialwissenschaften, Geschichts- und Naturwissenschaften sind sich hierin einig, auch wenn sie sich auf unterschiedliche Weisen mit dem Menschen befassen. Wenden wir hier rück- und ausblickend die Betrachtungsweise der Evolutionsbiologie an. Sie wird manche Eigenheit klarer werden lassen.

Wie verläuft Evolution?

In Teil I und II wurde versucht, die lange Evolutionsgeschichte von uns Menschen in ihren wesentlichen Verläufen nachzuzeichnen. Schwerpunkte sind aus der persönlichen Sicht gesetzt. Anderes hätte stärker betont werden können. Am grundsätzlichen Verlauf und dem »Ergebnis«, nämlich unseren biologischen Besonderheiten, würde dies nichts ändern. Das galt bislang auch für alle neuen Funde und für die Ergebnisse moderner Forschungsmethoden. Zeitliche Verschiebungen sind nicht so bedeutsam, wie es mitunter dargestellt wird. Warum das so ist, ergibt sich aus der etwas näheren Betrachtung der Vorgänge, die in den evolutionären Veränderungen sichtbar werden. Sie gelten für alle Lebewesen, nicht nur für die Menschen oder für die Stammeslinie unserer Gattung *Homo*, auch wenn wir unser Augenmerk auf die Besonderheiten gerichtet haben, die »zu uns« geführt haben.

Der US-amerikanische Ökologe G. Evelyn Hutchinson drückte 1965 mit dem Satz vom »ecological theatre and evolutionary play« in prägnanter Kürze aus, worum es geht. Auf den »Bühnen der Ökologie« verläuft über die Zeiten hinweg das »Spiel der Evolution«, und zwar immer, nicht nur »früher« oder in ferner Vergangenheit. Dass größere Veränderungen nach langen Zeiträumen, nach Hunderttausenden von Jahren oder nach Jahrmillionen, erkennbar werden, darf nicht darüber hinwegtäuschen, dass Veränderung, Evolution, unablässig abläuft.

Im ganz kleinen Bereich sind wir damit sehr heftig konfrontiert, nämlich bei den raschen Anpassungen von Mikroben, die uns und unsere Feldfrüchte und Nutztiere als Erreger von Krankheiten bedrohen. Aber weil wir sie als Bedrohung wahrnehmen, beachten wir die Folgen oft nicht weiter oder trachten danach, sie durch rechtzeitige Gegenmaßnahmen möglichst einzuhegen. Diese Folgen bestehen nicht nur in Todesfällen und Schäden, sondern eben auch in Gegenanpassungen der betroffenen Lebewesen. Sie entstehen durch das, was Charles Darwin Mitte des 19. Jahrhunderts als »natürliche Selektion« bezeichnet und der künstlichen Selektion der Tier- und Pflanzenzüchtung gegenübergestellt hatte. Sie bedeutet Veränderung im Fortpflanzungserfolg. Die mit den Herausforderungen des Lebens besser zurechtkommenden Individuen erzielen mehr Nachkommen und werden dadurch mit ihren Eigenschaften in den nachkommenden Generationen häufiger. Darwin verwendete dafür den von Herbert Spencer geprägten Ausdruck »survival of the fittest«, was in der Folgezeit häufig mit »Überleben der Tüchtigsten« übersetzt und rassistisch unterlegt wurde als Begründung für »höher entwickelte Rassen, Völker oder Kulturen«. Daraus entstand die Strömung des Sozialdarwinismus. Hier geht es nun nicht darum, Darwin zu verteidigen, sondern um Klarstellung, worin die evolutionäre Fitness besteht. Ist dies geklärt, wird Sozialdarwinismus offensichtliche Ideologie.

Also kurz: Was ist »Fortpflanzungserfolg«, und wie wird daraus jene Fitness, die die Evolution antreibt? Fortpflanzungserfolg ergibt sich aus Nachkommen, denn ohne solche erlischt die betreffende Linie mit dem Individuum, das sich nicht mehr fortpflanzt. Doch Nachkommen zu haben reicht meistens nicht. Es geht darum, wie viele es sind im Vergleich zu den anderen Individuen der Art, das heißt um den sogenannten relativen Fortpflanzungserfolg. Denn von diesem hängt der Beitrag zu den nächsten Generationen ab. Konkretes Beispiel: Wenn in einer Gruppe von Menschen, in einem Stamm etwa, eine Teilgruppe anhaltend mehr Kinder zur Welt bringt und weiter ins fortpflanzungsfähige Alter bringen kann, wird sie darin dominant werden und die sich weniger stark vermehrenden verdrängen, wenn die gesamte Gruppe ihren Lebensraum nicht ausdehnen kann, um allen gleichermaßen das Überleben zu ermöglichen. Doch dieses »Wenn« gibt es in aller Regel allenfalls kurzfristig, nicht aber mittel- und langfristig, weil Lebensraum und Ressourcen begrenzt sind. Infolgedessen kommt es zu Konkurrenz, und diese wird umso heftiger, je stärker die Begrenzung wirkt. Wir bezeichnen diese als »innerartliche Konkurrenz« (intraspezifische), um sie von der anderen zu unterscheiden, die von anderen Arten, also von außen ausgeht (interspezifische Konkurrenz).

Diese Unterscheidung ist wichtig. Sehr wichtig sogar. Denn Konkurrenz von außen fördert Zusammenhalt und Kooperation in der betroffenen Gruppe. Sie wirkt stabilisierend. Innere Konkurrenz hingegen drängt zu Spaltung und Teilung in zwei oder mehr Gruppen, die sich voneinander trennen, wenn das möglich ist. Fehlt entsprechender Gegendruck von außen, gewinnt die innere Konkurrenz rasch die Oberhand. Die Gemeinschaft wird instabil. Mit ihrer teilweisen Auflösung, verbunden mit Abwanderung in andere Gebiete, so es solche gibt, kann eine rasche Selektion auf besondere Eigenschaften einsetzen, die bislang unterdrückt waren, nun aber, unter neuen Bedingungen, vorteilhaft werden. Dies ist der bei Weitem häufigste Prozess, bei dem neue Arten gebildet und bedeutende Veränderungen initiiert werden. Es deutet sich in diesen allgemeinen Ausführungen bereits an, wie sehr dies auf uns Menschen zutrifft, auch und insbesondere wieder in unserer Gegenwart.

Warum das in der Gegenwart immer noch oder sogar verstärkt wieder so ist, liegt an den sogenannten Lebensgrundlagen. Die gerade geschilderte Konkurrenz, die innerartliche wie die von außen wirkende zwischenartliche Auseinandersetzung, ergibt sich zwangsläufig, weil die für das Leben benötigten Ressourcen begrenzt sind. Ein bestimmtes Gebiet (er-)trägt nur so und so viele Nutzer, gleichgültig, ob es sich um irgendwelche Tiere oder um Menschen handelt. Sehr viele Arten versuchen sich die unentbehrlichen Lebensgrundlagen zu sichern. Sie verhalten sich »territorial«, keineswegs nur Gruppen von Menschen. Sogar die »friedlich« erscheinenden Pflanzen sind in diesem Sinne nicht friedlich. Sie konkurrieren heftig um Wuchsraum, Nährstoffe, Licht und Wasser und tun dies unter Umständen mit chemischer Abwehr der Wurzeln anderer Arten im Boden. Die Menschheit verhält sich nicht anders als die übrige Natur, im Gegenteil, eher noch heftiger und weniger sozial. Mit Folgen.

Krankheiten und Feinde vermindern ein zu starkes Anwachsen der Bestände (Populationen). Krankheiten dezimieren umso wirkungsvoller, je dichter die davon betroffenen Organismen beisammenleben.

Brutkolonien von Vögeln sind anfälliger als ausgedünnt und verteilt über große (Wald-)Gebiete nistende Arten. Verstärkte Anfälligkeit für Krankheiten trifft auch für uns Menschen zu. Das haben uns die Erfahrungen mit der Corona-Pandemie in jüngster Vergangenheit ebenso gezeigt wie die großen Seuchenzüge früherer Jahrhunderte. Sogenannte natürliche Feinde, wie Löwe und Co., spielen hingegen für das Überleben von Menschen eine ganz geringe Rolle, im Maßstab der Evolution sind sie bei uns bedeutungslos geworden. Nicht einmal die den Zahlen nach erschreckend hohen kriegsbedingten Verluste an Menschenleben bremsten die Verzehnfachung der globalen Bevölkerung in den letzten zwei Jahrhunderten. Bei anderen Arten ist das nicht so. Beutegreifer wirken auf die Populationen ihrer Beutetiere. Wo sie von den Menschen stark dezimiert oder ausgerottet worden sind, vermehren sich die vom Feinddruck befreiten Bestände mitunter explosionsartig bis zur Schädigung der eigenen Lebensgrundlagen. Es mangelt an »Regulierung« des Wachstums, bis Krankheiten und Nahrungsmangel mit voller Härte zuschlagen.

Ernährung, Krankheiten und Konkurrenten, speziell solche der eigenen Art, aber auch andere Populationen sind die »Faktoren«, die über den gesamten Verlauf der Menschwerdung gewirkt haben. Sie wirken weiter, ob es uns passt oder nicht. Mit dem Wegfall von Verlusten an natürliche Feinde nahm die »Wirksamkeit« von Krankheiten zwangsläufig zu. Ihnen begegneten die Menschen mit Medizin und insbesondere seit dem späten 19. Jahrhundert mit stark verbesserter Hygiene. Damit waren die bedeutendsten Kontrollfaktoren weitgehend ausgeschaltet, die normalerweise die Entwicklung von Populationen begrenzen. Mit der Folge, dass die Menschheit in den letzten beiden Jahrhunderten exponentiell anwuchs auf die global alles beherrschende Größe von gegenwärtig acht Milliarden. Bald werden es zehn Milliarden und mehr sein. Zu Recht ist diese Zunahme eine Bevölkerungsexplosion genannt worden. Ob die Erde dauerhaft so viele Menschen (er-)tragen kann, sei dahingestellt. Im ursprünglichen Zustand, als Gruppen von Jägern und Sammlern, lebten die Menschen gleichsam nach den ökologischen Gesetzen, die jede Übervermehrung rasch verhinderten. Eine neuartige (Zwischen-)Lösung entwickelten Menschengruppen aber bereits vor Tausenden von Jahren. Diese bahnte sich an in der sogenannten Steinzeit mit ganz langsamen technischen Fortschritten. Sie reichten aus, um viele Arten großer Tiere und andere Menschenarten auszurotten. Mit der Entwicklung von Ackerbau und Viehzucht beschleunigte sich die Verschiebung der ökologischen Grenzen. Der Ackerbau wurde zur größten historischen »Revolution«. Immer mehr Menschen leben seither von dem, was sie selbst mithilfe der Natur erzeugen, und nicht mehr von dem, was diese gleichsam umsonst gibt.

Sprache und Kulturevolution

Physische Evolution verläuft langsam. Von Generation zu Generation werden genetisch gespeicherte Eigenschaften weitergegeben. Solche, die die Fitness nicht sehr stark beeinträchtigen, halten sich über zahlreiche Generationen. Solche, die die Fitness fördern, auch. Obgleich förderlich, verbreiten sie sich langsam; je größer die Population, desto langsamer. Kleine Gruppen verändern sich schneller als große. Die Menschen lebten in ihrer ganzen Entstehungsgeschichte in Kleingruppen. Erst mit dem Sesshaftwerden und dem Zusammenschluss zu Städten änderte sich dies. Die physische Evolution verlangsamte sich, obwohl sie scheinbar schneller wurde und sich neue Eigenschaften rasch etablierten. Wie zum Beispiel die Toleranz für Milch im erwachsenen Zustand. Das bei Babys und kleinen Kindern aktiv gebildete Enzym Laktase blieb erhalten, sodass die Erwachsenen die sehr nahrhafte Milch und Milchprodukte nutzen und ohne unangenehme Folgen verdauen konnten. Dreimal kam es genetisch nachweisbar zu entsprechenden Veränderungen, nämlich im Vorderen Orient und in Afrika sowie in Kulturen, die Kamelmilch nutzten. Einige weitere Mutationen, die sich rasch durchsetzten, weil sie Vorteile brachten, ließen sich anführen. Doch insgesamt geschah in der genetischen Zusammensetzung der Menschen sehr wenig in den letzten 10 000 Jahren.

Eine der Folgen dieser genetischen Beständigkeit ist die Tatsache, dass wir alle zu einer biologischen Art, zu *Homo sapiens* gehören. Die augenfälligen Unterschiede in Körperbau, Körpergröße, Hautfarbe und einigen anderen äußerlichen Eigenschaften entstanden vor dieser Zeit, als die Menschen in Gruppen umherstreiften und den größten Teil des (ohne Einsatz externer Energien) bewohnbaren Globus besiedelten. Ihre Differenzierung erforderte Zehntausende von Jahren; ein Mehrfaches der Zeit, seit die (meisten) Menschen sesshaft geworden sind.

Genetische Information ist im Körper gespeichert. Sie kann nur von Generation zu Generation weitergegeben werden. 10 000 Jahre, rund

500 Generationen bei durchschnittlich 20 Jahren bis zur Fortpflanzungsfähigkeit der Kinder, sind eine kurze Zeitspanne für größere Veränderungen in den angeborenen (körperlichen) Eigenschaften. Sie reichten nicht aus, um Änderungen zu erzielen, die für unser sitzendes Leben höchst hilfreich wären, wenn sie vor Haltungs- und Wirbelsäulenschäden schützten und Herz-Kreislauferkrankungen wegen zu geringer Bewegung verminderten. Wir nennen sie Zivilisationskrankheiten und schlagen uns damit herum. Wie auch mit dem zu engen Geburtskanal der Frauen, der, wie ausgeführt, so eng sein muss, weil ansonsten der zweibeinige Gang nur watschelnd und wenig effizient möglich wäre. Weshalb die Menschenbabys im Vergleich zu denen unserer Primatenverwandtschaft hilflose Frühgeburten sind, die ein »extrauterines Jahr« durchlaufen, bis sie eine normale Geburtsgröße erreichen. Dieses Jahr außerhalb des mütterlichen Körpers, aber bei intensiver Versorgung durch die Mutter, prägt unser Menschsein.

Es prägt sie »biologisch«, eine Formulierung, die eigentlich eine zu starke Einschränkung darstellt, denn die andere ganz grundlegende Eigenschaft, unsere Sprache, ist nicht minder biologisch. Mit dieser gewann unser Evolutionsprozess aber eine neue Dimension, die weit über alle anderen Möglichkeiten der Evolution hinausgeht. Was vorher über Generationen körperlicher Vermehrung in entsprechend langen Zeiträumen ablief, geschieht seither geradezu blitzartig schnell von Mensch zu Mensch und von Gruppe zu Gruppe. Erworbenes Wissen kann nun weitervermittelt werden, beliebig und ohne Tauglichkeitstest vorab. Denn es muss mit nichts im Körper zusammenpassen, auf dass dessen Funktionsfähigkeit erhalten bleibt. Gedacht und gesagt werden kann alles, auch der größte Blödsinn. Dabei entsteht so etwas wie eine Freiheit, selbst zu entscheiden, was man annimmt oder ablehnt, für gut oder für schlecht befindet und wie man darauf reagiert. Für die Übermittlung von Informationen auf diesem nichtkörperlichen Weg bedarf es keiner besonderen körperlichen Fitness. Schwache, Kranke und Sterbende können noch ihre Geheimnisse preisgeben. Das mag man in unserer Zeit als wenig bedeutsam abtun, aber dem war in vergangener Zeit nicht so. Denn Schamanismus und Geistergläubigkeit nährten sich aus Äußerungen von Menschen, die nicht mehr unbedingt im Vollbesitz ihrer physischen und geistigen Kräfte sein mussten, um Gehör und Nachfolge zu finden. Aus Trancezuständen entnahmen Religionen ihre transzendentalen Botschaften. Das soll hier nicht vertieft werden. Denn es geht um das Grundprinzip. Die Sprache machte eine neue Form von Evolution möglich, die in ihrer Geschwindigkeit die bisherige um mehrere Größenordnungen an vermindertem Zeitbedarf übertrifft.

Sie folgt jedoch den gleichen oder zumindest vergleichbaren Prozessen wie die rein biologische Evolution. Neuerungen entstehen, dringen in Gruppen, in Stämme oder Völker ein, breiten sich aus und verändern sich, werden der Konkurrenz vorhandener oder anderer, entsprechender Denkweisen unterworfen, müssen den Tauglichkeitstest bestehen, fristen ein Nischendasein oder werden in atemberaubender Geschwindigkeit dominant – und verändern in kurzer Zeit ganze Gesellschaften oder, wie es gegenwärtig geschieht, die ganze Menschheit.

Zwei Aspekte dieses Geschehens sind hervorzuheben. Der eine ist bereits bei der Behandlung der Sprache und ihrer Evolution angeführt worden. Sie hat eine einschließende und eine ausschließende Funktion. Nicht alles wird von allen verstanden, und das sollte ursprünglich auch gar nicht geschehen. Denn die Sprache diente dem internen Informationsaustausch als Mittel geheimer Verständigung, die »uns« von »den Anderen« zuverlässig unterschied. Die Folge davon war, dass sehr viele unterschiedliche Sprachen entstanden, Tausende, wenn nicht Zehntausende, und zu jeder eine mehr oder minder große Zahl von wiederum eindeutig kennzeichnenden Dialekten. Nicht erst in unserer Zeit, sondern schon vor Jahrtausenden mit der Entwicklung von (Welt-)Reichen kam es zur Unterdrückung und Ausrottung von Sprachen – ganz ähnlich wie von frei lebenden Tieren. Der Niedergang der Sprachenvielfalt verläuft nach dem Prinzip von Konkurrenz und Überleben der Tauglichsten.

Der zweite Aspekt betrifft die Inhalte, die durch Sprache vermittelt werden. Es geht in den Sprachen nicht nur darum, Sachverhalte und

Anweisungen zu übermitteln, sondern auch um Beeinflussung oder gar Indoktrination. Diese ihre ursprüngliche Neben-Wirkung ist es, die viele der großen Probleme der Menschheit schuf und so brisant werden ließ. Informationen könnten nur »gut« sein, so sie sachlich einwandfrei, allgemein zugänglich und für alle verständlich wären. Doch das ist bekanntlich selten der Fall. Die allermeisten Informationen sind bereits vor ihrer Übermittlung oder Verbreitung aus Sicht und Zielsetzung der Vermittler »zurechtgemacht« und keineswegs so »sauber«, wie es oft von den Verbreitern der Informationen vorgegeben wird. Bereits die Auswahl unterliegt einer Vorab-Selektion, die Diktion noch mehr, und so gut wie immer schwingt Emotionales mit. Wahrscheinlich war es von Anfang an so mit den Sprachen. Äußerungen hatten und haben Ziele. Anders als die genetische Information ist die sprachliche, auch und gerade auch in ihren modernen Formen von Rundfunk, Fernsehen und Internet, nicht »zukunftsblind«, sondern zielorientiert. Was Gegner verbreiten, »desorientiert«. Die Informationen für den eigenen Bereich sollen hingegen »orientieren«, also ausrichten, nicht möglichst neutral berichten. Das Spektrum von gerichteter zu schlagseitiger und schließlich zu Falschinformation geht nahtlos über in beabsichtigte Lügen. Die besten Rechtssysteme haben ihre Not damit, auch weil so viel so ganz anders gesehen und bewertet werden kann. Dies ist das janusköpfige Gesicht der großen evolutionären Errungenschaft, des geradezu sprunghaften Fortschritts von der (rein) biologischen zur kulturellen Evolution. Um einige Konsequenzen daraus für die nähere Zukunft ableiten zu können, ist es vielleicht hilfreich, einen kurzen Rückblick auf unser Gewordensein einzuschieben.

Steckt »der Urmensch« immer noch in uns?

Der Mensch, *Homo sapiens*, entstand nach gegenwärtigem Stand des Wissens vor fast 300 000 Jahren in Afrika. Davon können wir ausgehen, auch wenn diese Zeitangabe ziemlich unpräzise wirkt. Genauer sein zu wollen bringt wenig. Denn unsere körperliche Evolution war ein Langzeitprozess, der sich nicht wie bei einem Fluss zu einer Quelle, einem »Ursprung« zurückverfolgen lässt. Am Anfang standen jedenfalls nicht Adam und Eva wie im biblischen Gleichnis, denn es gab keinen Anfang, sondern eine äonenlange Übergangszeit von Vorformen der Gattung Mensch, *Homo*, zu dem, was sich schließlich mit zunehmend besserer Berechtigung als unsere Art Mensch, *Homo sapiens*, bezeichnen lässt. Dies geht aus den Fossilien hervor. Ihre wichtigsten Befunde: Es gab keine gerade Linie, sondern eine Anzahl (vielleicht eine Vielzahl) von Entwicklungslinien und Parallelen, wie die Neandertaler und Denisovaner. Von allen überlebte nur eine Art. Diese neue Art von Menschen, die anatomisch modernen Menschen, verbreitete sich von Afrika, ihrem Ursprungsgebiet, über alle Kontinente und auf viele Inseln. Sie machte sich »die Erde untertan«, wie es im biblischen Auftrag hieß. Dabei geschah viel Schlimmes, was nicht zum »Ebenbild Gottes« passt, das der Mensch sein soll.

Fast alles in diesem Werden zum Menschen war im strengen Sinne rein biologische Evolution. Diese von der allmählich einsetzenden, kulturellen Entwicklung zu unterscheiden stellt die besondere Herausforderung dar bei der Betrachtung des Menschen. Denn wir haben gemäß dieser Trennung eine doppelte, eine biologische und eine kulturelle Natur. Das zu betonen, werden die allermeisten der in der geisteswissenschaftlichen Forschung Tätigen nicht müde, weil der Geist ihrer Ansicht nach etwas grundsätzlich anderes sei als der Körper. Sie konnten und können zwar keinen einzigen »Geist« ohne Körper nachweisen, glauben dennoch fest daran, dass es diesen als grundsätzlichen Unterschied geben müsse. Diesen Kernpunkt der Trennung der Geistes- von den Naturwissenschaften greife ich gleich wieder auf, nachdem einige Ausführungen über das gemacht sind, was wir Kultur zu nennen pflegen. Auch diese gibt es nicht als »die Kultur«, sondern in einer Vielzahl voneinander schwer zu trennender und immer wieder ineinandergreifender Kulturen, die sich beständig verändern. Die Vorgänge, die sich beobachten und mitverfolgen lassen, ähneln in frappierender Weise den biologischen Evolutionsprozessen. Kultur entstand jedoch nicht plötzlich. Auch die nichtmenschliche Primatenverwandtschaft hat eigene Kulturen, mögen diese auch im Vergleich zu unserer höchst bescheiden wirken. Und es dauerte sehr lange, bis die kulturelle Evolution die Oberhand über die physische gewann.

Das lag aller Wahrscheinlichkeit nach an der geringen Zahl von Vor- und Frühmenschen, die in Gruppen verstreut lebten, wie die Menschenaffen unserer Zeit. Auch nach der Bildung von *Homo sapiens* änderte sich wenig, weil sein Jäger-und-Sammler-Dasein in verstreuten Gruppen mit (zu) wenig Kontakt zueinander zwar rasche Differenzierungen ermöglichte, diese aber nicht erhalten blieben mangels Menschenmasse. Diese, also die Populationsgrößen, musste eine sogenannte kritische Masse erreichen, bis über Nachahmung und Sprache die erzielten Kenntnisse kontinuierlich weitergegeben und weiterentwickelt werden konnten. Das geschah in der historischen Periode der Jungsteinzeit und geriet mit dem Sesshaftwerden vollends zum Selbstläufer. Über Ackerbau und Viehzucht ließ sich die Siedlungsdichte der Menschen, anders ausgedrückt: die Größe der örtlichen Menschengruppen, die dauerhaft in einer Landschaft lebten, auf das Zehn- bis Hundertfache steigern. Damit war die kritische Masse überwunden, und die kulturelle Evolution konnte »abheben«.

An den Menschen selbst änderte dies nichts. Sie blieben, was sie waren, *Homo sapiens* zwar, aber eben kein neuer Mensch. Einen solchen zu schaffen, vermochten die repressivsten politischen Systeme unserer Zeit auch nicht. Um es plakativ auszudrücken: In den körperlichen

Funktionen sind wir nach wie vor Urmenschen. Die immense Zunahme von Kenntnissen und geistigen Fähigkeiten hat uns nicht »weise(r)« gemacht. Das ist das Dilemma, mit dem sich seit jeher die Religionen auseinandersetzen. Mit »Du sollst … / Du sollst nicht …« versuchen sie vorzuschreiben, was an sich selbstverständlich, weil sinnvoll und für die Gemeinschaft gut und nötig wäre. Mit geringem Erfolg. Allein schon das Zustandekommen von Religionen, die nicht allein das Unverständliche als Übernatürliches erklären und die Welt der Menschen mit Göttern ausstatten, sondern die vielmehr ihre Hauptwirkung auf Ge- und Verbote richten, mit dem Ziel, das Zusammenleben zu verbessern, beweist, dass in diesem Bereich vieles nicht gut funktioniert.

Wie bereits in Teil II ausgeführt, verhalten sich die allermeisten Menschen offenbar aus ihrer Natur heraus innerhalb der eigenen Familie und Gruppe mehr oder weniger von selbst anständig, nicht aber gegenüber »den Anderen«. Diese werden bestürzend schnell zu Nicht-Menschen erklärt und hemmungslos bekämpft bis zur Vernichtung. Da so ein »un-menschliches« Verhalten alle treffen kann und seit alten Zeiten »der Mensch der Menschen Wolf war«, wird dies längst als Gegebenheit hingenommen, gleichwohl aber durch Gesetze so gut wie möglich eingeschränkt und sanktioniert. Moralische Gesetze, verankert in den Religionen, und staatliche aus dem sich unablässig verändernden und präzisierenden Rechtssystem der Gesellschaft scheinen unabdingbar, um die Menschen einigermaßen im Zaum zu halten. Offenbar zeigt sich hierin die permanente Auseinandersetzung mit der Natur der Menschen, die gleichsam ins Mark geht und nicht bloß Randerscheinungen unseres Zusammenlebens betrifft. Wären die Menschen von Natur aus gut, sollten Wohlverhalten selbstverständlich und Abweichungen davon die Ausnahme sein. Religionen reagierten bereits vor Jahrtausenden mit der Entwicklung von Drohkulissen, zusammengefasst in »Hölle« oder »ewiger Verdammnis« und der letztlich bestmöglichen Belohnung, mit der Aufnahme in den »Himmel« bei »ewiger Glückseligkeit« oder dem Eingang ins »Nirwana«. Mit Buße im »Fegefeuer« oder mehr oder weniger qualvoller Wiederkehr in Seelenwanderungen kann es zu Schleifen im Wechsel in die Unendlichkeit kommen. Der Varianten dieser Thematik gibt es viele; zu viele wiederum, um lediglich einige wenige zu (be-)treffen, die sich nicht gut genug in die Gemeinschaft eingefügt hatten.

Daher müssen wir den Sinn der Religionen ebenso anerkennen und berücksichtigen wie die biologisch-physische Natur der Menschen, wenn es um Strategien für die Zukunft geht. Die besten Konzepte können am Menschen scheitern. Viele sind gescheitert. Wenig deutet darauf hin, dass gegenwärtig bessere zur Verfügung stehen als in früheren Zeiten, zumal so viele Menschen die kaum noch eingeschränkte Möglichkeit bekommen haben, sich selbst zu verwirklichen.

Auf die Hauptkrisen unserer Zeit bezogen, zumindest auf jene, die dafür gehalten werden, ist es daher unabdingbar, die Menschen in ihrer Gesamtheit realistisch zu betrachten und dabei nicht von vorab festgelegten (Wunsch-)Vorstellungen auszugehen. Im Fokus stehen drei Bereiche, nämlich erstens das extreme Anwachsen der globalen Bevölkerung, zweitens die Kämpfe untereinander bis zur drohenden Auslöschung der Menschheit und drittens die drastische Veränderung der Umwelt, der Lebensgrundlagen, mit der Vernichtung von Arten und dem Klimawandel.

Bevölkerungsentwicklung

Die Menschheit »explodierte« im 20. Jahrhundert. Sie wuchs exponentiell an und verzehnfachte die Gesamtzahl auf nunmehr über acht Milliarden im Jahr 2025. Die starke Zunahme setzte mit der Industrialisierung im 18. Jahrhundert ein und durchlief in der Zeit nach dem Zweiten Weltkrieg die Phase des stärksten Wachstums. Hauptverursacher waren die starke Absenkung der Säuglings- und Kindersterblichkeit (= Erhöhung der Fortpflanzungsrate) und verbesserte Hygiene mit starker Minderung der Todesfälle durch Seuchen (= Erhöhung der Überlebensrate fortpflanzungsfähiger Erwachsener), verbunden mit verbesserter Ernährung. Das ist bereits ausgeführt worden.

Da sich seit Beginn des 21. Jahrhunderts der Zuwachs verlangsamt, kommt der Eindruck (vielleicht auch die Hoffnung) zustande, der Gipfel würde in naher Zukunft erreicht sein und Konsolidierung eintreten. Die Problematik wird damit allerdings nicht gelöst. Denn sie entstand durch regional höchst ungleiche Entwicklungen. In diesen, in den Gesellschaften und Völkern, steckt die Realität, nicht in der globalen Zusammenfassung zur Menschheit. Diese hat nicht überall gleichmäßig zugenommen, in Teilen zwar sehr stark, in anderen aber gering oder nicht mehr und ist, wie in den meisten Ländern Europas, sogar rückläufig geworden. Die stärksten Zunahmen fanden in Afrika und Vorderasien statt, die massivste Bremsung in China, staatlich verordnet durch die »Ein-Kind-Politik«. Mit dieser wurden die drohenden Hungersnöte abgewehrt und der wirtschaftliche Aufstieg zur »Fabrik der Welt« ermöglicht. Als bevölkerungsreichster Staat ist China inzwischen von Indien abgelöst, das keiner so rigorosen, die persönlichen Freiheiten stark beschränkenden Politik unterworfen war. Beide Giganten stellen zusammen gegenwärtig mehr als ein Drittel der globalen Bevölkerung. Doch es wird nicht mehr lange dauern, bis Afrika zur bevölkerungsreichsten Region wird. Der Anteil Europas wird weiter schrumpfen.

Die zu erwartenden Zu- oder Abnahmen lassen sich für die kommenden Jahrzehnte sehr gut kalkulieren, weil die Prozesse in Gang sind und sich die Fortpflanzungs- und Sterberaten recht genau ermitteln lassen. Die Erfahrungen mit den bisherigen Prognosen aus den 1960er- und 1970er-Jahren bekräftigen diese Feststellung. So weit, so gut, oder so schlecht. So gut, was die globale Entwicklung betrifft, denn wir können davon ausgehen, dass die »Bevölkerungsexplosion« von der Mitte des 20. Jahrhunderts überwunden und Geschichte ist. Eine auf 12 oder 15 Milliarden angewachsene Menschheit wird auf der Erde (über-)leben können. Wie gut oder wie eingeschränkt, sei dahingestellt. Menschen lebten seit Jahrhunderten in größtem Luxus und in bitterster Armut und von Wüsten und Regenwäldern bis an die Grenzen von polarem Eis und Hochgebirgen. Sie entwickelten die unterschiedlichsten Lebensstile in Anpassung an die Gegebenheiten und Herausforderungen ihrer Umwelt. Als biologische Art ist der Mensch nicht gefährdet. Zumindest nicht über die eigene Vermehrung. Wozu Menschen fähig sind, zeigt sich in den Slums der Megastädte. Es ist durchaus auch nicht unwahrscheinlich, dass genügend Menschen einen atomaren Vernichtungskrieg überstehen und weiterleben würden, wie geschädigt auch immer. Für Naturkatastrophen globalen Ausmaßes gilt Entsprechendes. Deshalb steckt das Problem nicht im »Ob«, sondern im »Wie« des Lebens in der Zukunft.

Man kann jedoch kaum überbetonen, dass die Menschheit keine Einheit ist. Sie stellt formal die Zusammenfassung unterschiedlicher Völker und Kulturen dar, die weit stärker gegeneinander ausgerichtet als kooperationsbereit sind. Manche Kulturen verhalten sich wie verschiedene, wenngleich nahe verwandte Arten, konkurrieren heftig miteinander und trachten danach, einander zu verdrängen, auszurotten oder zumindest so zu unterwandern, dass die alte Identität ausgelöscht und eine neue etabliert wird. Ideologien und Religionen verstärken diese Konkurrenz um Vorherrschaft. Der entscheidende Hebel hierzu sind die Frauen. Sie werden unterdrückt und »den Männern untertan« gehalten. So schlimm dies nicht nur aus der Sicht der Frauen freiheitlichoffener Gesellschaften ist, so wirkungsvoll erweist es sich im Hinblick auf Wachstum und Stärke der Staaten, die ihre Bevölkerung diesem System unterwerfen. Denn es garantiert hohe Zuwachsraten an Menschen.

Den evolutionsbiologischen Prinzipien zufolge steigert die Abhängigkeit der Frauen somit die »Darwin'sche Fitness« der betreffenden Populationen, weil dadurch mehr Kinder im Verhältnis zu anderen geboren werden und überleben. Eine höhere Nachwuchsrate ist in konkurrierenden Populationen (Kulturen) nicht nur von Vorteil, sondern längerfristig entscheidend. Besonders die Religionen nutzten die »Biologie« in ihren Vorschriften umfänglich, wenn diese zu ihren Intentionen passte, lehnten diese aber als »tierisch« ab, um Sexualität zu verteufeln oder um andere Menschen entmenschlichen zu können. Die Großreligionen schafften es zuzeiten und in großen Regionen, sich über die weltlichen Mächte zu erheben und deren »Rechtmäßigkeit« zu sanktionieren oder infrage zu stellen. Aus der Distanz der vergleichenden Biologie betrachtet, entspricht dies alles den Prozessen der Artbildung bei sozialen Tieren. Bei manchen, etwa bei Ameisen, reicht der Nestgeruch aus, um die Angehörigen des eigenen »Staates« (Nestes) von denen anderer zu unterscheiden. Und obwohl zur gleichen Art gehörend, greifen sie einander an und bekriegen sich bis zur Vernichtung, als ob sie einander völlig fremd wären. Dieser Seitenblick auf die sozialen Insekten ist insofern gerechtfertigt und höchst aufschlussreich, weil es bei diesen »Soldaten« als eigene Kaste und sogar Versklavungen gibt – die Kehrseite des innerhalb der eigenen Gruppe (»Ameisen- oder Termitenstaat«) extrem sozialen Lebens bis zur individuellen Selbstaufgabe. Man mag das als zwar interessante, für die Menschheit aber irrelevante Besonderheit abtun, weil die Menschen doch ganz anders seien. Aber wenn wir die Realitäten aus der Geschichte und der Gegenwart betrachten, kommen weitere, ganz frappierende Übereinstimmungen mit »völlig natürlichen Prozessen« zutage, die sich bei sozialen Insekten experimentell untersuchen lassen. Doch sehr viel ist uns ohnehin nur allzu bekannt.

Aggressivität und Kriege

Die Völker und Staaten praktizieren Unterwanderung, Unterdrückung und Vernichtung anderer, seit es geschichtliche Aufzeichnungen gibt. In den Zeiten davor war das nicht anders, wie den genetischen Befunden entnommen werden kann. Völkermord, Genozid, ist nichts Neues; Versklavung auch nicht. In den Kriegen unserer Zeit hat sich nicht verhindern lassen, dass die alten Muster wiederholt und durch den Einsatz modernster Waffen immer schlimmer werden. Je größer die Machtblöcke wurden, desto stärker rüsteten sie auf und umso größer wurde das Vernichtungspotenzial der Waffen. Global gesehen gab es in den letzten Jahrhunderten bis heute keine nennenswerten Friedenszeiten. Solche genossen allenfalls einzelne Regionen, die allerdings häufig von inneren Konflikten betroffen waren, wie etwa Südamerika oder Staaten, die fernab ihres Staatsgebietes Kriege führten, wie die USA. Seit ihrer Gründung führten sie nahezu ununterbrochen Kriege. Um Land und politische Dominanz geht es nach wie vor in der Gegenwart. Keine Grenze ist fest genug, um umfassenden Schutz zu gewährleisten, und keine Insel ein sicherer Hort. Und wie in alten Zeiten und bei anderen Arten geht es bei den Konflikten um Land, um Ressourcen und um die Ausweitung des ideologischen Einflusses.

Die zugrunde liegende Aggressionsbereitschaft der Menschen gegen andere Menschen wirkt auf drei Ebenen. Die erste und wahrscheinlich auch die ursprünglichste ist die »genetische Aggressivität«, nämlich die »genetische Unterwanderung« durch mehr oder weniger friedliches Eindringen größerer Mengen in andere Bevölkerungen – oftmals in solche, die überaltert sind und sich selbst nicht mehr genügend fortpflanzen, um den Bevölkerungsstand zu halten und eine zukunftsträchtige Alterspyramide aufzubauen. In diesem Prozess verändern sich die betroffenen Bevölkerungen, es kommt zu Transformationen, bis eine neue Identität zustande kommt – günstigstenfalls ohne stärkere innere Verwerfungen. Das gelingt am besten, wenn die innere Konkurrenz nicht grundlegende Ressourcen betrifft, wie Raum und Lebensunterhalt. Beispielhaft geschah dies im »Land der unbegrenzten Möglichkeiten«. Integrierend wirkten dort die gemeinsame Sprache und eine wirtschaftliche Ideologie, der wachstumsorientierte Kapitalismus.

Die Treiber solcher Entwicklungen sind gegenwärtig wie auch in früheren Zeiten die Überschüsse stark wachsender Bevölkerungen. Sie wandern gemäß den biologisch-ökologischen Prozessen aus, und zwar möglichst dorthin, wo die Ressourcen besser sind. Migration war zu allen Zeiten charakteristisch für die Menschengruppen. Das lässt sich mit den heutigen Möglichkeiten der genetischen Feinanalyse für jeden Menschen belegen – und auf oftmals überraschende Vorgänge in der Vergangenheit zurückführen. Fremd zu sein war und ist genetisch der Normalfall. Akzeptiert wird das dennoch äußerst ungern, weil das Fremde zu Einschränkungen der eigenen Möglichkeiten führt. Am tolerantesten sind bezeichnenderweise zwei Teilgruppen in den Bevölkerungen, nämlich die ganz Jungen, die noch nach eigenen Möglichkeiten suchen, und die Selbstverwirklichten, deren Streben nicht (mehr) auf eine gute oder bessere Zukunft der eigenen Nachkommen gerichtet ist.

In der gelebten Wirklichkeit ergibt sich hieraus die Kluft zwischen der Tatsache, dass die allermeisten Menschen eines Landes, einer »Nation«, zwar einen genetischen Migrationshintergrund haben, aber gleichzeitig gegen Zuwanderung sind. Auswanderung, um fern der Heimat ein neues Leben zu beginnen, galt und gilt als gut. Europäer besiedelten und überschwemmten damit in der historischen Epoche der Neuzeit die für sie »neuen Welten« in Amerika und Australien und europäisierten diese Kontinente. Die dortigen Menschen wurden über eingeschleppte, für die Europäer nicht sonderlich gefährliche Krankheiten dezimiert bis ausgerottet. Oder man bekämpfte die Ureinwohner, um sie zurückzudrängen. Die Massenmigration der Europäer war zwar die größte Bevölkerungsverschiebung der letzten Jahrtausende, aber nicht die einzige. In Afrika fand mit der Bantu-Migration eine Großverschiebung statt, die indigene Völker in unwirtliche Gebiete abdrängte oder drastisch dezimierte. In Westasien und Europa kam es zu einer

Neusortierung der Völker in den Jahrhunderten der sogenannten Völkerwanderung im 4. bis 7. Jahrhundert unserer Zeitrechnung. In Bewegung blieben auch danach vor allem zentralasiatische Völker, bis mit der Formierung von Nationalstaaten eine gewisse Statik einsetzte.

Auf die einzelnen Völker bezogen, lässt sich fast ausnahmslos ein Erstarken mit Expansion, gefolgt von Zusammenbrüchen mit Dezimierung durch andere, feststellen. Die Geschichte verlief in Wellen, mitunter zyklisch, wie im insgesamt stabilsten aller Gebilde aus Völkern und Dynastien, in China. Lange anhaltende Sesshaftigkeit ist offenbar nicht Menschenart. Eine tief verwurzelte »Wanderlust« bricht sich immer wieder Bahn, meistens einmal pro Jahr in der Massenwanderung, genannt Urlaubsreise. Allein in Europa erfasst diese Wanderung auf Zeit mit Dutzenden Millionen Reisenden mehr Menschen, als jemals bei historischen Großmigrationen unterwegs waren. Das Reisen gilt gegenwärtig fast als ein Menschenrecht. Gefremdelt wird seltsamerweise umso stärker. So will man Beschränkungen in Urlaubsgebieten nicht hinnehmen, etwa im Hinblick auf Kleidung oder Verhaltensweisen, fordert solche aber massiv ein, wenn der eigene Lebensbereich betroffen ist. Diese Diskrepanz reicht von globaler Dimension bis in lächerlich provinzielle Bereiche, wenn etwa die Leute einer stark frequentierten Urlaubsregion Fahr- und Parkbeschränkungen für die Gäste verhängen, in deren Herkunftsgebieten selbst aber freie Fahrt und freies Parken haben möchten. Die uralte Territorialität, die im Menschen steckt, drückt sich darin unablässig aus. Auch in der Beurteilung der »Mengen«. Einzelne bis einige wenige Fremde genießen Gastrecht, größere Mengen werden abgelehnt.

Lebensgefährlich werden diese auf Emotionen beruhenden Einschätzungen, wenn sie, getragen von Konstrukten wie »Staat«, »Volk« oder »Vaterland«, weit über den persönlichen Territorialanspruch (das eigene Grundstück, das Haus und die Wohnung, die ohne Erlaubnis nicht betreten werden dürfen) zur Ideologie glorifiziert werden, für die es sich ziemt, zu kämpfen und zu sterben. Der »gerechte Krieg« richtet sich gegen fiktive wie tatsächliche Angreifer, scheidet, ohne Differenzierungen zuzulassen, »den Feind, den bösen« von uns, den Guten, und rechtfertigt, was Gesetze ansonsten verbieten und auch dem gesunden Menschenverstand widerspricht, nämlich zu töten, zu vernichten, zu schänden. Die Feinde werden zu Nicht-(mehr-)Menschen degradiert. Daran hat sich nichts geändert, und es wird sich aller Wahrscheinlichkeit nach auch nichts ändern. Wir und die nachkommenden Generationen werden mit dieser Ur-Eigenschaft der Menschen wie alle, die vor uns gelebt haben, weiterleben müssen – oder sie nicht überleben. Solange es keine »Weltherrschaft« gibt, wird es auch keinen Weltfrieden geben.

Weltherrschaft würde allerdings eine extrem harte Diktatur bedeuten. Eine solche ist nicht in Sicht und wird vielleicht nicht zustande kommen. Hoffentlich, wie viele hinzufügen würden, die die Freiheit höher schätzen als das eigene Überleben und das der Nachkommen. Aber wäre dieses Überleben wert genug, die Freiheit aufzugeben? Keine der Diktaturen, die es bislang gegeben hat, hielt beständig über mehrere Menschengenerationen. Auch keine freiheitlich-demokratische Gesellschaft schaffte das. Die Lösung, das »Ideal«, ist noch nicht gefunden. Es zeichnet sich nicht einmal als vage Möglichkeit ab. Denn es müsste im Zwischenbereich zwischen Freiheit und Beschränkung fest verankert sein, zwischen individueller Entfaltung und starker Bindung an die Gesellschaft.

So klar sich dies formulieren lässt, so unrealistisch ist es. Der ausgewogene, der für alle günstigste Zustand scheint nicht stabil zu sein. Vielmehr handelt es sich dabei um einen Übergangsbereich zwischen den viel stabileren Enden des Spektrums, der offenen, freiheitlichen Gesellschaft mit geringer Rücksichtnahme auf die anderen und der rigoros diktatorischen Beschränkung der Freiheiten andererseits. Zu dieser schwappt die Bevölkerung bei jeder ernsthaften äußeren Gefahr und sammelt sich hinter »starken Männern«, die Sicherheit oder Sieg versprechen, um sich nach dem Scheitern gleich wieder freiheitlich-demokratisch zu geben. Worauf innere Konflikte und Kämpfe folgen, die erneut polarisieren. Aus Sicht der wirklich Mächtigen der globalisierten Wirtschaft und des internationalen Kapitals wirkt dieses Hin und Her wie eine Kinderei, außer es erfasst die global führenden Staaten, sodass ihr Hintergrundwirken gefährdet erscheint. Das *Ende der Geschichte* von Francis Fukuyama mit dem Zerfall des Sowjetimperiums war alles andere als ein Ende. Seine Besonderheit liegt darin, dass es ohne einen größeren Krieg stattfand. Das wird inzwischen »nachgeholt«. Eine Zukunft ohne Kriege wäre als Vorstellung gewiss wunderschön, als Globaldiktatur allerdings »gewöhnungsbedürftig« und für viele Menschen unerträglich.

Eine Wunschvorstellung bleibt wohl auch, dass die Menschen, also die ganze Menschheit, durch mehr Kooperation friedlicher werden würden. Der Weg zu mehr Kooperation, so die Annahme, müsste die drei großen »äußeren Probleme« Vernichtung von Lebensvielfalt (Biodiversität), Umweltverschmutzung und Klimawandel möglichst für alle zufriedenstellend lösen. Doch obwohl seit Jahrzehnten um global verbindliche Beschränkungen und Regelungen gerungen wird, geht die Vernichtung von Biodiversität weiter, werden Meer, Land und Luft immer stärker verschmutzt, und die Freisetzung von Kohlendioxid wird ungebremst weiter vorangetrieben. Das immense Ausmaß der globalen Veränderungen veranlasste den Nobelpreisträger Paul Crutzen 1998, diese unsere »Menschenzeit« als das »Anthropozän« zu charakterisieren und sie damit von den anderen, den natürlichen Zeiträumen der Erdgeschichte abzusetzen. Denn die Signatur des Anthropozäns wird in fernerer Zukunft erkennbar bleiben.

Das Anthropozän

Der globale Einfluss der Menschen reicht weit zurück, viel weiter als in der gegenwärtigen Diskussion berücksichtigt wird. Den Anfang machte bereits das Eindringen anatomisch moderner Menschen, *Homo sapiens*, unsere Vorfahren, nach Europa und Asien in die Eiszeitwelt der Neandertaler und Denisovaner. Mit *sapiens* begann die Ausrottung von Großtieren, die bis dahin schon Zehntausende von Jahren mit diesen anderen, früheren Menscharten zusammengelebt hatten. Der bereits angeführte »Pleistozäne Overkill« fand überall statt, wo die neuen Menschen hinkamen. Betroffen waren zuerst die großen Arten. Ihre Fortpflanzung verläuft am langsamsten. Folglich dauert die Wiedererholung dezimierter Bestände länger als bei den kleinen Tieren. Aller Wahrscheinlichkeit nach stürzte die einsetzende Ausrottung großer Wildtiere die beiden anderen Menschenarten, vielleicht weitere in Ost- und Südostasien, die wir noch nicht gut genug nachweisen können, ins Verderben. Waren womöglich einst die Neandertaler und die Denisovaner die »besseren Menschen«?

So ein Gedanke drängt sich auf bei der Betrachtung dessen, was nach der Ausbreitung der Neuen global geschah. Großtiere überlebten nur, wo es hinreichend sichere Rückzugsräume gab, in denen sich die neuen Menschen nicht dauerhaft halten konnten. Das waren die extrem kalten Eisrandgebiete im Norden, dichte Wälder im Südosten und Süden Asiens sowie Hochgebirgsregionen. Australien, der Inselkontinent, dem solche Gegenden fehlen, verlor kurz nach Eintreffen der Aborigines alle Tiere, die größer als Kängurus waren. In Nord- und Südamerika überlebten wenige der Großen. Die Megafauna blieb im Wesentlichen in Afrika erhalten, wo sich der »Schrecklichste der Schrecken« (Schiller) entwickelt hatte und die Tiere rechtzeitig lernten, sich darauf einzustellen. Vielleicht lag das jedoch mehr an den Krankheiten, wie der von den Tsetsefliegen übertragenen Schlafkrankheit, dass in Afrika die meisten Großtiere überlebten.

Die Dezimierung bis hin zu Ausrottungen steigerte sich mit der Entwicklung des Ackerbaus, denn damit setzte die großflächige Vernichtung natürlicher Lebensräume ein. Die Wälder boten immer weniger Schutz, weil immer größere Teile davon gerodet und in landwirtschaftliches Nutzland umgewandelt wurden. Die historische Waldvernichtung ist gut dokumentiert. Zuerst traf es die Ursprungsbereiche des Ackerbaus im Vorderen Orient und im Mittelmeerraum. Deren heutiger Zustand ist die Folge der historischen, bis in die frühe Neuzeit reichenden Entwaldung. Noch zur Römerzeit schrieb der Historiker Tacitus über das Land jenseits des Limes, Germanien genannt, dass es von finsteren Wäldern überzogen sei. Das mag übertrieben gewesen sein, aber durchaus nachvollziehbar im Vergleich zu den Römern vertrauten Verhältnissen offener, sonniger Landschaften, in denen Wein gedieh und wo es sich folglich zu leben lohnte. Europa nordöstlich des Limes war wohl deswegen dichter als »natürlich« bewaldet, weil die Germanen die Großtiere bereits so stark dezimiert hatten, dass sie mit ihrem Beweiden das Wuchern der Wälder nicht mehr zurückhielten. Das Nibelungenlied erzählt von der Heldentat Siegfrieds, der »der Ure viere und auch den grimm'gen Schelch« geschlagen hatte. In der Folgezeit, dem europäischen Hochmittelalter, schrumpften die Wälder sogar auf kleinere Flächen als gegenwärtig und erreichten ihr Minimum.

Die Zunahme der Bevölkerung im warmen, klimatisch sehr günstigen Mittelalter, etwa von 800 bis 1200 unserer Zeitrechnung, erzwang die Rodung großer Teile der noch vorhandenen Waldgebiete sowie umfangreiche Trockenlegungen von Mooren. Die vielen Stadtgründungen in jener Zeit bezeugen das Wachstum der Bevölkerung. Beispielhaft sei München hervorgehoben, das 1158 formal gemäß dem »Augsburger Schied'« von Kaiser Barbarossa per Urkunde gegründet worden war. Wenig später, 1237, folgte Berlin. Die ersten Jahrhunderte des zweiten Jahrtausends waren eine Zeit des Bevölkerungswachstums und der Zurückdrängung der Natur. Hauptantriebe gingen von den Klöstern aus, die nicht unbeträchtliche Teile des Bevölkerungsüberschusses aufgenommen und so formal der weiteren Reproduktion entzogen hatten.

Mit den Kreuzzügen zur Befreiung der heiligen Stätten der Christenheit von den Mohammedanern fand ein weiterer großer Aderlass der zu groß gewordenen Bevölkerung statt. Doch die wirkliche und auf Jahrzehnte nachwirkende Dezimierung verursachte erst die Große Pest im 14. Jahrhundert. Ihr fiel zwischen 1346 und 1353 regional bis zur Hälfte der Bevölkerung zum Opfer.

Die Natur »kehrte zurück«, wie man es sarkastisch ausdrücken könnte. Denn offenbar bedurfte es einer verheerenden Pandemie, dass eine Regulierung der zu stark angewachsenen Bevölkerungsgröße zustande kam. Sie musste unter die natürliche Kapazität der Umwelt sinken. Nachdem sie doch wieder rasch anstieg, öffnete die »Entdeckung Amerikas« durch Christoph Kolumbus für gut vier Jahrhunderte ein wirksames Ventil zur Druckabfuhr der Populationsüberschüsse Europas. Dabei war die Phase der frühen Neuzeit alles andere als rosig für die Menschen im alten Europa. Immer wieder wurden sie von Seuchenzügen heimgesucht. Heuschrecken verheerten die Felder mit Masseneinflügen aus dem Südosten, die den Himmel verdunkelten. Und die Eiswinter der Kleinen Eiszeit vom 14. bis ins 18. Jahrhundert forderten mehr Menschenleben, als Hitzesommer das tun.

Unsere Gegenwart mit ihren Turbulenzen und Witterungskatastrophen kommt aus keiner »guten alten Zeit«. Ganz im Gegenteil: Hochwässer hatten im letzten Jahrtausend weit größere Höhen erreicht als im 20. Jahrhundert, in dem es bis in die 1930er-Jahre hinein Dürren gegeben hatte mit ähnlich geringen Niederschlägen wie von 2018 bis zu Beginn der 2020er-Jahre. Eine extreme Dürre suchte in den 1920er- und 1930er-Jahren auch die USA heim, *Dust Bowl* genannt. Auch der durch die Erwärmung des Klimas für die nahe Zukunft prognostizierte Anstieg des Meeresspiegels ist historisch nichts Neues. Im 13. Jahrhundert brach die Nordsee ins Land ein, riss Zigtausende Menschen in den Tod und schuf die seitdem als Halligen bezeichneten Inseln, die sich von den Niederlanden die Deutsche Bucht entlang bis Dänemark erstrecken. Vorher waren sie alle Teile des Festlandes mit weiter meerwärts liegender Küstenlinie.

Doch als Naturkatastrophe darf der Einbruch der Nordsee nicht einfach abgetan werden. Die Menschen im Hinterland der Küste waren mitbeteiligt. Sie hatten die Moore großflächig abgetorft und damit abgesenkt. Die Niederlande sind danach benannt – Land, das unter dem Meeresspiegel liegt. Aber auch im Landesinnern stiegen die Fluten der Hochwasser, weil immer größere Teile der Auen landwirtschaftlich genutzt und randalpine Moore trockengelegt worden waren. Je länger Äcker vegetationsfrei verbleiben, desto schneller fließt das Wasser bei Sturzregen ab und lässt Bäche und Flüsse ansteigen. Hochwassermarken belegen in vielen an Flüssen liegenden Städten das Geschehen. Die ältesten reichen über ein halbes Jahrtausend zurück. Die Hochwässer sind in unserer Zeit nicht höher geworden. Aber sie kommen häufiger, weil zu viel Land der Wasserrückhaltung entzogen worden ist.

Vom 17. bis zum späten 19. Jahrhundert wurden in Nordamerika die Wälder von den Siedlern aus Europa großflächig gerodet. Zu Beginn des 20. Jahrhunderts waren auf dem Gebiet der USA, von Alaska abgesehen, rund 95 Prozent vernichtet. Es war dies die größte und schnellste jemals von Menschen getätigte Dezimierung von Wäldern. Allerdings kennen wir das Ausmaß der Auswirkungen der Aborigines in Australien in dieser Hinsicht noch nicht gut genug. Sie hatten die Natur dieses Inselkontinents mit Feuer nachhaltig verändert, und das in einer Zeit, in der in Europa und Nordasien noch Eiszeit herrschte und die neuen Menschen aus Afrika gerade erste Vorstöße versuchten. *Homo sapiens* trachtete von Anfang an danach, die Natur umzugestalten. Angepasst an diese hat er sich gezwungenermaßen nur in ganz extremen Lebensräumen. In solchen blieben die Menschen bis in unsere Gegenwart ohne größere Auswirkungen. Auf die Natur, ist einzuschränken, denn gegen Angehörige ihrer Art führten auch die sogenannten Naturvölker schier unablässig Kämpfe. Der Mensch war der Menschen Feind von Anfang an. Keine Naturkatastrophe wirkt in unserer Zeit so verheerend wie die Menschen auf- und untereinander.

Im 18. Jahrhundert potenzierten sich all diese Auswirkungen in einer noch nie da gewesenen Weise. Der Einsatz fossiler Energien versetzte zuerst einzelne Völker, dann im 20. Jahrhundert die ganze Menschheit in die Lage, mit einem Vielfachen von menschlicher und tierischer Kraft in die Natur einzugreifen, um sie umzugestalten. Bezogen auf die Zeiten davor verzehn- und schließlich vertausendfachte sich die Nutzung von Energie. Die zwangsläufige Folge war die Freisetzung riesiger Mengen an für die Gesundheit der Menschen schädlichen Stoffen und von zusätzlichen Nährstoffen, die in die Natur gerieten. Die drastischsten Folgen zeitigte das Übermaß an Stickstoffverbindungen. Vor allem die Nordhemisphäre ist damit überdüngt wie noch nie. Dieser Stoff, der zur Bildung von Eiweiß benötigt wird, war von jeher rar. Nun aber wuchern Pflanzen, die ihn sehr schnell und sehr effektiv in ihrem Stoffwechsel nutzen können, wie die bläulich grünen Cyanobakterien (»Blaualgen«) und echte Algen in Seen und in küstennah flachgründigen Meeresgebieten. Auf den Fluren und in Wäldern sind es bestimmte Pflanzen, die in ihrem Wachstum stickstoffbedürftig oder -tolerant sind. Die bekanntesten sind die Brennnesseln, gleichwohl relativ gesehen die harmlosesten. Algen und Cyanobakterien hingegen bringen mit ihrer Massenvermehrung die Gewässer »zum Kippen«, wie es heißt.

Gemeint ist, dass diese plötzlich vom nährstoffarmen in einen überdüngten Zustand wechseln. Bei diesem wird der im Wasser gelöste Sauerstoff zu schnell verbraucht. Fischsterben ist die Folge. Auch andere Wassertiere erliegen der Verknappung an Sauerstoff. Das schmälert die Erträge der Fischerei und damit die Grundversorgung von vielen Millionen Menschen an den Küsten. Von den Fluren gerät das Übermaß an Düngestoffen hinab ins Grundwasser und belastet dieses bis zur Unbrauchbarkeit für die Menschen als Trinkwasser. Das Stickstoffproblem wird gegenwärtig viel zu wenig öffentlich thematisiert. Man nimmt dabei, wie so oft, allzu bereitwillig Rücksicht auf die von der Gesellschaft hochgradig finanziell subventionierte Landwirtschaft. Und zahlt lieber horrende Preise für die Bereitstellung von sauberem, gesundem Trinkwasser nach umfangreicher »Aufbereitung« des verschmutzten Grundwassers oder holt dieses über Fernleitungen herbei. Dabei ist längst bekannt, dass der Stickstoff (in seinen Verbindungen) ungesund und der »Erstick-Stoff« für die Biodiversität ist. Wo diese nicht direkt vernichtet wurde, geschieht dies schleichend über das Übermaß an Stickstoffdüngung.

Da seit rund zwei Jahrhunderten Energie, auch die zur Erzeugung von stickstoffhaltigem Kunstdünger benötigte, in weitaus überwiegendem Maße durch Verbrennung fossiler Energieträger erzeugt wird, wurde Kohlendioxid in so großem Maße so schnell freigesetzt, dass das Pflanzenwachstum dieses plötzliche Überangebot nicht mehr ausgleichend verwerten kann. Der CO_2-Gehalt der Luft stieg entsprechend an. Und zwar von weniger als drei Promille vor Beginn des Industriezeitalters auf nunmehr etwas über vier Promille. Das klingt nach wenig, ist aber hochwirksam, weil dadurch der Wärmehaushalt der Atmosphäre verändert wird. Sie speichert Wärme nun in vergleichbarer Art wie ein Gewächshaus aus Glas, sodass die Erdoberfläche, auch die Ozeane, nach und nach immer wärmer werden. Das CO_2 wirkt dabei nicht allein als Treibhausgas. Auch Methan, CH_4, das von Rindern, Ziegen und Schafen, vom Ackerbau und bei der Trockenlegung von Mooren und Sümpfen freigesetzt wird und bei der Erdgas- und Erdölförderung aus der Tiefe entweicht, sowie das gleichfalls vorwiegend aus Prozessen der Landwirtschaft stammende Lachgas N_2O sind starke Treibhausgase. Zu welchen Teilen sie die Klimaerwärmung vorantreiben, ist noch etwas umstritten, wobei die allgemeine Tendenz überwiegt, dem CO_2 die Hauptverantwortung zuzuschreiben, weil es von Autos und Heizkraftwerken ausgestoßen wird. Aber nur wenn die wirklichen Anteile bei konkreten Maßnahmen gegen die Freisetzung klimawirksamer Gase berücksichtigt werden, könnten Minderungen der Treibhauswirkung zustande kommen. Ohnehin entfällt auf den Wasserdampf in der Luft der Hauptteil. Es ist hier nicht der Platz, die Details darzulegen und die Konsequenzen zu diskutieren. Denn bekanntlich schafften es die Kreise, die vehement gegen den Klimawandel mobil machen, aus diesem das existenzielle Problem für die Menschheit zu machen. Aber diese ist global in unterschiedlichsten Klimaten verbreitet und nicht auf ein bestimmtes Klima eingestellt. Wir befassen uns damit im nächsten Kapitel weiter, in dem es um die Zukunft geht.

Hier ist eine Bilanz angebracht. Diese wird nicht allen gefallen. Sie besagt, dass sich das Klima auch in früheren Zeiten immer wieder stark und rasch verändert hat, dass warme Zeiten historisch gute Zeiten waren und dass die Menschheit mit ihrem exorbitanten Anwachsen von etwa einer Milliarde zu Beginn des Industriezeitalters auf gegenwärtig acht und bald zehn Milliarden sowohl Hauptursache als auch Hauptbetroffener ist. Die Bilanz besagt auch, dass alle, wirklich alle Verhaltensweisen, die zu dieser Singularität in der gesamten Geschichte der Menschheit geführt haben, bereits seit Jahrtausenden im Laufen sind und nichts Neues darstellen. Sie charakterisieren die Art Mensch, seit sie ihre Urheimat Afrika verließ.

Von allen Veränderungen, die sie seither verursachte, ist die Ausrottung von Arten letztlich die endgültigste, weil sich die Vernichteten nicht wiederherstellen lassen. Hingegen können physikalische Änderungen rückgängig gemacht werden. Eines der überzeugendsten Beispiele aus unserer Zeit lieferten die erfolgreichen Maßnahmen gegen das gefährliche Ozonloch, das sich aufgrund von Flurchlorkohlenwasserstoffen und einigen anderen, neuartigen chemischen Verbindungen über der Antarktis gebildet hatte. Umkehrbar waren auch die Folgen der Verwendung von DDT und anderer Umweltgifte, solange damit keine Arten vollständig ausgerottet wurden. Die Naturkatastrophen zählen in dieser Gesamtschau zu den am wenigsten problematischen Folgen von globalen Umweltveränderungen. Denn es gab sie seit jeher, und es wird sie auch weiterhin geben. Wir können uns gegen die meisten schützen, gegen viele versichern und katastrophenträchtige Regionen zu meiden versuchen. Das würde allerdings mehr wirkliche Mobilität erfordern, nicht bloß jene vergnügliche des Reisens, die von den Menschen in den reichen Ländern als wesentlicher und unverzichtbarer Teil ihres Lebens aufgefasst wird. Dass das massenhafte Reisen zum Vergnügen mehr globale Umweltbelastungen verursacht als ein gezieltes Umsiedeln aus gefährdeten Bereichen, das will niemand einsehen. Zu unbeugsam beharrt man inzwischen auf »Besitz«, auf dem und mit dem man sich festgesetzt hat. Dabei gibt es dieses Lebensmodell von *Homo sapiens* erst seit 10 000 Jahren. Die Sesshaften haben ihren Lebensstil vielen Nomaden aufgezwungen, weil man einen »festen Wohnsitz« haben muss. Wie wir nun sehen werden, ist dies das bei Weitem größte Problem für eine Menschheit, die den Globus in nur zwei Jahrhunderten überschwemmt und von seinem Naturzustand so weit entfernt hat. Ökonomie ist dafür der Schlüsselbegriff. Um den Menschen und sein Wirken zu verstehen, reicht die ökologische Sicht nicht aus. Als Art hat sich *Homo sapiens* »aus den Fesseln der Natur befreit«, wie es heißt, und selbstständig gemacht. Um die Folgen dieser Emanzipation zu verstehen, müssen wir kurz betrachten, wie sich die Ökonomie zur Ökologie verhält.

Ökologie und Ökonomie

Ökologie ist die Lehre vom Naturhaushalt. So lautet in Kurzform eine gängige Begriffsbestimmung. Eine Definition ist das nicht. Von Anfang an, seit der Prägung des Begriffs »Ökologie« durch den deutschen Biologen Ernst Haeckel 1866, war sie nicht wirklich als Wissenschaft abgegrenzt. Haeckel hatte sie als »Oeconomie der Natur« offengehalten. Er drückte damit bereits aus, dass er die Sichtweise der Wirtschaft der Menschen auf die Natur anwenden wollte. Sein *oikos* war das Haus im altgriechischen Sinn des Wortes. Es ging Haeckel um Hauswirtschaft, um die Betriebswirtschaft, wie wir sie heute nennen würden, und nicht um größere Dimensionen wie in den Volkswirtschaften bis hin zur globalen Ökonomie. Die erweiterten Sichtweisen beider Ökonomien entwickelten sich erst im Lauf des 20. Jahrhunderts.

Der Haeckel'sche Bezug auf das Haus entsprach dem Geist seiner Zeit. Das Haus war ein klar umgrenztes Gebilde mit diversen Räumen, bewohnt von Familien mit Gesinde, wenn es sich um Herrenhäuser handelte. Vom Einkommen lebte die Gemeinschaft, die das Haus bewohnte. Sie tätigte Ausgaben und erzeugte Abfälle. Unausgesprochen hatte der Hausherr alles im Griff zu haben, sonst wurde schlecht gewirtschaftet. Die Familie mit ihren Dienstboten und Haustieren bewohnte die Räume, hatte Lagerstellen und musste Energie zuführen, um das Haus auch physisch in Gang zu halten. Das draußen in der Natur zu beobachtende Miteinander und Gegeneinander der verschiedenen Arten ließ sich mit diesem Konzept mühelos auf die Hauswirtschaft übertragen. Die Zimmer wurden zu ökologischen Nischen, die Stockwerke zu einer hierarchischen Gliederung, und dass immer wieder mal Besuch kam, der nicht zum Haus gehörte, passte als Bild auch für die Vorgänge draußen in der Natur. Es war kaum mehr als die Zuteilung eines anderen, im 20. Jahrhundert modern gewordenen Begriffs, dass aus dem Gleichnis vom Haus als Funktionseinheit das »Ökosystem« wurde. »System« suggeriert, dass es sich um etwas Geregeltes handelt. Dem ursprünglichen Denkmuster zum Begriff Ökosystem entspricht am besten der Kühlschrank. Er wird auf einen Soll-Wert eingestellt. Das geschieht über Rückkoppelungen (Feedback).

Es wird sich gleich zeigen, dass diese statische Betrachtungsweise immer noch verbreitet ist und sehr problematisch werden wird als Grundlage für die Wege in die Zukunft. Sie hat im Verlauf der letzten Jahrzehnte sogar zugenommen, seit die popularisierte Ökologie zum politischen Leitbild im Umweltschutz geworden ist. Alles hat nunmehr »öko« zu sein, ansonsten ist es nicht nachhaltig oder schlicht schlecht. Die Vorstellung eines ordentlich geführten Haushalts geriet zum Leitbild und schließlich zum Fernziel des Umgangs mit der ganzen Erde, die unser aller Haus ist. Richtig so? Gut so? Bevor wir dies zu beleuchten versuchen, dürfte der Hinweis angebracht sein, dass für die gute Führung eines Haushalts eine kompetente Chefin und ein die nötige Finanzierung sichernder Hausherr zuständig sind. Einfach und formal ausgedrückt: Der Oikos Haeckel'scher Begriffsprägung setzte ganz klar eine zentrale Steuerung voraus. Wie bei den Organismen selbst.

Es war dies eine Denkweise, die dazu führte, die Lebensgemeinschaften in der Natur zu Super-Organismen zu machen. Wie die Organe im Körper fügen sie sich zusammen, geregelt und gesteuert von der Schaltzentrale (Gehirn = Chef), zu einem Groß-Organismus, in dem jede Art genau ihren Platz einnimmt und ihre Funktion zu erfüllen hat. Wer von außen eingreift, stört das Gefüge, seien es andere Arten, die »nicht hineingehören«, oder andere Menschen. Diese nehmen am wenigsten Rücksicht auf das innere Gefüge des Super-Organismus namens Ökosystem. Sie verändern es und, schlimmer noch, »zerstören ganze Ökosysteme«, wie wir permanent aus Naturschutzkreisen zu hören und zu lesen bekommen. Da dies überall geschieht, stört und zerstört der Mensch das globale Ökosystem, das nunmehr mit dem alten Namen »Gaia« wieder neu personifiziert worden ist: Urmutter. Der ganze Planet als ein mütterlicher Super-Super-Organismus; ein Uterus für alles.

Man kann das so sehen. Die Fakten zwingen dazu jedoch keineswegs. Der Verlauf der Erdgeschichte enthält zwar längere Phasen, in denen sich recht wenig verändert hatte, soweit wir anhand unserer begrenzten Möglichkeiten der Rückschau in so ferne Zeiten sagen können. Dafür gab es aber wiederholt umso heftigere Umwälzungen, die wir als Katastrophen bezeichnen und zur zeitlichen Gliederung der Erdgeschichte benutzen: Einschläge von Riesenmeteoriten, die beinahe alles Leben ausgelöscht hätten, Eiszeiten, von denen mindestens eine so extrem war, dass die ganze Erde mit Eis und Schnee überzogen wurde, das Zersprengen und die Verschiebung der Kontinente, gigantische Vulkanausbrüche und, nicht zu vergessen, die massenhafte Freisetzung von Sauerstoff durch bestimmte Bakterien, der die Gesteine der Landflächen verrosten ließ. Sauerstoff, unser »Lebensstoff«, war Millionen Jahre lang ein todbringendes Gift. Viel schlimmer als die gegenwärtig so geschmähten Stoffe Methan und Kohlendioxid, die zusammen mit Wasserdampf die Atmosphäre zum Treibhaus machen. Der Meeresspiegel stieg und sank mit bis zu 200 Metern Höhenunterschied während des Eiszeitalters. Kontinente trockneten aus, Teile versanken in Flachwasser oder wurden zu gigantischen Sümpfen. Und so fort. So viel zur Urmutter »Gaia«, die für das Leben sorgt, das sie hervorgebracht hat, Parasiten und schreckliche Krankheitserreger mit eingeschlossen.

Wie es in der Natur tatsächlich zugeht, zumindest in Zeiträumen, die Jahren und Jahrzehnten der menschlichen Lebenszeit entsprechen, fasste schon kurz nach Haeckel der deutsche Chemiker Justus von Liebig in eine Art Naturgesetz. Er stellte fest, dass die Produktivität der Fluren begrenzt wird von jenem Stoff unter den für das Wachstum unabdingbaren Stoffen, der im Verhältnis zu den anderen im Minimum ist. Mit diesem nach ihm benannten Liebig'schen »Gesetz des Minimums« revolutionierte er die Landwirtschaft und bahnte den Weg zum Masseneinsatz von Kunstdünger. Obwohl die Liebig'sche Erkenntnis im Unterricht weiterführender Schulen und landwirtschaftlicher Fachschulen gelehrt wird, blieb und bleibt sie von der Ökologie-Bewegung unserer Zeit weitestgehend unbeachtet. Denn auf die Ökologie angewandt, aus der sie ja kommt, auch wenn sie für die Agrar-Ökonomie formuliert worden ist, bedeutet es klipp und klar, dass die Ökosysteme deshalb scheinbar geregelt stabil sind, weil sie wegen Knappheit nicht anders können. Irgendein wesentlicher Bestandteil, ein »Faktor«, also eine Wirkgröße, befindet sich immer im Verhältnis zu anderen im Minimum. Was sich abspielt, hat demzufolge kaum mehr als eine oberflächliche Ähnlichkeit mit einem Organismus, mit unserem zumal, von dem wir intuitiv sehr viel übernehmen und nach außen tragen. Wir sind alles andere als im Minimum. Im Gegenteil: Die tatsächlich in unserem Innern ablaufenden Regulierungsvorgänge halten uns fern davon und sichern damit unser Leben. Erreichen wir den Zustand des Minimums, befinden wir uns an der Schwelle zum Tode. Nicht einmal dieser Zustand des Gleichgewichts hält eine nennenswerte Zeit, denn schnell setzen Zerfall und Verwesung ein, an der eine Fülle kleiner und kleinster Organismen beteiligt ist.

Im aktiven Leben des Organismus wird beständig gegen die Annäherung an das Gleichgewicht gearbeitet. Durch beständige Zufuhr von Energie und die entsprechende Ausscheidung von Abfallstoffen halten wir uns fern vom (thermodynamischen) Gleichgewicht. Dementsprechend sind wir wie alle Lebewesen in aktiv lebendem Zustand mehr oder minder großen Schwankungen unterworfen. Wir nennen sie »Arbeiten« und »Schlafen« und geben auch den Zuständen dazwischen Namen. Wir können messen, was geschieht. Wie weit wir uns zum Beispiel bei anstrengender geistiger Tätigkeit und körperlicher Schwerarbeit mit zusätzlichem Aufwand an Energie vom Grundumsatz im Ruhezustand entfernen. Wir haben für Arbeit sogar ein physikalisch-technisches Maß entwickelt, wie auch für Leistung bei Einsatz von Elektrizität und dazu umgangssprachlich im täglichen Leben. Der Umsatz von Energie lässt sich im Verbrauch von Sauerstoff direkt messen, weil dieser dabei zu Kohlendioxid umgewandelt und ausgeschieden wird. All das ist auf die Lebenstätigkeit aller übrigen Organismen übertragbar. Und damit auf die Natur mit ihren Ökosystemen. In diesen, so die neuere Sicht, abgeleitet von den System-Wissenschaften, findet ein Durchströmen von Stoffen und Energie statt. Der Energiefluss ermöglicht eine gewisse Selbstständigkeit, etwa, dass Bäume himmelwärts gegen die Schwerkraft wachsen oder Vögel fliegen können. Der Stoffumsatz hat den materiellen Nachschub zu liefern und Abfall zu entsorgen.

Ökosysteme funktionieren ganz anders als Organismen. Sie haben keine Abgrenzung gegen andere Ökosysteme, können sich nicht fortpflanzen, und es gibt keinen festgelegten Soll-Wert, wie im Kühlschrank oder in unserem Körper. Dieser »soll« bei knapp 37 Grad Celsius Körpertemperatur stabil bleiben und zudem verschiedenste Stoffe für diverse Funktionen wie Verdauung, unterschiedliche Bewegungen oder Denken in den benötigten Mengen zur Verfügung stellen. Dass dabei der bloße Betrieb unseres Gehirns ein Fünftel des Energie-Umsatzes im Körper in Anspruch nimmt, obwohl es nur zwei Prozent der Körpermasse ausmacht, ist bereits betont worden. Eine solche Zentrale gibt es in den Ökosystemen nicht. Deshalb haben sie auch keinen Soll-Zustand, sondern verschiedene mögliche Zustände. Wird durch Änderung der Verhältnisse der Rahmen des Möglichen überschritten, verändern sich die Ökosysteme rasch und gehen in andere Zustände über. Bis hin zu nichts mehr, wenn wir durch einen gezielten Eingriff alles Lebendige auf einer Fläche vernichten. Dabei hat das Ökosystem weder gelitten noch sonst etwas Menschenähnliches empfunden. Schäden erkennen wir nur in unseren Vorstellungen, insbesondere bezogen auf die Nutzungsansprüche. Dann sind die Insekten oder die Mäuse, die Getreide oder andere Feldfrüchte verzehren, bevor die Bauern ernten konnten, Schädlinge. Für das Getreide selbst, das gemäht wird, dessen Korn (= Fortpflanzungsorgane) zu Brot oder Bier gemacht und dessen Halme zu Stroh verarbeitet werden, sind Heuschrecken oder Mäuse als Nutzer nicht schlimmer. Das Fehlen von Korn wird sich allerdings auf diese Nutzer nachhaltig auswirken, weil sie nicht wie der Landwirt neu ansäen können.

Ohne Ernte, wie immer sie ausfallen mag, durch Vögel, Mäuse oder Menschen, bliebe das Feld auch nicht stabil. In wenigen Jahren würden andere Pflanzen darauf wuchern, ohne dass dies aus rein ökologischer Sicht schlimm wäre. Buschwerk und Bäume würden nachkommen, und nach einigen Jahrzehnten wüchse Wald. Dieser scheint uns nur deshalb so besonders stabil, weil die natürliche Lebenserwartung der meisten Bäume das rund Zehnfache von unserer als Menschen ausmacht. Ein paar Dutzend Baumgenerationen, die ein wenig ineinander gestaffelt aufeinanderfolgen, ergeben ein Jahrtausend. Bereits eine so kleine, noch im Leben mancher Organismen liegende Zeitspanne überschreitet für uns Menschen bereits das konkret Vorstellbare. Zeit bemessen wir intuitiv immer an unserem persönlichen Zeitempfinden. Dieses bleibt nicht konstant, wie wir im Lauf des Lebens erleben. In der Kindheit haben wir ein anderes als im Zustand des Erwachsenseins und erst recht im fortgeschrittenen Alter, wenn uns die Zeit davonzulaufen scheint.

All das und noch viel mehr, was ausgeht von unseren Empfindungen und Erwartungen, fließt hinein in die Vorstellungen von der Natur, ihrer Beständigkeit und ihrer Dynamik. Wir wollen sie beständiger haben, als sie ist, weil wir von unserer eigenen Beständigkeit abhängen. Wo sie uns zu dynamisch vorkommt, versuchen wir sie zu »regulieren«, damit sie möglichst so bleibt, wie wir sie haben wollen. Dazu grenzen wir die »Systeme« nach Gutdünken ab, etwa durch die Anlage von Feldern oder Gärten, mit dem Pflanzen von Bäumen oder durch die Anlage eines Teichs. In der Natur vorhandene Bestandteile, wie Wälder, Bäche, Seen, Flüsse oder Berge, benennen wir und grenzen sie damit verbal von anderen Teilen der Natur ab. Ob wir sie nun als Ökosysteme bezeichnen oder bei Bach, Wiese, Wäldchen bleiben, ändert an ihnen nichts, erweckt aber mehr Wissenschaftlichkeit. Denn der Begriff Ökosystem diente eigentlich dazu, etwas methodisch abzugrenzen, das untersucht werden soll. Erst über die Forschung und die benutzten Methoden wird dann der Bach zum Ökosystem, weil Zustrom von Wasser und Sonnenenergie, Eintrag von Stoffen aus der Umgebung und deren Fracht sowie die Organismen, die im betrachteten Bachabschnitt leben, in einem festgelegten Ausschnitt bilanziert werden. Ökosysteme lassen sich daher beliebig abgrenzen, ohne dass von Natur aus klare Grenzen gegeben sein müssen. Der als Ökosystem untersuchte Garten mag von einem Zaun umgeben sein. Dieser hindert jedoch die meisten Organismen nicht daran, das Gelände zu verlassen oder von außen einzudringen. Was gedüngt und was geerntet wird, lässt sich konkreter auf die Gartenfläche beziehen. Von Menschen Gemachtes und Abgegrenztes, wie die intensiv landwirtschaftlich genutzten Fluren, entsprechen daher mehr der vagen Vorstellung eines Super-Organismus als die wirklich freie Natur.

Ökosysteme stehen draußen nicht einfach so rum. Sie vermehren sich nicht, und sie folgen keiner konkreten inneren Anweisung, wie sie sein sollten. In ihnen läuft ab, was unter den vorhandenen Bedingungen möglich ist. Die gegenwärtige, im Naturschutz verbreitete Tendenz der Personifizierung der Natur verschleiert daher ihr wirkliches Wesen mehr, als sie offenbart. Dass sich Ökosysteme selbst organisieren, dass sie offen und enorm veränderlich sind, geht bei ihrer Vermenschlichung verloren. Doch genau dies ist das Wichtigste. Das von Ernst Haeckel mit dem Fachbegriff Ökologie begründete »Haus« hat kein Dach, keine Wände, keine Zimmer. Und damit auch keine vorgegebenen »ökologischen Nischen«. Solche kommen erst zustande über die Organismen, die den Raum besiedeln und die Ressourcen nutzen. Die Landwirtschaft schlägt sich von jeher damit herum, weil sie mit dem, was sie anbaut, etwas aufwachsen lässt, das andere Organismen nutzen können und es auch zu nutzen versuchen.

Die Ökologie lässt sich wie die Ökonomie in verschiedene Ebenen gliedern. Das ist oft durchaus sinnvoll, auch wenn damit zwangsläufig getrennt wird, was zusammengehört und unabhängig voneinander allenfalls kurzzeitig funktioniert. Die unterste Einheit ist das Individuum, also der Mensch in der Ökonomie oder ein anderes Lebewesen in der Ökologie. Dieses Individuum tauscht sich mit der Umwelt aus. Es nimmt Stoffe und Energie auf und gibt das Genutzte wieder ab, bis auf jenen Rest, der beim Wachstum im Körper verbleibt. Die Aufnahmen und Abgaben bilden den Grundbedarf. Dieser lässt sich messen, und die Befunde können mit anderen Organismen verglichen werden. So haben die Menschen in Europa, Ostasien und Nordamerika einen durchschnittlich weit höheren Umsatz als solche in einkommensschwachen Bevölkerungen tropischer Regionen. Bekannte Klage: Wir in der »Ersten Welt« verbrauchen zu viel, und das auf Kosten der Menschen in den Entwicklungsländern. So ein Befund ergibt sich gleichfalls für die Hunde, die bei uns leben, aber auch für die Pflanzen, die wir anbauen, um Nahrung zu bekommen. Sie erhalten ein Vielfaches an Energie und Mineralstoffen, verglichen mit den artgleichen Pflanzen in vielen anderen Ländern. Für die (art-)gleichen Individuen ist daher eine starke globale Ungleichheit festzustellen. Aus Gründen, die sich aus der Betrachtung der zweiten Ebene offenbaren.

Die zweite Ebene: Die meisten größeren Arten von Tieren und Pflanzen leben ähnlich wie wir Menschen in Populationen. Diese bilden natürlicherweise Fortpflanzungsgemeinschaften. Natürlicherweise wird hier betont, weil wir zahlreiche Populationen, die in unserem direkten Umfeld leben, so verändert oder so sehr unter Kontrolle haben, dass sie sich nicht mehr von sich aus fortpflanzen können. Das ist so bei vielen Hunden, die in enger Gemeinschaft mit Menschen leben. Nutztieren, wie Rindern, Schweinen und anderen, ist die eigene Fortpflanzung sogar weitgehend genommen. Die weiblichen Tiere werden künstlich besamt, damit sie aus Sicht der Nutzer qualitativ hochwertige Nachkommen produzieren. Manche Pflanzen können überhaupt nur durch raffinierte Zuchtprozesse und gentechnische Veränderungen weiter existieren. Die bekanntesten Fälle sind der Hybrid-Mais und gentechnisch neue Getreidesorten. Damit sind solche Arten dem Grundprinzip der Populationen entzogen, das auf Paarung und Vermehrung und dem daraus sich ergebenden Wachstum beruht.

Die Menschheit beansprucht für sich selbst hingegen ein unkontrolliertes Wachstum, das in einem wesentlichen Teil der globalen Bevölkerung nicht einmal den Frauen ein gebührliches Maß an eigener Entscheidung erlaubt, wie viele Kinder sie haben sollen. Inzwischen leben acht Milliarden Menschen auf der Erde. Weil die dem ungebremsten Wachstum von Populationen entgegenwirkenden Faktoren seit Beginn der Massenvermehrung der Menschen nahezu völlig außer Kraft gesetzt sind, nämlich Krankheiten und Hungersnöte, vermehren sich Bevölkerungen in Entwicklungsländern viel stärker, als ihre eigenen Lebensgrundlagen dies zuließen. Krankheiten und Hunger waren seit der Entwicklung von Ackerbau und Viehzucht die beiden Hauptkontrolleure der Bevölkerungen sesshaft gewordener Menschen, oft noch verstärkt durch Kriege und die damit verbundenen Verluste an Menschenleben.

Würden sich die menschlichen Bevölkerungen wie stabile Tierpopulationen verhalten, müssten den Geburten pro Generation entsprechend ausgleichende Todesfälle gegenüberstehen. Kurzfristige »Überschüsse« würden über Abwanderung ausgeglichen. Schrumpften die Populationen, böten sie für Zuwanderung Raum. Diese vier Hauptfaktoren – Geburten- und Sterberate, Immigration und Emigration – glichen sich in der Menschheitsgeschichte langfristig deshalb in etwa aus, weil die Leistungsfähigkeit der Umwelt, die natürliche Kapazität, die Grenzen setzte. Diese entspricht dem oben angeführten Minimums-Prinzip. Das ist allerdings Regelung auf die harte Tour, nicht die innere, sich auf optimale Verhältnisse einstellende Steuerung. Krankheiten und Feinde verhindern oft, dass es zu allzu großer Verknappung der Ressourcen mit der Folge fataler Hungersnöte kommt. Seuchen machten Geschichte; das kann kaum oft genug betont werden. Einsicht könnte eine Regelung durch Mäßigung beim Menschen eigentlich auch bewirken. Sie schien sich nach der Mitte des 20. Jahrhunderts tatsächlich durchzusetzen, als insbesondere in Europa und Japan die Geburtenraten stark zurückgingen. Als »Vorreiter«, wie es in Anlehnung an den kriegerischen Sprachgebrauch seit geraumer Zeit im journalistisch-umgangssprachlichen Bereich heißt, machte man (nein, »frau«) vor, dass das geht und wie es geht. Allerdings darf bezweifelt werden, ob wirkliche Einsicht den Rückgang der Geburtenrate bewirkte oder doch weit mehr die verfügbar gewordene »Pille«, die die nun zunehmende Selbstverwirklichung der (jungen) Frauen ermöglichte. Mit Folgen.

Die Menschheit als Ganze kümmerte dieses Vorreiter-Beispiel nicht. Sie vermehrte sich weiter und verdoppelte ihre Kopfzahl, während in den meisten Ländern Europas die Bevölkerungen langsam, aber deutlich zu schrumpfen anfingen. Das hatte zwei Entwicklungen zur Folge, mit denen die Gesellschaften in Europa nun zu kämpfen haben. Die erste war die absehbare, alsbald unübersehbare Verknappung von Arbeitskräften, die erwirtschaften sollten, was den in Rente Gegangenen gezahlt werden muss. Die allzu kurzsichtig in Wahlperioden agierende Politik hatte dafür nicht entsprechend vorgesorgt und zu wenig zurückgelegt. Die zweite Folge war und ist der Ansturm von Migranten aus Regionen mit hohen Geburtenüberschüssen und wenig Zukunftsperspektiven. Da Europa sogar bei illegalem Eindringen weit mehr an Sozialleistungen zur Verfügung zu stellen bereit ist, als die Immigranten in ihren Herkunftsländern selbst hätten erarbeiten können, war und ist es attraktiv genug, das Leben zu riskieren, um nach Europa zu gelangen und darin Länder aufzusuchen, in denen ihnen am meisten geboten wird. Diese Vorgänge sind so »natürlich«, dass alles Beiwerk an Erklärungen oder Rechtfertigungen dagegen unnatürlich wirken muss. Europa ist, nüchtern betrachtet, dabei, sich eine Population von neuartigen »Sklaven« aufzubauen, die all jene Arbeitskräfte stellen sollen, an denen es den Unternehmen und Kommunen mangelt. Die Europäer waren und sind offensichtlich nicht in der Lage, eigenstabile Systeme zu entwickeln. Darüber zu lamentieren und »Remigration« zu fordern entschärft die Problematik ebenso wenig wie die Forderung nach mehr und schnellerer Integration, die höchst blauäugig erzielt scheint, wenn die Migranten in Arbeit gekommen sind. Wäre dies wirklich Integration, käme es einem Wunder gleich. Es fehlen die entsprechenden Mengen junger Frauen. Die sozialen und religiösen Verhältnisse, aus denen die Migranten stammen, sind anders und wirken nach; sehr lange, wie die längst nicht wirklich vollzogene Integration der Gastarbeiter der Jahrzehnte des Wirtschaftswunders der Nachkriegszeit hinlänglich beweist. Doppelte Staatsangehörigkeit drückt auch nicht gerade volle Integration aus. Diese hat stets zwei Seiten – die der Fremden, die ins Land gekommen sind, und die der dortigen Bevölkerung, die sie aufnehmen soll. Beunruhigendes hierzu zeigen Blicke auf die Verhältnisse in Staaten mit früherer Masseneinwanderung.

Ähnliches war ja mit anderer Zielrichtung vom späten 17. bis Anfang des 20. Jahrhunderts mit der Emigration aus Europa in die »neuen Welten« geschehen. Diese waren keineswegs menschenleer, ließen sich aber dazu machen über die Vernichtung der indigenen Bevölkerungen mit Waffengewalt und mit den eingeschleppten, noch tödlicheren Seuchen. Wer sich in die Geschichte vertieft, wird, wie bereits erwähnt, eine nahezu ununterbrochene Folge von Emigrationen und Immigrationen vorfinden. In den Hauptphasen des kontinentweiten Geschehens firmieren sie unter Völkerwanderungen. Da es dabei letztlich um Gewinn neuer Flächen und Ressourcen geht, führt die Betrachtung der Vorgänge auf der Ebene von Populationen zur erweiterten Betrachtung, zum »System«.

Dieses besteht in der wechselseitigen Bedingung von Nutzung und Leistung, von Produktivität und Verbrauch. Die Ökologie unterteilt diese auf Nutzung bezogenen Systeme in drei Hauptbereiche der Ökosysteme: die Produzenten, die Konsumenten und die Reduzenten. Produzenten sind im Wesentlichen die grünen Pflanzen, Konsumenten die Tiere, die davon leben, auch solche, die andere Tiere erbeuten, weil auch diese sich letztlich von Pflanzen ernährt hatten, und Reduzenten sind all die Organismen, die abbauen, was übrig bleibt. Sie schließen den Kreislauf. Angetrieben wird dieser von der Energie der Sonne.

Im Idealfall verbliebe kein unabgebauter Rest, und die Stoffe würden nahezu vollständig zirkulieren. Einem solchen Idealfall kommen die ausgewachsenen Urwälder der Tropen am nächsten, weil alles wieder recycelt wird, die Blätter, das Holz, die toten Tiere. Verluste gibt es dennoch. Sie sind unvermeidlich. Diese verlassen die Wälder Amazoniens oder des Kongobeckens über die beiden für die Regionen namensgebenden Flüsse. Würden Wind und Wetter nicht auf dem Luftweg ergänzen, was übers Wasser der Flüsse verloren geht, müssten die so üppig wachsenden Tropenwälder über kurz oder lang zusammenbrechen. Die Sahara ernährt mit mineralhaltigem Staub tatsächlich den amazonischen Regenwald über die Passatwinde. Ins Kongobecken trägt der Wüstenwind gleichfalls mineralisches Material ein, und viel kommt zusätzlich von den Vulkanen des ostafrikanischen Hochlandes. Diese erwiesen sich bereits von großer Bedeutung bei der Darlegung der Evolution der Gattung Mensch. Im Großen, wie hier dargelegt in der transkontinentalen Dimension, wie im Kleinen auf dem Feld, das der Landwirt mit Dünger ferner Herkunftsorte beschickt, sind Verluste unvermeidbar. Sie müssen ausgeglichen werden, sollte die Leistung erhalten bleiben. Dafür wird Energie gebraucht. Solare Energie, die die tropischen Windgürtel antreibt, entspricht in großem Maßstab der von der Landwirtschaft lokal eingesetzten Energie. Jahrtausendelang ergänzte und verstärkte die Kraft von Zugtieren die Menschenkraft bei der Feldarbeit. Seit dem 19. Jahrhundert tut dies Motorenkraft mit ungleich größerer Leistung.

Was die wissenschaftliche Ökologie in diesem Sinne bilanziert, setzt sich zusammen aus einer Vielzahl von Organismen mit ganz unterschiedlichen Lebensstilen. Wir nennen sie Arten und ihre Gesamtheit, auf ein Gebiet, eine Region oder auch nur auf eine abgegrenzte Untersuchungsfläche bezogen, die Biodiversität. Diese Zusammenfassung verbirgt, dass die verschiedenen Organismen keineswegs nur zusammenarbeiten, was viele sehr effizient tun, sondern durchaus auch gegeneinander. Wir gliedern dieses Geschehen in Konkurrenten, Feinde, Krankheitserreger, Eindringlinge (invasive Arten), häufige und seltene Arten. Die Konkurrenz wirkt am stärksten innerhalb der jeweiligen Art, weil die ihr Zugehörigen einen gleichartigen Lebensstil verfolgen und damit die gleichen Ressourcen nutzen. Zu dieser innerartlichen Konkurrenz kommt die zwischenartliche, wenn verschiedene Arten mit unterschiedlichen Fähigkeiten die gleiche Nahrungsgrundlage und den gleichen Lebensraum zu nutzen versuchen. Die Ökologie verfügt über ganz brauchbare Modelle, unter welchen Bedingungen die Konkurrenz verschiedener Arten zu Koexistenz führt oder die stärkere die konkurrenzschwächere(n) verdrängt. Entsprechendes gilt für Verluste an Feinde und die Wirkungen von Parasiten und Krankheiten.

All das lässt sich nahezu wortwörtlich gleich formulieren für die Ökonomie. Ökologie und Ökonomie geraten damit nicht in Konflikt, wie es sehr häufig ausgedrückt wird. Ein solcher kommt erst zustande, wenn entgegengesetzte Ziele bei der Nutzung der Natur verfolgt werden. Die Ökologie als Weltsicht und politische Bewegung hat fast immer ganz andere Vorstellungen als die Ökonomie. Diese ist ertragsorientiert, die Ökologie ausgerichtet auf Erhaltung. Ihr geht es um die Bewahrung der natürlichen Lebensbedingungen mitsamt der Vielfalt der Organismen in einem globalen oder regionalen System, in das sich die Ökonomie zum Wohle aller einfügen soll. Diese will jedoch Erträge maximieren, was nur geht durch weitgehende Veränderung der natürlichen Verhältnisse oder durch deren Vernichtung. Die Ziele könnten also unterschiedlicher kaum sein. Die Erfolge scheinen der Ökonomie recht zu geben. Es leben jetzt so viele Menschen auf der Erde wie noch nie, und immer mehr führen ein gutes Leben. Die Vernichtung von Natur gibt hingegen der ökologischen Gegenbewegung recht. Sie sagt, die Zukunft stehe auf dem Spiel.

Die Krise

Wir leben in einer existenziellen Krisenzeit. Das hämmern uns die Medien unablässig ein. Das Klima bricht zusammen, demnächst schon. Biodiversität wird unwiederbringlich vernichtet. Ressourcen werden aufgebraucht, die spätere Generationen zur Verfügung haben sollten, und die Menschheit wächst und wächst. Wie es dazu kam, lässt sich ziemlich genau skizzieren, weil die heute Älteren den Weg in die aktuelle Krise direkt erlebt haben. Es muss nichts rekonstruiert werden.

Die heiße Phase setzte in den 1950er-Jahren ein, nachdem die schlimmsten Folgen des Zweiten Weltkriegs überwunden waren. Die Wirtschaft florierte dank der Zerstörungen, die der große Krieg angerichtet hatte. Es ging aufwärts, und das in allen Schichten der Gesellschaft, wenige zurückgebliebene oder sich selbst aktiv abschottende Länder ausgenommen. Niemals fielen Brutto- und Netto-Zuwachs bei Erträgen und Löhnen so gut aus, und alles wäre eitel Sonnenschein gewesen, hätte mit der anhaltenden Konfrontation der beiden Weltmächte Sowjetunion und USA nicht ein dritter Weltkrieg mit atomarer Vernichtung gedroht. Mit der Kuba-Krise erreichte die Bedrohung den Höhepunkt, technologisch im ersten künstlichen Satelliten, dem Sputnik, und der Mondlandung der Amerikaner. Den Antrieb des enormen Wirtschaftswachstums lieferte das Erdöl. Es war zum Hauptenergieträger geworden. Letztlich hatte dessen Verfügbarkeit maßgeblich zum Ausgang des Zweiten Weltkriegs beigetragen. In diesem hatte sich bereits der Wechsel vom direkten Kampf von Menschen gegeneinander zum Krieg der Energien vollzogen. Die Atombomben auf Hiroshima und Nagasaki markieren die Überschreitung des Rubikons. Das Kartell der Öl exportierenden Staaten, der OPEC, versuchte sich mit der von ihr ausgelösten Ölkrise von 1973 in dieser neuartigen wirtschaftlichen Kriegsführung. In Dschungelkriegen nützte technische Überlegenheit wenig. Der Vietnamkrieg ging zunächst für Frankreich, dann noch folgenschwerer für die USA verloren. Die Weltmacht erwies sich als schlagbar, wie bald darauf die andere Weltmacht, die Sowjetunion, im Afghanistan-Krieg. Deren Fehler machten die USA und die von ihr mit hineingezogenen Truppen aus Europa dennoch sogleich wieder. Die Niederlagen hinterließen Schlimmeres als die vorherigen Verhältnisse. Lehren wurden daraus nicht gezogen. Militäreinsatz folgte auf Militäreinsatz. Im Irak, in Syrien, in Palästina, in Afrika, im Balkankrieg und gegenwärtig in der Ukraine. Der Zusammenbruch der Sowjetunion, der ab 1990 mit der Wiedervereinigung Deutschlands und der Freiheit der sowjetischen Satellitenstaaten das Ende der Kriege hätte bringen können, erwies sich als trügerische Hoffnung.

Das »Ende der Geschichte« war mit dem kampflosen Sieg des Westens über die kommunistische Weltmacht im Osten keineswegs erreicht. Im Gegenteil. Neue Konflikte flammten auf und wurden zu Flächenbränden. Die Menschheit hörte nicht nur nicht auf, gegeneinander Krieg zu führen, sondern rüstete weiter auf. Während sich die USA noch in ihrer Siegerrolle feierten, trotz aller verlorenen Kriege, die sie seit Ende des Zweiten Weltkriegs geführt hatten, stieg das vom Großen Vorsitzenden Mao geknechtete und ruinierte China innerhalb weniger Jahrzehnte zur neuen Weltmacht auf. Es hatte staatlichen Zentralismus mit kapitalistischer Wirtschaft kombiniert und das ausgespielt, woran es Überfluss hatte: Menschen als Arbeitskapital. Gegenwärtig hängt es davon ab, welcher Indikator angewandt wird, ob die globale Nummer eins noch die USA sind oder ob dies bereits China geworden ist. Wie sehr die Weltwirtschaft bereits von China abhängt, offenbarte sich dramatisch in den Jahren der Corona-Krise.

Waren diese Entwicklungen die Auslöser für die globale Krise, in der sich die Menschheit befindet? Ursachen ja, aber nicht die alleinigen und nicht einmal die bedeutendsten. Denn Kriege führt die Menschheit nahezu immer und immer wieder, ohne so etwas wie einen vernünftigen Grund dafür zu haben. Dass die Kriege im 20. und im begonnenen 21. Jahrhundert globale Folgen zeitigen, liegt an der globalen Vernetzung der Wirtschaft und dem Bevölkerungswachstum. Nie zuvor lebten so viele Menschen wie jetzt im 21. Jahrhundert. Der Anteil der direkt von Kriegen betroffenen und der ihnen zum Opfer gefallenen Menschen liegt dennoch niedriger als in früheren Zeiten. Davon gehen manche Forscher aus. Die Krise unserer Zeit könnte also nicht mehr und auch nicht weniger sein als die Fortsetzung von Krisen, die die Menschen immer wieder heimsuchten. Betroffen war auch, wer unbeteiligt war und die Kriege gar nicht gewollt hatte. In einem größeren Land eine Friedenszeit von der Dauer eines durchschnittlichen Menschenlebens erlebt zu haben stellt ein denkbar günstiges Schicksal dar.

Die Krise unserer Zeit ist real. Sie ist nicht herbeigeredet von Kreisen, die wie immer bei Krisen und Kriegen geschickt genug sind, sich daran zu bereichern. Denn die drei Hauptkomponenten unserer Gegenwartskrise sind objektiv vorhanden, nachprüfbar und, falls überhaupt noch, nur global lösbar. Es sind dies, wie erwähnt, das rapide Anwachsen der Bevölkerung, die davon verursachte, drastische Verschlechterung der Lebensbedingungen auf der Erde und die Vernichtung von Biodiversität. Alle drei wurden ab den 1970er-Jahren international thematisiert. Den Anfang machte der Club of Rome mit dem von Denis Meadows verfassten Buch *Die Grenzen des Wachstums* (*Limits to growth*). Mit einfachen Computermodellen hatte man errechnet, dass die Vorräte an Ressourcen, die lebenswichtig, zumindest unentbehrlich für die Wirtschaft sind, alsbald zur Neige gehen werden. Die Jahrtausendwende rückte als geradezu magische Zeitgrenze in den Fokus des globalen Geschehens. Wie schon 1000 Jahre vorher mit dem Ende des ersten Jahrtausends der christlichen Zeitrechnung die Endzeit erwartet worden war: als »Jüngstes Gericht«, als Ende der Menschheit, als Höllensturz oder was auch immer. Wie damals befürchten dies heute vorwiegend junge Leute, die mit Endzeitprognosen aufgewachsen sind. Als »Letzte Generation« klebten sich manche auf Straßen, Startbahnen von Flugzeugen und verschmutzten Kunstschätze.

Zwei Trends hatte der Club of Rome in den 1970er-Jahren als Ursachen der Krise angeprangert, den extrem gesteigerten »Verbrauch« an Energie (Kohle, Erdöl, Erdgas) und das exzessive Wachstum der globalen Bevölkerung. Im Anglo-Amerikanischen wurde dieses mit »The

Population Bomb« ausgedrückt, was mit der Singularität »der Bombe« suggestive Ähnlichkeit mit der Atombombe schuf. Damals war die Menschheit gerade ungefähr halb so zahlreich wie gegenwärtig. Doch je mehr Zeit ins Land ging, desto größer wurden die Vorräte noch nutzbarer Energieträger, sodass spöttisch bemerkt wurde, alle 30 Jahre reichen sie noch weitere 30 Jahre. Und als am Ende des 20. Jahrhunderts die Welt nicht unter der ihr vom Menschen aufgebürdeten Last implodierte, wurde es stiller um die Bevölkerungsexplosion, wie die »Population Bomb« eingedeutscht worden war. In der öffentlichen Meinung wurden Warnungen vor den mit der Bevölkerungsexplosion verbundenen Gefahren nun als rassistisch und diskriminierend eingestuft, weil sich hauptsächlich die weiterhin extrem anwachsenden Völker Afrikas bremsen sollten. Die Europäer waren bereits in die Phase des anstatt »Abnahme« geradezu idiotisch so genannten »negativen Wachstums« eingetreten. Somit hätte sich die Last der Verantwortung auf die Bevölkerungen Afrikas, des Vorderen Orients und Südamerikas verschieben müssen, nachdem China mit rigorosen staatlichen Maßnahmen das weitere Anwachsen seiner Bevölkerung gestoppt und unter der Schwelle von eineinhalb Milliarden gehalten hatte. Mit weiterhin abnehmender Tendenz. China durfte als kommunistisches Land nun aber auf keinen Fall Vorbild sein, das gebot die von westlichen Kreisen vertretene Ideologie.

Peinlicherweise scheiterten inzwischen die düsteren Prognosen zu zwei anderen Themen, die ab den 1970er-Jahren die Schlagzeilen gefüllt und große Ängste geschürt hatten, zum »Waldsterben« und zur Atomkraft. Das europäische »Waldsterben«, von dem sich Deutschland besonders betroffen fühlte, jedoch ausblendete, dass es mit seinen Massenimporten von Futtermitteln aus Übersee hauptverantwortlich an der Vernichtung tropischer Regenwälder beteiligt ist, dieses (deutsche) Waldsterben starb einen stillen Tod um die Wende zum neuen Jahrtausend. Der Wald war da in Deutschland keineswegs verschwunden, sondern massereicher an Holz als 30 Jahre zuvor beim Beginn seines befürchteten Sterbens. Neuerdings ist das Waldsterben auf andere Weise wieder auferstanden. Jetzt bedroht der Klimawandel die Forste, deren Bäume offensichtlich an falschen Stellen gepflanzt worden waren: Fichten im für sie zu warmen Flachland, aber auch Laubbäume in großen Reinbeständen, um zu gegebener Zeit zu ernten, wie es in der Landwirtschaft gemacht wird. Von standortgemäßen, halbwegs natürlichen Wäldern sind Forste weit entfernt – und deshalb so anfällig.

Das Thema Atomkraft wurde mehr im Verborgenen abgewickelt, nachdem es unmittelbar davor öffentliche Schlachten um die Atomkraft und ihre friedliche Nutzung zur Erzeugung von elektrischem Strom gegeben hatte. 1986 explodierte das Kernkraftwerk Tschernobyl in der nördlichen Ukraine nahe der Grenze zu Weißrussland. Auch wenn die Ursache menschliches Versagen gewesen war, kein technischer Defekt, offenbarte die radioaktive Wolke, die sich westwärts nach Zentraleuropa verlagerte und nordwärts ins östliche Skandinavien zog, die Risiken der Atomkraft. Mit der Katastrophe von Tschernobyl setzte in Deutschland als der damals global wirtschaftlich drittstärksten Industrienation die politische Wende gegen sie ein, und der europaweite Aufstieg von »grünen« Parteien begann. Die Katastrophe von Fukushima setzte den Schlussstrich. Allerdings nicht in Japan und im großen Rest der Welt, sondern im nicht betroffenen Deutschland. Nicht thematisiert wurde, was nach Tschernobyl in der Natur geschah. In der großen Sperrzone entstand das beste, weil total vor Ein- und Übergriffen seitens der Menschen geschützte Naturgebiet. So absurd es klingt, der Super-GAU war unter den gegebenen Bedingungen unserer Zeit das Beste, was der freien Natur passieren konnte: Ein großes Stück Land, das Menschen selbst unbewohnbar und nicht mehr nutzbar gemacht haben, wurde zur Arche Noah für ansonsten intensiv verfolgte und weithin ausgerottete Tiere. Der Ausdruck »strahlende Zukunft« erhielt einen bitteren Doppelsinn.

Damit ist das dritte Hauptthema der Krise unserer Zeit angesprochen, der Verlust von Biodiversität durch Vernichtung artenreicher, natürlicher Lebensräume. Was derzeit geschieht, wird einem erdgeschichtlichen Massensterben gleichgesetzt, wie es vor allem die Einschläge von

Riesenmeteoriten verursacht hatten. Die Dinosaurier waren einem solchen vor 66 Millionen Jahren zum Opfer gefallen. Nach dem zu Ökologie und Ökonomie Ausgeführten wird verständlich, warum dieser Vorgang am wenigsten öffentliche Aufmerksamkeit erregt. Die Landwirtschaft will gar keine anderen Arten als ihre Nutzpflanzen und Nutztiere. Sie kann mit Artenvielfalt, gelinde ausgedrückt, nichts anfangen, zumindest die in Verdrehung der Tatsachen »konventionell« genannte Wirtschaftsweise. Dass bunte Schmetterlinge über den Wiesen fliegen und Lerchen über den Feldern singen sollen, hält sie für romantische Hirngespinste von Menschen, die keine Ahnung von der Härte des (allerdings so hochgradig mit öffentlichen Geldern subventionierten) Wirtschaftens in der PS-starken Agrarökonomie haben. Die amerikanischen Produzenten von Soja für europäisches Stallvieh halten die Öko-Grünen für Spinner, die nicht begreifen, dass man von bunten Papageien oder der Vielfalt lästiger Ameisen nicht leben kann und dass die halb nackten Indios Amazoniens ohnehin zivilisiert werden müssten. Mehr noch, warum sollten Brasiliens Regenwälder überschüssiges Kohlendioxid aus den reichen Ländern Europas, Ostasiens und Nordamerikas aufnehmen? Sollten doch diese selbst weniger Auto fahren oder geeignete Maßnahmen ergreifen, Kohlendioxid aus der Luft zu entfernen. Zu zahlen haben die Reichen so oder so, erwarben sie ihre wirtschaftliche Vormachtstellung doch durch Jahrhunderte kolonialer Ausbeutung der Tropenländer. Daher können die Menschen in diesen Regionen nur »gut« sein, gleich was sie tun, auch wenn sie fast alles den Europäern und ihrem mächtigen Ableger in Nordamerika nachmachen.

Die Verursacher des nunmehr angeblich drängendsten Problems überhaupt, des Klimawandels, sind klar die einstigen Kolonialherren. Sie haben die Wirtschaft auf die fossilen Energien umgestellt, die Zusammensetzung der Atmosphäre damit verändert und die fortschreitende globale Erwärmung in Gang gesetzt. So kam es, in überzeichneter Kürze zusammengefasst, zur globalen Krise unserer Zeit. Die Kriege wirken weniger, weil sie zwischenstaatlich geführt werden und nicht die unmittelbar globale Dimension haben wie Bevölkerungswachstum, Vernichtung von Biodiversität und Klimawandel. Diese sind die entscheidenden Treiber, die die Menschheit in die größte aller Krisen geführt haben, denen sie jemals ausgesetzt war. Sie hat existenzielle Dimension erreicht, beklagt die globale Naturschutzbewegung, unterstützt von großen Teilen der Umweltwissenschaften. Besonders die Warner werden dennoch nicht müde, zu betonen, dass das Schlimmste abzuwenden sei, wenn sich die Menschen bessern. Wie also sieht es aus mit unser aller Zukunft?

Die Zukunft

Die Gegenwart ist bereits Zukunft. Zu einem wesentlichen Teil zumindest, denn was hier und jetzt geschieht, wirkt weiter, oft stärker noch als die Änderungen, die durch Gegenmaßnahmen in Gang gesetzt wurden. Für die Jahrzehnte vor uns bilden die aktuellen Verhältnisse gemeinsam mit den Neuerungen das einigermaßen Voraussehbare. Nicht Vorhersehbares kommt hinzu. Auch für die besten Projektionen aus Modellrechnungen leistungsstarker Computer gilt: Die Zukunft ist offen. Wie offen, das wissen wir nicht, wie sehr sie vorherbestimmt wird durch unser Tun und Streben, das wissen wir auch nicht wirklich. Sicher ist lediglich, dass beides zusammenwirkt, das Vorbestimmte, weil Angebahnte, und das Unbestimmte, das Unerwartete. Das soll keine tiefsinnig philosophische Feststellung sein, sondern anmahnen, offen zu bleiben, um rasch und passend auf das reagieren zu können, was da kommt. Der gesunde Menschenverstand gebietet dies. Wenig hat dieser zu sagen nach Ansicht vieler. Diese sehen in der Zukunft »ihre Chance« und bauen sie zu einer umso größeren Bedrohung, je weiter sie vom Heute entfernt ist. Denn das schützt ihre »Prognosen« vor der Prüfung, ob sie stimmen. Für die Kassandren aller Zeiten war es immer gut und vernünftig, den (Welt-)Untergang weit genug in die Zukunft zu verlagern. Das ist in unserer Zeit nicht anders, auch wenn sich die Methoden seit der »Vogelschau«, dem *Auspizium* der römischen Zeit, oder dem Delphischen Orakel des alten Griechenlands »verwissenschaftlicht« haben. Schon die Bibel blieb beim »Jüngsten Gericht«, das am »Jüngsten Tag« alle heimsuchen wird, gänzlich unbestimmt. Näher auf unsere Zeit bezogen droht uns das Ende des Lebens, wie wir es kennen. (Wer ist da »wir«? Sind es Menschen in Hamburg, Singapur und New York City, denen der Anstieg des Meeresspiegels droht? Oder in Slums der Riesenstädte lebende oder immer noch in den Wäldern Amazoniens weitgehend nackt umherstreifende Menschen?) Nachdem bei der Jahrtausendwende nichts passierte, weil sie nichts weiter als eine Erfindung eines letztlich beliebigen Kalenders war, wird »uns« (gleiche Frage, wer gemeint ist?) nun die Apokalypse gegen Ende des 21. Jahrhunderts ereilen. Die meisten der heute Lebenden erleben sie nicht mehr. Wenn doch, dann in bereits so fortgeschrittenem Alter, dass die Erinnerungen an die ferne Zeit der 2020er-Jahre keine große Rolle mehr spielen. Regionalere und konkrete Untergangsprognosen zum deutschen Wald sind abgehakt, das ominöse Jahr 1984 von George Orwell ebenfalls, und Aldous Huxleys »Schöner neuer Welt« gibt sich ein wachsender Teil der Menschheit hin trotz Überwachung durch die vielen unsichtbaren Augen »großer Brüder« im Internet. Umso ernster nehmen besonders in Deutschland die mit dem Datenschutz Beauftragten ihre Aufgabe wahr, den hiesigen Behörden zu verbergen, was global längst bis ins Kleinste durchleuchtet ist.

Was soll es, in die Zukunft blicken zu wollen? Bei der Vielzahl der Möglichkeiten wird es immer einige Vorhersagen geben, die per Zufall eintreffen. Ob sich solche Prognostik von Effekten wie »Glück gehabt« trennen lässt, sei dahingestellt. Die der Gestaltung der Zukunft auftragsgemäß durch Wahlen Verpflichteten oder die anderweitig politisch an die Macht Gekommenen erkannten bei allen sich im Nachhinein als wichtig erweisenden Ereignissen nicht rechtzeitig, was geschehen wird, sei es beim Zusammenbruch der Sowjetunion und der plötzlich möglich gewordenen Wiedervereinigung Deutschlands oder bei der stillen Übernahme der Formung der öffentlichen Meinung durch das Internet. Längst gehen *biased news* in breitem Strom in *fake news* über, weil Informationen stets schlagseitig verbreitet werden. Bei der Auswahl und der Vorab-Bewertung zählt, was gerade (noch) Mainstream-Stimmung ist oder von den Medien politisch für richtig gehalten wird. Folgerichtig sehen die »Alten Medien« in den »Neuen« ihre größten Feinde und beklagen sich darüber. Das wirkt sich unvermeidlich global auf die »Modelle« aus, die nur dann »richtig« sind, wenn sie das jeweils Erwartete oder für richtig Gehaltene wiedergeben oder dieses noch verschlimmert ausdrücken. Bei den vielen einander widerstreitenden oder miteinander konkurrierenden Kräften kommt so wenig Änderung zustande. Die Zukunft wird permanent in die Zukunft verschoben, wie die viel beschworene, aber nie wahrgenommene Verpflichtung für die folgenden Generationen auch.

Die Forderung nach einer zukunftsgerichteten Generationengerechtigkeit bietet einen geeigneten Einstieg in die natürlich schlagseitige, weil von (m)einer Haltung ausgehenden Behandlung der Zukunftsproblematik. Wir kennen sie ja nicht, die nach uns kommenden Generationen. Wer selber keine Kinder hat, ist emotional am wenigsten betroffen. Viele sind ohnehin mit den Ansichten und dem Verhalten der Kinder »der heutigen Zeit« wie eh und je nicht zufrieden. Insgeheim stimmen sie der Aufforderung Goethes zu: »Was du ererbt von deinen Vätern hast, erwirb es, um es zu besitzen!« Wie wahr und wie wichtig, kann man bei halbwegs unvoreingenommener Beurteilung diese Mahnung nur bekräftigen. Und sie auf unsere Zeit und unser Handeln beziehen. Dieses soll nun an ausgewählten Aspekten versucht werden; an Aspekten, die zumindest nach verbreiteten Ansichten als wichtig für die Zukunftsgestaltung gelten.

Der erste Punkt ist so trivial, dass ihn zu erwähnen fast überflüssig erscheint: Die Zukunft ist die Zeit der Kinder und Enkel, nicht unsere, die wir gegenwärtig so extrem auf die Erde einwirken. Wer keine Kinder und Enkel hat oder so wenige, dass leicht auszurechnen ist, wann die eigene Linie erlöschen wird, braucht sich allenfalls um die allernächste Zeit Sorgen zu machen. Selbstverwirklichung ist dann »angesagt«, weil es bald zu spät sein wird für das jetzt noch Mögliche. Zukunftsängste müssten hingegen jene entwickeln, die viele Kinder und Enkel haben und die mit ihrer Vermehrung rasch immer größere Teile in einer Gesellschaft, in einem Staat, einnehmen. Oder Menschen, die auf Kontinenten mit stark wachsender Bevölkerung leben. Seltsamerweise verhält es sich genau umgekehrt. Zukunftsängste äußern jene am meisten, die wenig oder keine Zukunft haben bei ihrem bereits erreichten Alter und ihrer praktizierten Lebenseinstellung. Dieser Befund, der global zumindest in der groben Bilanz stimmt, macht nachdenklich und stimmt wenig hoffnungsvoll. Nachdenklich, weil sich im Hintergrund der Problematik nackter Egoismus verbirgt, pessimistisch, weil die vielen, die Zukunft vor sich haben, besonders großen Nachholbedarf empfinden und schnellstmöglich genauso werden möchten wie die Satten, die aus Sicht der Armen und Benachteiligten in Saus und Braus leben. Da die Benachteiligten die große Mehrheit unter den derzeit rund acht Milliarden Menschen stellen, sind die Rahmenbedingungen nicht gerade günstig, global zu einer zukunftsorientierten Politik zu kommen. So rasch wie möglich das Niveau der Reichen zu erreichen ist das klare Ziel, nicht ein zukünftig global nachhaltiges Zusammenleben aller Menschen in einer Prosperität, die das globale Ökosystem (er-)trägt. Mit Almosen der Reichen wollen sich die Armen nicht zufriedengeben.

Vier Jahrzehnte und viele (viel Energie verzehrende) Konferenzen zum »Kampf« gegen den Klimawandel haben nichts gebracht, aber ungeheure Mengen Geld verschleudert, das gewiss nutzbringender bei der Behandlung akuter Probleme hätte eingesetzt werden können. Seit dem Bezugsjahr 1990 mit gut 23 Milliarden Tonnen an von Menschen global freigesetztem Kohlendioxid stieg die Menge kontinuierlich auf 37,5 Milliarden Tonnen (2023). Tendenz ungebrochen weiter steigend. Lediglich die Corona-Pandemie verursachte eine bedeutungslos kleine Delle in der Kurve des Anstiegs. Keine der angestrebten Maßnahmen zur Minderung der atmosphärischen Treibhausgase wirkte. Es mangelt an Bereitschaft, zum Wohle aller und zur Zukunft beizutragen.

Der Industrie geht es global wie der industrialisierten Landwirtschaft vorrangig um konkurrenzfähige Exporte, nicht um die Deckung von Bedarf im Inland. Dabei bezieht die Landwirtschaft in der EU bereits rund die Hälfte ihres Einkommens aus staatlicher Subvention. Sie wird also von der Gesellschaft getragen und großenteils direkt bezahlt. Diese täuscht man mit »billigen Lebensmitteln«, weil die immense Subventionierung im schwer durchschaubaren Hintergrund der Agrarförderung abläuft. Tatsächlich bezahlen wir landwirtschaftliche Produkte überteuert mit hohen Folgekosten für Trinkwasser geeigneter Qualität, weil der größte Teil des Grundwassers von Agrochemikalien verschmutzt ist. Güllegestank düngt großflächig über den Luftweg, wo gar kein Dünger hinkommen soll, Hochwässer verursachen enorme Schäden, weil das Niederschlagswasser viel zu schnell abgeleitet wird. In der Massentierhaltung herrschen untragbare Zustände, die, würde Ähnliches bei privater Tierhaltung geschehen, mit Gefängnis geahndet würden. Mit dem Import von Futtermitteln aus Tropenländern trägt die Landwirtschaft Europas und Ostasiens zur Vernichtung artenreicher Wälder bei. Biodiversität geht verloren, und die Atmosphäre wird mit klimaverändernden Stoffen belastet. Dennoch darf die Landwirtschaft trotz Überproduktion seit Jahrzehnten weiterhin die Gesellschaften mit ihren Forderungen erpressen, weil sie einst, vor ihrer Industrialisierung, tatsächlich die Versorgung der Bevölkerung mit Lebensmitteln sichergestellt hatte. Doch das ist lange vorbei.

Bereits in den 1950er-Jahren baute die Überproduktion in Europa »Butterberge« auf, schuf »Milchseen«, führte von einem Lebensmittelskandal zum anderen und entwickelte sich weiter zu immer intensiverer industrieller Produktion anstelle von bäuerlicher Landwirtschaft. Diese fiel der internen Konkurrenz zum Opfer, nicht den globalen Märkten oder »dem Naturschutz«. Gegenwärtig spricht nichts dafür, dass sich daran in absehbarer Zeit etwas ändern wird. Die Landwirtschaft der reichen Länder wurde von der Politik zu einer parasitären, für die Entwicklungsländer die heimische Produktion zurückdrängenden Form herangezüchtet. Sie kann in diesem Zustand tatsächlich nicht ohne diese ihre ausnutzende Praxis überleben. Geradezu folgerichtig übt sie Druck auf die Regierungen aus. Getroffen wird nicht »die Politik«, sondern die Gesellschaft. Denn diese muss weiter und immer höhere Subventionen zahlen.

Dies gilt entsprechend oder stärker noch für andere Teile westlicher Gesellschaften. Die Wirtschaft betätigt sich parasitisch, indem sie sich längst überholte, nicht mehr zeitgemäße Methoden der Produktion subventionieren lässt und dafür das allzeit probate Druckmittel der Erhaltung von Arbeitsplätzen benutzt. Die Erfahrung lehrt, dass die Betriebe dennoch dorthin abwandern, wo sie weniger besteuert und reglementiert werden und billiger erzeugen können, wenn sich Gelegenheit dazu bietet. Arbeitskräftemangel wird beklagt, obgleich die Gesellschaft mehr Produktion gar nicht nötig hat, weil ein Großteil davon in den Export geht und nicht den Bedarf der Bevölkerung zu decken hat. Im Gegenzug treffen die Arbeitnehmer die Gesellschaft mit ihren über Streiks erzwungenen Lohnsteigerungen in doppelter Weise. Denn diese bezahlen nicht die Betriebe, am wenigsten deren Inhaber und das Management, sondern die Bevölkerung über steigende Preise der Produkte. Zudem frisst die solcherart ausgelöste Inflation an den Ersparnissen. Diese verlieren an Wert in dem Maße, in dem die Löhne und Gehälter steigen. Diesem Steigerungssystem ist auch die Altersarmut anzulasten, weil Renten und Erspartes hinter der Steigerung der Kosten zu rasch zu weit zurückbleiben. Zum Geschäftsmodell gemacht wurde sogar das Kranksein, so hinterhältig beschönigend »Gesundheitswesen« genannt. Es ist nachvollziehbar, dass die niedergelassene Ärzteschaft ihrer langen und aufwendigen Ausbildung und der Notwendigkeit, teure Gerätschaften anzuschaffen, entsprechend verdienen will. Aber öffentliche Krankenhäuser dem Zwang der Privatwirtschaftlichkeit zu unterwerfen ist schlicht unsozial.

Irgendwo müsste in diesem Wirtschaftssystem also Wertschöpfung ohne Arbeit zustande kommen. Diese gibt es: Ausbeutung anderer Menschen und natürlicher Ressourcen. Beides vertieft die Ungleichheiten, Ressourcen fehlen späteren Generationen. Ökonomen mögen solche Ausführungen belächeln. Lächerlich ist so ein Argumentieren jedoch nur, wenn man vom Prinzip des fortwährenden Wachstums ausgeht, ohne das »die Wirtschaft« in der gegenwärtig fast global praktizierten Form nicht existieren würde, weil es ohne ausbeuterisches Wachstum keine attraktiven Gewinne für die Unternehmer gäbe. Das zugrunde liegende Konzept des unbegrenzten Wachstums entspricht im Körper dem von Krebs. In der Natur verhalten sich Parasiten auf so eine Weise, exploitativ im Fachjargon genannt. Sie können sich nur dann langfristig erhalten, wenn sie die befallenen Organismen nicht allzu stark schädigen. Wie auch die natürlichen Feinde ihre Beute nicht zu stark nutzen dürfen, weil sie sich sonst selber ausrotten würden.

Ungleich besser und viel dauerhafter sind symbiotische Systeme, die auf Zusammenwirken zum Vorteil aller (!) beteiligten Partner aufbauen. Unsere westlichen Gesellschaften sind davon weit entfernt. Günstigstenfalls befinden sie sich auf dem Weg in ein nachhaltiges System, den das Konzept der sozialen Marktwirtschaft hatte bahnen sollen. Allzu rigoros auf Gemeinwohl ausgerichtete Systeme scheiterten hingegen auch. Exemplarisch dafür steht der Kommunismus. Die günstigsten Lösungen lägen, wie bereits betont, auch hier irgendwo zwischen Zwang und Freiheit. In ihren Extremformen sind beide nicht nachhaltig und gehen über kurz oder lang zugrunde. Menschliche Gesellschaften schwanken seit den Urzeiten zwischen offenen, freien und weitgehend geschlossenen, diktatorischen Formen. Ein ausgewogenes Verhältnis zwischen Freiheiten und Verpflichtungen kam offenbar nie zustande, zumindest nicht für eine nennenswerte Zeitspanne. Das liegt daran, dass Gesellschaften in mehrfacher Weise »offen« sind, nach außen, weil es keine natürlicherweise festgelegten Grenzen gibt, und nach innen, weil sich die Beteiligten, die Bevölkerungen, in sich beständig ändern.

Wie im zweiten Teil des Buchs ausgeführt, werden solche offenen Systeme umso »teurer« in Form von Energiebedarf, Materialzufuhr und Erzeugung von Abfall- und Schadstoffen, je besser sie produzieren, also Überschüsse erzeugen. Die Minderung dieser Überschüsse durch eine Kreislaufwirtschaft verringert jedoch den »Mehrwert«. Funktioniert der Kreislauf richtig gut, sinken die Gewinne für die Beteiligten auf null. So »schön« aus ökologischer Sicht Nullwachstum und geschlossene Kreisläufe ohne Abfälle und Umweltbelastung wären, so unrealistisch sind sie, wenn die Wirtschaft so weiterlaufen soll, wie sie läuft. Wer nach Gewinn strebt, muss zwangsläufig irgendwo entsprechende Verluste erzeugen. Wie von der Landwirtschaft ist daher von der Wirtschaft kein substanzieller Beitrag zur Sicherung der Zukunft zu erwarten. Dazu müsste sie wie alle übrigen Teile der Gesellschaft grundsätzlich umstrukturiert werden. Denn alles, aber auch wirklich alles, was in den freiheitlich-westlichen Gesellschaften organisiert ist, verhält sich grundsätzlich mehr ausnutzend als Nutzen für alle hervorbringend.

Von einem symbiotischen Zusammenwirken sind unsere Gesellschaften sogar weiter entfernt als in zentralistischen Systemen, sosehr eine solche Beurteilung auch missfallen mag. Das liegt an der bei uns so starken Betonung des Individuums. Es hat fast unbeschränkte Rechte, aber nahezu keine Pflichten der Gemeinschaft gegenüber. Steuern zu zahlen, die insbesondere diejenigen zu mindern versuchen, die viel verdienen, reicht bei Weitem nicht als Beitrag für eine auf ein gutes Zusammenleben aller ausgerichtete Gesellschaft. An zwei Bereichen soll dies näher ausgeführt werden, an den Menschenrechten und an den Besitzrechten.

Menschenrechte – Menschenpflichten

Die Menschenrechte, so wie sie in der Charta der Vereinten Nationen stehen, stellen gewiss einen ganz großen Fortschritt für jenen Teil der Menschheit dar, der in Staaten lebt, die bereit waren, diese Rechte anzunehmen. Ob sie in ihrem Wortsinn auch praktiziert werden, steht auf vielen anderen »Blättern« in Form von Abweichungen, Ausnahmen oder Beschränkungen. Die Mehrheit der Weltbevölkerung ist anderen politischen und vor allem auch anderen religiösen Regeln unterworfen. Günstigstenfalls genießen erwachsene Männer darin eine den westlichen Gesellschaften entsprechende Freiheit. Oder die Freiheiten beschränken sich auf die Interna der Familien oder auf Teile der Wirtschaft, nicht aber auf den politischen Bereich. Wie es um Menschenrechte in den Vorzeige-Demokratien steht, offenbart häufig die beträchtliche Distanz der Wirklichkeit zum vorgegebenen Ideal. Auf die im Sinne der Menschenrechte bedeutendste Revolution, die Französische Revolution mit ihrem so großartigen Ziel von Freiheit, Gleichheit und Brüderlichkeit, folgte bekanntlich wenige Monate nach der Befreiung von der Willkürherrschaft des Adels der außerordentlich blutige Terror der Jakobiner mit der Guillotine. Die Nächstenliebe predigende christliche Kirche tötete hemmungslos Menschen, vor allem auch Frauen, die aus ihrer Sicht als Häretiker vom rechten Glauben abwichen oder als »weise Frauen« kundig waren im Umgang mit Heilkräutern, Rauschmitteln und der Sexualität. Sie landeten auf den Scheiterhaufen.

Jenseits des Atlantiks in der für die Europäer Neuen Welt Amerikas schufen die Gründerväter des bei Weitem größten Konglomerats zugewanderter Menschen unterschiedlichster Herkunft mit dem »Recht«, das persönliche Glück suchen zu dürfen (*pursuit of happiness*), die zunächst zwar freiheitlichste Demokratie, die sich aber rasch dazu aufschwang, als selbst erklärter Weltpolizist für Ordnung im US-amerikanischen Sinne, d.h. für die Ziele der amerikanischen Wirtschaft und Machtpolitik, zu sorgen. Die von den USA dominierten Vereinten Nationen bekamen für das Konzept der Menschenrechte beschämend wenige aktive Mitstreiter. Demokratie sollte verhindern, dass es bereits bei geringfügigen Unstimmigkeiten in den Staaten zum Rückfall in die (schlechten) alten Zeiten kommt, in denen sich das Volk einem starken Mann zuwendet, der für Ordnung sorgt. Die Demokratien sind labil. Stets unterliegen sie der Gefahr, von innen heraus zersetzt zu werden.

Unberücksichtigt bleibt bei der demokratischen Ablehnung von Diktaturen, dass diese häufig aus Mehrheiten hervorgegangen sind, mit wie viel oder wie wenig Beeinflussung der Wahlen das auch geschehen sein mag. Man verschließt sich im demokratischen Westen vor der Tatsache, dass sehr viele Menschen eine starke Führung haben wollen, die ihnen das Gefühl der Sicherheit vermittelt. Dafür waren und sind sie bereit, auf Teile ihrer Freiheiten zu verzichten. Sie unterwerfen sich Pflichten, wenn ihnen diese mehr nützen als die Freiheiten. Darin steckt die grundlegende Schwäche der Menschenrechte. Sie betonen die eine Seite des Lebens in den Gemeinschaften. Es fehlt die entsprechende mit den »Menschenpflichten«. Diese sind in Gesellschaften, die getragen sind von zusammenhaltenden Großfamilien, so selbstverständlich, dass sie kaum hervorgehoben werden müssen. Man tut vieles nicht, weil das gegen die gemeinsamen familiären Interessen, gegen das Familienethos gerichtet wäre. Je größer die Familien und je komplexer ihre Verflechtungen mit anderen Familien, desto gewichtiger werden diese Pflichten. Und umso besser werden sie gesellschaftlich integriert.

Umgekehrt nimmt das westliche Modell sogar der kleinstmöglichen familiären Einheit, der alleinerziehenden Mutter, einen erheblichen Teil der Pflichten ab. Denn die Gesellschaft wird bei dieser quasi atomisierten Struktur vollends anonym. Und so werden Rechte über Rechte eingefordert, ohne diese mit entsprechenden Pflichten als Gegenleistung auszugleichen. Der Schutz der Privatrechte ist gewiss sehr wichtig, ja grundlegend. Aber dieser muss in ein ausgewogenes Verhältnis zu den Bedürfnissen und Erfordernissen der Gesellschaft gebracht werden.

Nicht die »Staatsraison« ist damit gemeint, sondern die Menschen, die jene Bedürfnisse haben, die von Einzelnen blockiert werden. Es ist gut und richtig, daran kann und darf nicht gezweifelt werden, dass die Würde des Menschen unantastbar ist. Das Individuum ist einmalig und unersetzlich von Beginn seiner Existenz an. Aber kein Individuum lebt für sich allein. Es entwickelt sich in Wechselwirkung mit der Gemeinschaft, in der es aufwächst und in die es sich einzufügen hat im weiteren Leben. Es braucht die Gesellschaft zur Existenz als Mensch. Das schafft Pflichten. Diese setzen der Selbstverwirklichung Grenzen. Diese Problematik leitet über zum anderen, auch vom Individuum ausgehenden Spannungsfeld, der Inanspruchnahme von Ressourcen wie Grund und Boden, Gebäuden oder »Rechten«, insbesondere auch solchen über andere Menschen. Denn je stärker persönlicher Besitz geltend gemacht werden kann, desto mehr wird der Allgemeinheit entzogen.

Besitz und Allgemeingut

Ursprünglich gehörte das Land niemandem. Dann kamen Menschen und nahmen es in Besitz. Wer zuerst eintraf, hatte das Vor-Recht, vergleichbar einem Vorkaufsrecht von heute. Auf diese vielleicht allgemeinste Formel lässt sich der Beginn des Sesshaftwerdens mit Ackerbau und Viehzucht verdichten. Die Menschen der Jäger-und-Sammler-Zeiten nutzten das Land ihrer Streifgebiete, besaßen es aber nicht. Deshalb das anfängliche, historisch gut überlieferte Unverständnis etwa der ursprünglichen amerikanischen Bevölkerung, als sie mit dem gewaltsamen Eindringen der Europäer konfrontiert wurde. Was da auf sie zukam, begriffen die Überlebenden der Großinvasion erst, als es längst zu spät war. Mit der »Besiedlung« Amerikas fand einer der größten Genozide in der Geschichte der Menschheit statt. Worauf es die Invasoren abgesehen hatten, war Land. Sie drangen ein für »Gott und Gold«, wie es die frühen Konquistadoren von der Iberischen Halbinsel mit ihren »allerchristlichsten Herrschern« ausgedrückt hatten. Gott war die moralische Rechtfertigung, unterstützt vom Papst, der das wohl überheblichste Urteil aussprach, das jemals gefällt wurde, als er die ganze Erde zwischen Spanien und Portugal im Vertrag von Tordesillas 1494 aufteilte.

Der Gesamtprozess von den ersten Feldern, die als Privatbesitz angelegt und der Allgemeinheit entzogen worden waren, bis zum Versuch der christlichen Kirche, die Weltherrschaft zu erringen, dauerte nicht einmal 10 000 Jahre. Der Islam suchte es dem Christentum »mit Feuer und Schwert« gleichzutun. Obwohl aus gleicher Wurzel, die gemäß der in den heiligen Schriften niedergelegten Chronik auf Abraham zurückgeht, wurden Christen und Mohammedaner einander die größten Feinde. Beide zersplitterten im Innern in mehrere, sich gleichfalls bekämpfende Richtungen, wirken nach außen gegenüber den »Ungläubigen« aber nach wie vor monolithisch. Was sie auszeichnet und von anderen Großreligionen unterscheidet, ist ihr Streben nach dem Primat der religiösen Macht über die weltliche. Dieser Prozess ist im Islam gegenwärtig stärker ausgeprägt als im Christentum, das den Gipfel der päpstlichen Macht im Hochmittelalter erreichte. Es ist hier nicht der Ort, die Religionsgeschichte nachzuzeichnen. Vielmehr geht es darum, aufzuzeigen, dass es starken Religionen gelungen ist, sich über die weltliche Macht zu erheben und diese gleichsam in den Status von Vasallen »von Gottes Gnaden« zu zwingen. Eine der Erklärungen hierfür und auch dafür, dass es den Religionen immer wieder gelingt, sich den Kräften der Säkularisierung zu widersetzen, dürfte sich aus der Unzufriedenheit der zu Vasallen degradierten Menschen nähren, die unter das Joch von Fürsten, Königen, Kaisern und anderen Kriegsherren – und auch von Regierungen – gezwungen sind. Denn diese, als »Adel« zusammenzufassen, monopolisieren seit den alten Zeiten der Sesshaftwerdung das Land und die Nutzungsrechte einschließlich jener über ihre Leute.

Die Religionen wirkten wohl schon von Anfang an dem Machtanspruch der Fürsten entgegen, allerdings mit dem schier unglaublich geschickten Versprechen eines besseren Lebens im Jenseits. Damit blieb stets die Hand frei für Verbrüderung von weltlichen Fürsten mit den geistlichen bis hin zu Papst und Kaiser. In den demokratischen Staaten unserer Zeit wirkt diese Konkordanz weiter auf geschickt verdeckte Weise sowohl mit den Kirchen als auch mit denen, die das Land besitzen, den zu Agrarunternehmern avancierten früheren Bauern. In manchen Regionen Europas ist die Kirche einer der größten Grundbesitzer, was die subtile Union verstärkt. Doch letztlich geht es um Menschen. Wer mehr Menschen hatte, verfügte über mehr Arbeitskraft. Sie waren bis ins 19. Jahrhundert die Hauptenergieträger. Wer mehr »Gläubige« hat, verfügt als Gläubiger über den größeren Einfluss. Staat und Kirche(n) sind auch dort, wo formal eine strikte Trennung vollzogen worden ist, eng miteinander vernetzt. Oft genug gab es in der Geschichte »Staatskirchen«. Solche existieren immer noch. Denn mit dem Glauben lassen sich die Menschen weit mehr unter Druck setzen als über Recht und Gesetz. Diese sind gemacht von Menschen, und auf was für eine obskure Weise oftmals sogar in unseren Demokratien! Jene gelten hingegen als gottgegeben und nicht hinterfragbar, es sei denn mit dem Risiko, zur Hölle fahren zu müssen. Ideologien, wie der Kommunismus, enthalten so viele gleichartige Elemente, dass sie Religionen entsprechen. Manche, wie die derzeit moderne »grüne Ideologie«, greifen zurück auf Naturreligionen.

Wer dies für von rein historischer Relevanz hält, sollte unsere konkrete Situation betrachten. In dieser genießt nicht allein das Individuum formal die Unantastbarkeit seiner Würde, sondern auch die Wohnung. Sogar die aus anderem Besitz stammende, gemietete, ist außerordentlich geschützt. Ohne gut begründeten richterlichen Beschluss darf niemand eindringen, darf die Wohnung auch nicht weggenommen werden. Sogar der mobile Besitz ist umfassend geschützt. Immobilien und Mobiles werden nach einem gesetzlich garantierten Schema vererbt, das dem Folgegrad der biologischen Verwandtschaft weitestgehend entspricht. Erbberechtigte können Einspruch gegen Abweichungen des Erblassers von der Vererbvorschrift geltend machen und diese ggf. juristisch als unwirksam erklären lassen. Allerdings mit weniger Aussicht auf Erfolg, zumal wenn die Übertragung bereits zu Lebzeiten des Erblassers erfolgte, speziell, wenn Geld oder Gut an die Kirche oder, selten genug, den Staat übertragen wird. Die Kirchen wurden auf diese Weise zu hochadelsgleichen Großgrundbesitzern. Ihre Enteignung wurde etwa nach der Französischen Revolution und entsprechenden in der Folgezeit nur zögerlich und unvollständig vorgenommen. Ein immer größerer Teil der Lebenden verliert so mithin die Möglichkeit, Landbesitz zu erwerben, weil immer mehr potente Aufkäufer wiederum in der speziell dafür privilegierten Landwirtschaft zum Zug kommen. Der Staatsbesitz nimmt schon seit Langem nicht mehr zu. Das mindert die Optionen für die Allgemeinheit.

Der Sündenfall fand statt, als mit den ersten Äckern Land in Besitz genommen wurde und über immer mehr Landzuwachs die Ungleichheit der Menschen zustande kam. Toleriert wurde dies über das Versprechen der Mächtigen, das Land, »unser Land«, das »Vaterland«, gegen die von außen kommenden Gefahren zu schützen. Dafür war

Tribut zu entrichten, genannt Steuern. Je reicher die das Land Besitzenden wurden, desto höher konnten die Abgaben werden. Mit der Einbeziehung der Kirchensteuer drückt der Staat diese bis heute anhaltend enge Verflechtung aus.

Mit dem Grundbesitz kamen Grenzen. Zuerst für den persönlichen Bereich, dann für den der Gemeinschaft und schließlich für deren Zusammenfassung zu Staaten, Völkern und Reichen. Die Doppeldeutigkeit des deutschen Wortes drückt mehr aus, als damit meistens zugegeben werden soll. Dabei ist klar, je größer das Reich, desto reicher die Reichen darin. Denn Reichtum ergibt sich primär aus Ressourcen. Land ist die allerwichtigste, gefolgt von Bodenschätzen, inklusive der Energien. Ressourcen verschaffen Macht. Der historische Befund ist bezeichnend, dass sich die Nationalstaaten wie miteinander konkurrierende, verschiedene Tierarten gebärdeten.

»Was tun, spricht Zeus, die Welt ist weggegeben …«, lässt Schiller die Lage höchst hintersinnig den Dichter aus der Sicht Gottes erläutern. Die Welt ist aufgeteilt, verkauft, verbraucht. Um die letzten vielleicht noch nutzbaren Ressourcen wetteifern die global Mächtigen mit internationalem Kapital, das längst die Bodenhaftung verloren und sich der Kontrolle souveräner Staaten entzogen hat. Es gibt keine neuen Welten mehr, die sich unterwerfen, erobern und ausplündern ließen. Die Menschen haben alles in Besitz genommen. Wer mehr will, muss es sich erkaufen, mit welch lauteren Methoden auch immer, oder erobern, so er die Macht dazu hat. Zwar verlieren in einem Krieg viele, aber nicht alle. Gewinner gibt es stets auch. Wo diese sitzen und wie sich ihr Einfluss äußert, lässt sich günstigenfalls Jahre später aufdecken. Gute Gründe stehen stets am Beginn. Zu glauben, die derzeit vorhandenen Grenzen könnten definitiv bestehen bleiben, ignoriert, wie sie zustande gekommen sind und dass die wenigsten identisch sind mit Menschen, die sich als ein hinreichend geschlossenes »Volk« verstehen. In Europa reicht der Konflikt zwischen den Katalanen und den Spaniern zurück bis in die Zeit der europäischen Völkerwanderung. Das »Baskenproblem« ist noch älter, die Abtrennung Südtirols wie die meisten Grenzen im gegenwärtigen Europa sind Ergebnis der Kriege seit der napoleonischen Zeit, von Afrika ganz zu schweigen. Was dort die Kolonialherren hinterließen, könnte künstlicher kaum sein. Mangel an persönlichem Besitz oder die Sorge, einen solchen zu schützen, eröffnen die größte Bereitwilligkeit der Bevölkerung, für Volk und Vaterland (sich) zu opfern. Für Außenstehende erweckt es Begierden. Die Aneignung durch Eindringen findet seit jeher in zwei unterschiedlichen Formen statt. Entweder durch direkte, kriegerische Invasion mit Eroberung oder durch indirekte Unterwanderung. Die betroffenen Menschen haben ein feines Gespür dafür, welche Form der Eroberung ihnen droht. Keine davon ist neu, sondern vielfach in der Geschichte praktiziert.

Kein Besitz wird ewig währen. Kein Land wird auf Dauer so sein und so bleiben können, wie es gerade ist. Es sei denn, der extrem seltene Fall eines Inselstaates mit einheitlicher Bevölkerung ist gegeben. Doch selbst diese ist mittel- und langfristig dazu gezwungen, sich in der passenden Weise zu reproduzieren, um die Selbsterhaltung zu sichern. Gleiches gilt für die Städte, die Landnutzung und die Struktur der Gesellschaften. Nur jemand, der überhaupt keine Ahnung von Geschichte hat, kann so naiv sein, von der Dauerhaftigkeit des derzeitigen Zustandes auszugehen.

Die Zukunft wird anders sein als die Gegenwart. Und das ist vielleicht gut so, wenn die Menschheit viel Glück hat. Wahrscheinlicher ist, dass die Zukunft die größte Herausforderung wird, die der Mensch je zu meistern hatte. Als biologische Art wird *Homo sapiens* dies sicher schaffen und überleben. Ob im Sinne unserer Vorstellungen, wird sich zeigen. Nützlich sind hierzu weder der gegenwärtig grassierende Pessimismus noch ein allzu großer Optimismus, wenngleich die Optimisten seit Ende des 19. Jahrhunderts weit besser lagen als die Zweifler am Menschen. Das Abendland ist noch nicht untergegangen, wie es Oswald Spengler Anfang des 20. Jahrhunderts befürchtet hatte, obwohl die Menschheit von den bislang größten Kriegen heimgesucht wurde. Die Erdöl- und Erdgasressourcen erschöpften sich nicht bis zum Beginn des 3. Jahrtausends unserer Zeitrechnung. Im Gegenteil, da ihre weitere

Nutzung das Klima verändern wird, soll diese möglichst rasch unterbleiben. Die Menschheit lebt anteilsmäßig in geringerer Armut als vor 100 Jahren, obwohl sie auf die damals für nicht möglich gehaltene Zahl von über acht Milliarden angewachsen ist. Unser Digitalzeitalter gab es vor 150 Jahren noch nicht einmal in Science-Fiction-Vorstellungen. Über das Wetter wurde einst wie gegenwärtig geschimpft, eine dramatische Klimaveränderung war nicht absehbar. In Rückerinnerung an die harten Winter der Kleinen Eiszeit mit ihren oft auch sehr ungünstigen Sommern wäre die Erwärmung begrüßt worden. Viele Menschen unserer Zeit fürchten zwar die Erwärmung des Klimas, nutzen aber voller Begeisterung die wärmeren Sommer und beklagen die zu milden, weil für den Wintersport nicht mehr so geeigneten Winter. Millionen und Abermillionen strömen nach wie vor in Ferien. Wie soll es bei dieser Ausgangslage in die Zukunft gehen?

Die Menschen nehmen, wie sie sind

All dies mag zu pessimistisch wirken. Zugegeben, es stimmt nicht gerade zuversichtlich, wenn es um die Zukunft geht. Sieht doch die Gegenwart alles andere als »gut« aus. Gegenwärtig steigt tatsächlich die Gefahr eines Krieges von globaler Dimension, der Raubbau an Ressourcen der Erde nimmt weiter zu, und im Hinblick auf den Klimawandel ist keine Trendwende bei der Überfüllung der Erdatmosphäre mit Schadstoffen zu erkennen. Die Menschheit wächst weiter. Entsprechend sinken ihre Möglichkeiten, ein für alle gleichermaßen so gutes Leben zu ermöglichen, wie es derzeit etwa ein Fünftel genießt. Die Corona-Pandemie hat die Verletzlichkeit der Menschenmassen auf die harte Weise aufgezeigt. Wie zu erwarten war, nahmen zu viele die nötigen Einschränkungen ihrer Aktivitäten und Kontakte nicht im gebotenen Maße hin, insbesondere in den Staaten mit hohem Lebensstandard und politisch großer Freizügigkeit. In den von Tageszeitungen veröffentlichten Karten ließ sich direkt verfolgen, wie über die Landesgrenzen die Infektionen die Bevölkerung erfassten und überfluteten. Nur wenige Staaten schätzten im Vorfeld die Bereitschaft ihrer Bevölkerung realistisch genug ein und verzichteten auf rigorose Einschränkungen. In Bezug auf die Todesraten fuhren sie allerdings nicht schlechter damit. Über die Erfolge der disziplinierten Bevölkerungen in Fernost erfuhr man wenig, wohl um die Mängel an Solidarität innerhalb unserer Gesellschaften nicht offenzulegen.

Beim Klimaschutz eilt man von Mammutkonferenz zu Mammutkonferenz und verhandelt Absichtserklärungen, ohne Eigenleistungen mit Überzeugungskraft vorzulegen. Umso freigebiger wird Geld verteilt an die vom Klimawandel angeblich ohne eigene Mitschuld betroffenen Staaten. Abgaben, die der Bekämpfung des Klimawandels dienen sollten, werden zur vorübergehenden Sanierung von Haushaltslöchern verwendet. Sie sind echte Steuererhöhungen und als Klimaschutzmaßnahme wirkungslos. Die Politik kann sich dabei auf die Vergesslichkeit der Gesellschaft verlassen. Diese ist ohnehin nicht wirklich am so diffusen Problem Klima interessiert, weil sie gewohnt ist, mit dem konkreten Wetter zu leben, nicht mit dessen Statistik über letztlich beliebig gewählte Zeitspannen. Wen interessiert schon, wie das Wetter vor 200 Jahren war, als Vorfahren nach Amerika auswanderten, weil ihr Land hier nicht genügend zum Leben hergegeben hatte!

Auch die Biodiversität und ihre fortschreitende Vernichtung hat beim Einkauf im Supermarkt niemand im Blick, abgesehen von mengenmäßig unbedeutenden Randgruppen der Gesellschaft. Doch nicht einmal bei Menschen, die bewusst Bioprodukte einkaufen, dürfte die Biodiversität an erster Stelle stehen. Den meisten geht es schlicht und verständlich um die eigene Gesundheit. Was ja ganz in Ordnung ist. Über Schmetterlinge freut man sich vielleicht im Urlaub im Süden und über eindrucksvolle Großtiere auf der teuren Safari in Afrika. Im eigenen Garten muss Ordnung herrschen. Wildwuchs ist nach wie vor verpönt. Er kann zu nachbarschaftlichen Auseinandersetzungen und zu Schwierigkeiten in Kleingartenanlagen führen. Zudem sind Landschaftspflege und kommunale Pflegemaßnahmen längst einträgliche Geschäftsmodelle, die sich nach dem Prinzip »je mehr Pflege, desto besser die Erträge« rechnen. Auf den wenigen Prozent Naturschutzgebietsfläche toleriert die Politik »Lenkungsmaßnahmen« für jene, die nur zum Besuch kommen und sich an der Natur erfreuen wollen, während die Nutzer, auch solche, bei denen es ums bloße Vergnügen geht, wie Angler und Jäger, in ihren Aktivitäten uneingeschränkt bleiben. Die direkten Naturnutzer Land- und Forstwirtschaft bleiben ohnehin fast immer uneingeschränkt. Die besten Schutzgebiete sind militärische Sperrgebiete, in denen Krieg gegen Menschen geübt wird. Übertroffen werden auch sie noch, wie bereits angemerkt, von der radioaktiv verseuchten Sperrzone der Tschernobyl-Katastrophe. Doch die Prognose darf gewagt werden, dass dorthinein bald auch unerschrockene Jäger für viel Geld Zugang bekommen, um »strahlende« Jagdtrophäen zu gewinnen. Nach Jahrzehnten Totalruhe vor den Menschen lässt darin das Wild vielleicht die schwerfällige Annäherung von mit Bleimänteln geschützten Nimroden zu.

Überall dominiert das Profitstreben die wirtschaftlichen Aktivitäten. Es wird sogar auf reine, weil von niemandem geschaffene Naturgegebenheiten wie Wasser, Luft und Sonne ausgeweitet. Zentrale Funktionssysteme, wie der öffentliche (Nah-)Verkehr, die Wasserversorgung und das Gesundheitswesen sind längst privatisiert und müssen Gewinne bringen. Immer weiter relativiert werden grundlegende Sozialbeziehungen. Ziel ist angeblich die totale Selbstverwirklichung, abgelöst von Familie und Herkunft und von der Verantwortung anderen gegenüber. Das vereinzelt die Menschen, macht sie gleichzeitig aber umso manipulierbarer. Der Kommunismus scheiterte an der »Gleichheit«, der Individualismus obsiegt mit der scheinbaren Befreiung von allen Zwängen der Gesellschaft. Zumindest kurzzeitig. Ob Staaten mit diesem Geschäftsmodell des Menschen langfristig überlebensfähig sind, darf bei Betrachtung der Zustände bezweifelt werden, die dort herrschen, wo er sich durchsetzt. Darin liegt welthistorisch die große Chance von Bevölkerungen, die auf Zusammenhalt ausgerichtet sind. Und nicht auf die Selbstverwirklichung ohne Ziel in der Zukunft.

Doch genau um Ziele ginge es bei Maßnahmen zur Zukunftsgestaltung. Scheitert Zukunftssicherung, weil freiheitliche Gesellschaften viel zu sehr auf die Gegenwart, auf den schnellen Ertrag in Wirtschaft und in persönlichen Beziehungen, bezogen sind, stärker geschlossen, aber zu wenig offen für globale Notwendigkeiten? Beide Hauptformen des Lebens der Menschen unserer Zeit taugen wenig, wenn es um die Zukunft geht. Der westliche Individualismus ist zu selbstsüchtig, die großfamiliär, religiös oder doktrinär geschlossenen Gesellschaften sind zu stark auf Konkurrenz mit »den Anderen« ausgerichtet. Deshalb fand und findet die Menschheit auch zu keiner starken Weltgemeinschaft zusammen, die in der Lage wäre, im Sinne aller Menschen und der Erde als unsere Lebensgrundlage Notwendiges durchzusetzen.

Mag sein, dass ich falschliege mit dieser Einschätzung. Das wäre der mir liebste Fehler, den ich machen könnte. Sollte die Lage aber im Großen und Ganzen doch so sein, ergibt sich wohl nur eine Schlussfolgerung daraus. Sie lautet, die Menschen so zu nehmen, wie sie sind, und sie nicht zwanghaft zu ändern zu versuchen. Als Biologe bin ich hier optimistisch. Die Menschheit hat sich immer und überall angepasst. Als Art überlebte sie bislang alle Veränderungen und Katastrophen. Dass nichts gleich blieb, lehren beide Formen der Geschichte, die der Menschen und die Naturgeschichte. Die Überlebenden schafften stets wieder Neuanfänge nach Katastrophen, wie dem Zweiten Weltkrieg, nach der Dezimierung durch die großen Pestzüge oder der Vernichtung von Hochkulturen. Es ist absurd, davon auszugehen, dass Menschen in China, im Kongo und in Chicago genauso reagieren müssen, wie »wir« uns das vorstellen oder wünschen, wer immer mit diesem »Wir« gemeint sein mag. Was wir wie alle anderen Völker können (sollten), besteht darin, so gut wie möglich für uns selbst vorzusorgen. Wie es sich für eine gute Haushaltsführung gehört. Oikos, das Haus, steckt, wie erinnerlich, in der Ökologie wie in der Ökonomie und ebenso in der Ökumene der Kirchen. Könnte der Westen, könnte Deutschland endlich aufhören, dem Rest der Welt aufzudrängen, was zu tun sei, wäre schon viel gewonnen. Viel mehr aber noch, wenn mit dem im eigenen Land Erreichten global einsehbare und nachvollziehbare Ergebnisse vorlägen. Diese würden, so sie gut ausfallen, rasch Nachahmung finden. Es gälte, Maßnahmen durchzuführen und Vorgehensweisen zu entwickeln, die weniger abhängig machen von außen, die unweigerlich verbleibenden Abhängigkeiten aber so zu gestalten, dass sie symbiotisch, also zu wechselseitigem Vorteil wirken. Die natürlichen Produktionsverhältnisse sind global höchst unterschiedlich verteilt. Diese optimiert zu nutzen schafft regionale Vorteile und vermindert die hohen Dauerinvestitionen, deren Ziel es ist, gleich gut oder noch besser an dafür weniger geeigneten Orten zu produzieren. Konkretes Beispiel, Rindfleisch aus der südamerikanischen Pampa zu beziehen ist besser als Futtermittel, um solches in Stallhaltung in Europa zu produzieren. Mais sollte nicht als Tierfutter und Lieferant für Biomasse mit hohem Einsatz angebaut werden, sondern als qualitativ hochwertige Nahrung für die Menschen hierzulande, die die Landwirtschaft seit so langer Zeit so intensiv subventionieren.

Standortvorteile weiß die Wirtschaft seit jeher zu nutzen, wenn es um die Kosten für die Arbeitskräfte geht. Förderung und Besteuerung ließen sich entsprechend ohne Mehrkosten für die Bevölkerung umschichten, eher sogar senken, weil weniger Subventionen nötig wären, wenn der künstlich erzeugte Zwang zur Konkurrenzfähigkeit auf den Weltmärkten fiele. Die Empfehlung, die Menschen so zu nehmen, wie sie sind, meint auch, sie nicht weiter zu täuschen mit geschickter Verschleierung der tatsächlichen Kosten. Fleisch und andere Nahrungsmittel müssen nicht spottbillig sein, wenn von Lebensmitteln, wie in Europa und Nordamerika in unserer Zeit, ein Drittel des Eingekauften und Nichtverkauften im Abfall landet. Seit Jahrzehnten haben wir mit Überproduktion und ihren Folgelasten zu kämpfen. Weshalb sollte es nicht möglich sein, bedarfsgerecht zu produzieren, ohne mit den Überschüssen auf dem Weltmarkt den Wirtschaften schwächerer Länder große, mitunter vernichtende Konkurrenz zu machen, dass sich diese nicht angemessen entwickeln können? Und Millionen Menschen hungern. Ein riesiger Teil der Probleme der Zukunft ließe sich mit Aufarbeitung der Altlasten der Vergangenheit lösen. Auch und gerade im Hinblick auf das Klima. Die globale Wirtschaft bildet ein noch schlimmeres parasitäres System, als sie sich im nationalen Rahmen entwickelt hat, weil keine zureichenden Abpufferungen und Beschneidungen von Exzessen gegeben sind. Korrektive können von den nationalen Wirtschaften ausgehen. Lieferkettengesetze sind kaum mehr als Ablenkmanöver von den wirklich problematischen Gegebenheiten. Diese halten den Menschen in den Entwicklungsländern die Zukunft verschlossen. Der inszenierte globale Kampf gegen den Klimawandel wirkt unter den gegebenen Verhältnissen weit mehr als ein Ablenkmanöver von dem, was zu ändern dringend nötig wäre. Alle werden über »das Klima« pauschal schuldig. Das ist zwar grundsätzlich richtig, hilft aber nicht weiter. Es steht zu befürchten, dass globale Ansätze jeglicher Art scheitern, weil sie für die betroffenen Menschen »von oben oder außen kommen«, von ihnen aber nicht wirklich gewollt sind. Denn keine der Maßnahmen entspricht der eigenen Motivation. Anpassungen wurden nahezu immer auf die harte Art erzwungen, kaum jemals über vernünftiges Handeln durch Einsicht.

»Was du ererbt von deinen Vätern hast, erwirb es, um es zu besitzen«. Goethes Aufruf ist erneut zu bedenken, wenn es ums »Vererben« dessen geht, was in die Zukunft weitergereicht werden soll. Mehr, viel mehr müsste zurückfließen in die Verfügbarkeit aller von dem, was an Werten in die nächsten Generationen geht. Die Problematik von dauerhaftem Landbesitz wird sich in voller Härte zeigen, wenn der Meeresspiegel rascher ansteigt und Verschiebungen großer Bevölkerungsteile erzwingt. Auch wenn die Flüsse zu wenig Wasser bringen und das Land immer weniger produziert. Anpassung an die sich ändernden Lebensbedingungen wird zwingend auch Verschiebung heißen, Verlagerung von Städten und Nutzflächen, so die Prognosen der Klimamodelle tatsächlich eintreffen. All das hat es schon gegeben. Historisch nennt man es die Völkerwanderungszeit. Darauf wurde hingewiesen, wie auch auf die uns viel näher liegende Zeit des 18. und 19. Jahrhunderts mit ihrer Massen-Auswanderung nach Amerika. Wie können wir glauben, so etwas ließe sich zukünftig verhindern durch das Stabilisieren einer statistischen Fiktion genannt Klima?

Die Zukunft beginnt an der Basis, am Leben jedes einzelnen Menschen. Was dieser hinterlässt, sei es an Nutzung und Verbrauch von Ressourcen oder, besser, an Nachkommen, wird in der integrierten Summe aller gegenwärtig lebenden Menschen die Zukunft bilden. Wer nicht weiterlebt über Nachkommen, ist biologisch ein totes Ende. Das voll selbstverwirklichte Leben verbraucht sich in der Gegenwart. Die Methode der christlichen wie auch der islamischen Religion, den diesseitigen Egoismus zu bändigen, bestand in der Aussicht auf das Jenseits. Im Hinduismus ist es die Wiederkehr, der Kreislauf, im Buddhismus das Ende alles Strebens. Die moderne säkularisierte Welt hat das Ziel aus der Zukunft in die Gegenwart verlagert. Nach ihr die Sintflut. Das kreiden ihr die Religionen zu Recht an. Der Weg zum Besseren verliefe über Einsicht und Verantwortung. Bislang lässt sich jedoch nicht erkennen, dass er beschritten würde, um die harte Art der Anpassung an die Zukunft zu vermeiden.

Zukunfts(fähiges)modell
Anpassung

Die Vergangenheit lebt in der Gegenwart und wirkt fort in die Zukunft. Dazu kann man anderer Meinung sein, aber diese wird sich über kurz oder lang der Realität beugen müssen. Im größten diesbezüglichen Experiment, im Kommunismus, der einen neuen Menschen schaffen wollte, bezahlten diesen Irrtum viele Millionen Menschen mit dem Leben und noch mehr mit einem elenden Dasein. Ein kaum minder schlimmes Leben wurde den Gläubigen von den Kirchen mit einem umfassenden Machtanspruch auferlegt. Erst nach vielen Jahrhunderten der Unterdrückung gelang eine teilweise Befreiung von der dogmatischen Unterdrückung; zuletzt für die Frauen oder noch immer nicht. Durchlässiger geworden sind in neuester Zeit die Kasten-Systeme, wie sie vor allem in Süd- und Zentralasien über Jahrhunderte etabliert waren. Kaum mehr als zehn Prozent der gesamten Menschheit leben in individuell freien politischen Systemen mit weitgehender Selbstbestimmung. Global betrachtet bilden sie Randgruppen.

Das sollte uns, die wir das Glück haben, dazuzugehören, bewusst sein. Allzu rasch und viel zu überheblich maßen wir uns an, aus unserer Warte für die ganze Menschheit zu sprechen, als ob wir diese wirklich repräsentieren würden. Ironischerweise stützt sich diese Haltung auf die biologischen Befunde, so ungeliebt diese in Kreisen sind, die sich philosophisch und soziologisch mit dem Menschen befassen. Denn sie belegen, dass alle Menschen der einen biologischen Art *Homo sapiens* angehören. Wir alle sind einander im inneren Funktionieren, also physiologisch, weitestgehend gleich, auch wenn wir äußerlich verschieden aussehen und in manchen Formen des Verhaltens das auch sind. Die Menschen, ziemlich sicher gilt dies für alle, sind egoistisch, familienbezogen, unterscheiden sich und ihre Angehörigen von den Anderen, nutzen vorhandene Möglichkeiten und planen nicht für ferne Zukünfte.

Sie werden beherrscht von den gleichen (An-)Trieben zu Selbsterhaltung, Sexualität und Bindung an Gemeinschaften, und sie erklären sich und den Ihren die Welt. Das Spektrum der Bindungen reicht von sehr biologisch-realistischen als Rückbindung an die Ahnen über aktuelle Werte in den gerade gelebten Gemeinschaften bis zu den Hoffnungen auf ein »Jenseits«, zumal wenn es als ein besseres in Aussicht gestellt ist. Sie kommunizieren untereinander mit Ausdrucksformen, die blitzschnell erkannt werden, in Sprachen und Dialekten, die Informationen und Bedeutungen vermitteln, sowie extern festgelegten Symbolen, den Schriften, deren bislang einfachste und am umfassendsten zu verarbeitende Form die Digitalisierung darstellt. Mit dieser lässt sich so viel über die Menschen individuell wie über die ganze Menschheit und die übrige Natur speichern, dass sich keine Grenzen mehr abschätzen lassen. Weit konkreter als in den Vorstellungen vom Weiterleben nach dem Tode, dessen Form von höchst individuellen Wünschen vorgegeben wird, lässt sich gegenwärtig das Individuum digital speichern. Das ist zwar eine andere Form der Weiterexistenz nach dem Tode, aber dafür eine zu Lebzeiten einsehbare.

Diese Charakterisierung mag eine (zu) persönliche Betrachtungsweise darstellen, die ergänzungsbedürftig erscheint und vielleicht zu korrigieren ist, um das »Mensch sein« anders zu gewichten. Aber um die angeführten Attribute wird man nicht herumkommen, wenn es darum geht, die Zukunft der Menschen aus dem Zustand der Gegenwart zu betrachten. Wer unzutreffende Annahmen zugrunde legt, wird scheitern. Wie so viele Computermodelle unserer Zeit, die als Rechenmodelle zwar richtig funktionierten, aber nicht die geeigneten Parameter für die Fragestellungen verwendet hatten. Doch es hätte anders kommen können bei den gleichen Menschen im Verlauf des letzten Jahrhunderts. Elektroautos sind keine neue Erfindung unserer Zeit. Prototypen gab es schon, als man anfing, mit elektrischem Licht die Wohnungen, Straßen und Arbeitsstätten zu beleuchten. Die Weichenstellungen für die weiteren Entwicklungen waren nicht unvermeidlich. Aber im Falle der Autos fielen sie zu kurzsichtig aus. Wie auch in der Energieversorgung. Wäre sie beim elektrischen Strom von vornherein ähnlich dezentral angelegt worden wie bei der Heizung der Häuser und könnten Photovoltaikanlagen direkt privat versorgen und müssten nicht in die Netze einspeichern, wäre die Akzeptanz der Elektromobilität ungleich größer geworden, und sie müsste nicht über finanzielle (Kurzzeit-)Anreize gefördert werden. Die Menschen entscheiden egoistisch und auf kurze Sicht, wo immer das geht, nicht im Interesse von vielleicht gar nicht vorhandenen Kindeskindern.

Die Natur der Menschen umfassend zu berücksichtigen gibt Hoffnung. Jedoch nur, wenn Alternativen hinreichend losgelöst von privatwirtschaftlichen Interessen überprüft und Entscheidungen unabhängig davon gefällt werden könn(t)en. Genau hier müsste der angeblich so »freie Westen« sich frei machen von den erpresserischen Einflüssen von Großkonzernen, Wirtschaftsinteressen und Ideologien. Denn solange die Vorteile für einige wenige die politischen Weichenstellungen bestimmen, geraten die Interessen des Gemeinwohls zwangsläufig ins Hintertreffen.

Das Jahrtausendprojekt der Aufklärung, englisch mit *Enlightment* viel treffender benannt, weil den geistig bevormundeten Menschen das Licht aufgehen sollte, ist längst noch nicht vollzogen. Es stockt seit gut einem Jahrhundert. Vielleicht käme mehr Licht aus dem (fernen) Osten, so der Westen die Polarisierung überwindet und das für die Gesellschaft Gute, ja Unentbehrliche von dort zu übernehmen bereit wäre, anstatt alles pauschal abzulehnen, nur weil es aus dem Osten stammt. Auf gleiche Weise lehnt man andernorts fundamentalistisch ab, was aus dem Westen kommt. Wir machen diese Polarisierung in vielen Fällen kritiklos mit, wohl wissend, dass auch in unserem Westen die Fundamentalisten überproportional viel Einfluss haben. Bis in die gerade wieder mit unmenschlicher Brutalität tobenden Kriege. »America first« irritiert, als ob es je anders gewesen wäre und obgleich es doch selbstverständlich ist, die Interessen des eigenen Landes über die anderer Länder zu stellen. Die nationalen Abwandlungen davon sind nicht mehr tabuisiert. Abhängig zu sein und sich geschützt zu wissen, das war zu bequem. Sich weiter anzudienen verstärkt lediglich die Verwundbarkeit. Musterknaben werden bekanntlich nicht die Selbstständigsten. Um es hart auszudrücken: Anpassung ist ein Prozess über Generationen, kein Zunicken in einem kritischen Moment. Unsere Single-Gesellschaften sind dazu kaum mehr in der Lage, denn sie leben zu sehr in der Gegenwart, nicht orientiert auf die Zukunft über Kindeskinder. Diese Zukunft verblasst in Single-Gesellschaften im Vergehen der Gegenwart. Andere Gesellschaften werden gestalten, was kommt. Die Selbstverwirklichten braucht das nicht zu stören. Sie haben ihr Leben so weit wie möglich gelebt.

Ausblick

Klingt dies zu negativ? Mag sein. Aber ist bei realistischer Betrachtung der Lage der Menschheit Optimismus angebracht? Blicken wir für den Ausblick eineinhalb Jahrhunderte zurück in die Zeit vor Ausbruch des Ersten Weltkriegs. Da hat man wissenschaftliche Entdeckungen gemacht, von deren Früchten wir zehren. Die europäische Herrschaft über die Welt befand sich am Höhepunkt. Noch war die Doppelkatastrophe beider Weltkriege nicht zu ahnen. In Fernost stieg Japan zu einer Weltmacht auf und besiegte in einem kurzen, vergleichsweise konventionellen Krieg das noch zaristische Russland, also eine europäische Macht. China war so gut wie wehrlos, Indien ebenfalls. Beide waren nicht in der Lage, ihr Potenzial an Menschen auszuspielen. Die USA hatten sich nach überwundenem Bürgerkrieg als die Großmacht des neuen Westens etabliert. Wer hätte damals, sagen wir ums Jahr 1900, den Zustand der Welt voraussagen können, in dem sich diese eineinhalb durchschnittliche Menschenalter danach, Anfang des 21. Jahrhunderts, befindet? Es braucht nicht wiederholt zu werden, was in den Jahrzehnten nach 1900 geschah und gänzlich neue Zustände hervorbrachte. Das politische System der »Weltmächte« war erstarrt in gegenseitiger Konkurrenz und in Misstrauen. Es erwies sich ohne Gewalt als nicht erneuerungsfähig. Mussten so viele Millionen Menschen in den beiden folgenden globalen Kriegen getötet und so viel vernichtet werden, damit Erneuerung möglich wurde und sich unser gegenwärtiger Wohlstand entwickeln konnte? Das ist die zentrale Frage, zu der sich alles verdichtet, was über den Menschen ausgebreitet wurde, alles Biologische, Psychologische, Ökonomische, Politische und Religiöse. Im letzten Jahrhundert äußerte sich bereits alles, was zum »Mensch sein« gehört, auch all das Gute und Schöne. Nehmen wir an, dass der Mensch im 21. Jahrhundert nicht anders sein wird, führt dies zu dem Schluss, dass die Menschheit auf jeden Fall überlebt, trotz Klimawandel und Fundamentalismus, wirtschaftlicher Ungleichheiten und nationaler Spannungen. Aber auch, dass die Zukunft anders sein wird als unsere Gegenwart. Ob uns das passt oder nicht. Zukünftige Generationen werden sie wahrscheinlich für eine schöne Welt halten, weil es ihre ist. Vielleicht wird Künstliche Intelligenz meistern, was unserer eigenen nicht gelang. Jedenfalls können wir mit Sicherheit davon ausgehen, dass die virtuelle Welt über das Internet in vielen Bereichen des menschlichen Lebens bestimmend werden wird. Und dass die Menschen selbst pragmatischer auf Änderungen und neue Herausforderungen reagieren werden als die politischen Systeme, denen sie ausgesetzt sind.

Nachwort mit Dank

Das Zustandekommen eines Buches lässt sich rückblickend zwar begründen, aber damit nicht vollends erklären. Unterschiedlichste Entwicklungen wirkten zusammen, ohne dass anfangs ein bestimmtes Ergebnis geplant war. Insofern entspricht dies dem allgemeinen historisch-evolutionsbiologischen Geschehen. Dessen große Züge kommen aus unüberschaubaren Mengen kleiner und kleinster Vorgänge zustande. Sie sind kaum jemals die Resultate großer Würfe, die geplant aussehen, wie oberflächliche Betrachtung den Anschein erweckt, sondern stets das vorläufige Ergebnis vielfältiger Veränderungen. Werden Befunde und Überlegungen gedruckt, entsteht der trügerische Schein des Fertigen. Neue Befunde und veränderte Sichtweisen bedingen Korrekturen, so diese den sachlich-kritischen Diskussionen standhalten. Naturwissenschaft ist der Prozess fortschreitender Annäherung an die Wirklichkeit, auch an vergangene Wirklichkeiten, nicht die Suche nach »letzten Wahrheiten«. Mit solchen, zumal mit vermeintlich unumstößlichen Gewissheiten, gerät die Naturwissenschaft häufig in Konflikte. Das war auch bei der Erstellung der gegenwärtigen Fassung dieses Buches so. Doch mit großem Geschick und immensem Engagement ist es meinem Agenten Dr. Martin Brinkmann, dem Initiator dieser in Teil I umfassend überarbeiteten Neufassung des 1990 erschienenen Vorgängerbuches *Das Rätsel der Menschwerdung* und der weit darüber hinausgehenden Teile II und III, schließlich gelungen, die entstandenen Konflikte zu lösen. Dafür danke ich ihm ganz besonders. Großer Dank auch für alle Verbesserungen!

Den Hintergrund der neuen Teile II und III bilden meine jahrzehntelangen Beschäftigungen mit den biologischen Besonderheiten des Menschen, erweitert und vertieft durch umfangreiche Erfahrungen mit Menschen anderer Kulturen. Indios in Amazonien, in Peru und im Gran Chaco offenbarten mir in ergreifend freundschaftlicher Offenheit Facetten ihres Menschseins, wie auch viele Menschen in Großstädten

Brasiliens und auf dem Land, im »Interior«, sowie in anderen Ländern Südamerikas, Afrikas, Südasiens und Australiens oder in abgelegenen Regionen Südosteuropas. Allen, mit denen ich zusammentraf, würde ich nur allzu gern nochmals persönlich danken. Sie relativierten und korrigierten meine ursprünglich sehr eurozentrische Sicht. Die Grundlagen zur Offenheit hatte allerdings bereits in den 1970er- und 1980er-Jahren die Vergleichende Verhaltensforschung mit den Kreisen um Konrad Lorenz und Otto Koenig gelegt, als ich noch Studierender bzw. gerade fertiger junger Biologe war.

Die weitaus nachhaltigste Weitung und Vertiefung meiner Sicht vermittelte mir meine Frau Miki Sakamoto-Reichholf. Sie hat alles, was Frauen betrifft, einer kritischen Betrachtung unterzogen oder an zahlreichen Stellen ergänzend hinzugefügt, wo das Weibliche in meinen Textentwürfen unterrepräsentiert schien. In wesentlichen Teilen ist das Buch daher ein Gemeinschaftswerk mit ihr. Als Japanerin war und ist ihr der übersteigerte Individualismus des »Westens« wesensfremd, mit dem man sich hemmungslos über die Notwendigkeiten der Gesellschaft hinwegsetzt, gleichwohl von dieser alles (Un-)Mögliche fordert, ohne selbst Angemessenes geleistet zu haben. Die japanische Gesellschaft oder auch China werden »im Westen« sehr einseitig dargestellt, weil das, was dort geschieht, vielfach nicht in das Schema passt, das hier »die einzig richtige Sicht« vorschreibt. Unsere Gesellschaften waren vor einem halben Jahrhundert – der großen Zeit der Vergleichenden (biologischen) Verhaltensforschung – viel offener und freier als gegenwärtig. Sie waren bei Weitem nicht so dogmatisch zerrissen und gespalten. Daher schienen mir die Ausführungen in den Teilen II und III zu einem Buch über die Menschen und ihre Natur geboten, wenngleich oder gerade weil sie in wesentlichen Aspekten nicht dem Mainstream folgen. Wo meine Sicht zu pessimistisch wirkt, würde mich nichts mehr freuen, als mich geirrt zu haben und eines (wirklich) Besseren belehrt zu werden.

Als unmittelbar am Ende des Zweiten Weltkriegs Geborener hatte ich das Glück, in Mitteleuropa nunmehr 80 Jahre in einer Zeit des Friedens mit zunehmendem Wohlstand gelebt zu haben. Es ist mir unbegreiflich, dass jetzt so viele, ja immer mehr Mitmenschen dieses Erreichte mit ihrem dogmatischen Eifer aufs Spiel setzen und es partiell bereits ruiniert haben. Die überfälligen »neuen 10 Gebote« mit für alle verbindlichen Menschenpflichten, die unserer Zeit angemessen wären, sind nicht in Sicht. Umso stärker schwellen Gesetze und Verordnungen zu hemmenden Paragrafendschungeln an. Ihre Menge steht in umgekehrtem Verhältnis zum gesellschaftlichen Zusammenhalt.

Die Zukunft wird spannend – wie jede Zukunft zu jeder Zeit! Großen Dank allen, die mich auf meinen gewiss nicht immer einfachen Wegen begleitet haben. Ihr wohlwollendes Wirken hat uns, hat meine Frau und mich, getragen und bestärkt!

Sommersonnenwende 2025

Literatur

Zur Evolution des Menschen und zur Lage der Menschheit in unserer Zeit gibt es eine solche Fülle von Publikationen, dass wohl niemand in der Lage ist, sie zu überblicken und auszuwerten, zumal sie in den unterschiedlichsten Sprachen erschienen sind. Jede Auswahl fällt dementsprechend hochgradig selektiv aus, beeinflusst von eigenen Bewertungen und Neigungen. Diese Gegebenheit kann man mit der Erstellung eines sehr umfangreichen Literaturverzeichnisses verschleiern, was bekanntlich keineswegs bedeutet, dass alles Zitierte gleichermaßen gründlich ausgewertet worden ist. Deshalb hier vorab die Klarstellung, dass mir die aufgeführten Werke zugesagt und viel Anregung gegeben haben, auch wenn meine Schlüsse nicht in deren Sinne ausgefallen sind. Es waren auch nicht immer die neuesten Bücher, die sich als besonders gehaltvoll und längerfristig beständig erwiesen. Manch ältere und alte Werke verdienten viel mehr Beachtung. Allzu viel wird »neu entdeckt«, insbesondere wenn das bereits Vorhandene nicht in der gegenwärtig dominanten Wissenschaftssprache veröffentlicht worden ist. Die einzige große Ausnahme bilden die Werke von Charles Darwin. Nicht weil sie auf Englisch erschienen sind, sondern auch weil sie nicht der insbesondere in Deutschland praktizierten, ikonoklastischen Demontage zum Opfer fielen, der von Ernst Haeckel bis zu den Verhaltensforschern um Konrad Lorenz so viele ausgesetzt waren, die in ihrer Zeit Grundlegendes zu Evolution, Ökologie und Geschichte erarbeitet hatten. Daher betone ich, wie wichtig die zitierten Werke für mich waren. Ich bin allen und den vielen nicht angeführten sehr dankbar!

Eigene Publikationen mit Bezug auf den Text

Reichholf, Josef H., Das Rätsel der Menschwerdung. München 1990.

Reichholf, Josef H., Die falschen Propheten. Unsere Lust an Katastrophen. Berlin 2002.

Reichholf, Josef H., Der Tanz um das goldene Kalb. Der Ökokolonialismus Europas. Berlin 2004.

Reichholf, Josef H., Die Zukunft der Arten. München 2005.

Reichholf, Josef H., Eine kurze Naturgeschichte des letzten Jahrtausends. Frankfurt 2007.

Reichholf, Josef H., Warum die Menschen sesshaft wurden. Das größte Rätsel unserer Geschichte. Frankfurt 2008.

Reichholf, Josef H., Warum wir siegen wollen. Der sportliche Ehrgeiz als Triebkraft in der Evolution des Menschen. Frankfurt 2009.

Reichholf, Josef H., Der Tropische Regenwald. Die Ökobiologie des artenreichsten Naturraums der Erde. Frankfurt 2010.

Reichholf, Josef H., Der Ursprung der Schönheit. München 2011.

Reichholf, Josef H., Mein Leben für die Natur. Auf den Spuren von Evolution und Ökologie. Frankfurt 2015.

Allgemeine Publikationen

Aiello, Leslie und Christopher Dean, An Introduction to Human Evolutionary Anatomy. London 1990.
Angier, Natalie, Frau. Eine intime Geographie des weiblichen Körpers. München 2000.
Bannlard, Michel, Europa von der Spätantike zum frühen Mittelalter. München 1993.
Behringer, Wolfgang, Kulturgeschichte des Klimas. Von der Eiszeit bis zur globalen Erwärmung. München 2007.
Bickerton, Derek, Language & Species. Chicago 1990.
Bischof, Norbert, Das Rätsel Ödipus. München 1985.
Bischof-Köhler, Von Natur aus anders. Die Psychologie der Geschlechtsunterschiede. Stuttgart 2004.
Blom, Philipp, Die Welt aus den Angeln. Eine Geschichte der Kleinen Eiszeit von 1570 bis 1700. München 2017.
Boyer, Pascal, Minds Make Societies. How Cognition Explains the World Humans Create. New Haven 2018.
Bribiescas, Richard G., How Men Age. What Evolution Reveals About Male Health and Mortality. Princeton, N. J. 2016.
Brockhaus Redaktion Hrsg., Die Zukunft unseres Planeten. Leipzig 2000.
Butzkamm, Wolfgang und Jürgen, Wie Kinder sprechen lernen. Kindliche Entwicklung und Sprachlichkeit des Menschen. Tübingen 1999.
Campbell, Bernard, Ökologie des Menschen. München 1985.
Christian, David, Big History. Die Geschichte der Welt – vom Urknall bis zur Zukunft der Menschheit. München 2018.
Clara, Max, Entwicklungsgeschichte des Menschen. Leipzig 1938.
Corballis, Michael C., The Lopsided Ape. Evolution of the Generative Mind. Oxford 1991.
Darwin, Charles, Die Abstammung des Menschen. Ausgabe Wiesbaden 1992.
Diamond, Jared, Der dritte Schimpanse. Evolution und Zukunft des Menschen. Frankfurt 1992.
Diamond, Jared, Arm und reich. Die Schicksale menschlicher Gesellschaften. Frankfurt 1998.
Diamond, Jared, Kollaps. Warum Gesellschaften überleben oder untergehen. Frankfurt 2005.
Diamond, Jared, Vermächtnis. Was wir von traditionellen Gesellschaften lernen können. Frankfurt 2012.
Diamond, Jared, Krise. Wie Nationen sich erneuern können. Frankfurt 2019.
Dunbar, Robin, Klatsch und Tratsch. Wie der Mensch zur Sprache fand. München 1996.

Dunbar, Robin, Human Evolution. London 2014.
Easterbrook, Gregg, Warum die Welt einfach nicht untergeht. Sieben Endzeitszenarien und wie wir sie abwenden können. München 2019.
Ebeling, Werner, Andreas Egel und Rainer Feistel, Physik der Evolutionsprozesse. Berlin 1990.
Ehrenreich, Barbara, Blutrituale. Ursprung und Geschichte der Lust am Krieg. München 1997.
Eibl, Karl, Kultur als Zwischenwelt. Eine evolutionsbiologische Perspektive. Frankfurt 2009.
Eibl-Eibesfeldt, Irenäus, Die !Ko-Buschmann-Gesellschaft, Gruppenbindung und Aggressionskontrolle. München 1972.
Eibl-Eibesfeldt, Irenäus, Menschenforschung auf neuen Wegen. Die naturwissenschaftliche Betrachtung kultureller Verhaltensweisen. Wien 1976.
Eibl-Eibesfeldt, Irenäus, Die Biologie des menschlichen Verhaltens. München 1984.
Eibl-Eibesfeldt, Irenäus, Der Mensch – Das riskierte Wesen. München 1988.
Eibl-Eibesfeldt, Irenäus, Grundriß der vergleichenden Verhaltensforschung. München 1999.
Falk, Dean, Wie der Mensch zur Sprache fand. Mütter, Kinder und der Ursprung des Sprechens. München 2009.
Fausto-Sterling, Anne, Gefangene des Geschlechts? Was biologische Theorien über Mann und Frau sagen. München 1985.
Ferguson, Niall, Der Niedergang des Westens. Wie Institutionen verfallen und Ökonomien sterben. Berlin 2013.
Finetti, Fabrizio, Menschen. Wiesbaden 2007.
Fink, Sebastian und Robert Rollinger Hrsg., Oswald Spenglers Kulturmorphologie. Wiesbaden 2018.
Flügel, Bernd, Holle Greis und Karl Sommer, Anthropologischer Atlas. Grundlagen und Daten. Berlin 1986.
Förstl, Hans Hrsg., Theory of Mind. Neurobiologie und Psychologie sozialen Verhaltens. Heidelberg 2007.
Freedman, Paul, Why Food Matters. New Haven 2021.
Friday, Nancy, Eifersucht. Die dunkle Seite der Liebe. Frankfurt 1993.
Fukuyama, Francis, The End of History and the Last Man. New York 1992.
Gabriel, Markus, Der Mensch als Tier. Warum wir trotzdem nicht in die Natur passen. Berlin 2023.
Gazzaniga, Michael S., Wann ist der Mensch ein Mensch? Antworten der Neurowissenschaft auf ethische Fragen. Düsseldorf 2007.
Glaubrecht, Matthias, Das Ende der Evolution. Der Mensch und die Vernichtung der Arten. München 2019.
Goodall, Jane, Wilde Schimpansen, Reinbek bei Hamburg 1971.
Goodall, Jane, The Chimpanzees of Gombe. Patterns of Behavior. Boston 1986.
Goudsblom, Johan, Die Entdeckung des Feuers. Frankfurt 1995.

Gould, Stephen J., The Structure of Evolutionary Theory. Cambridge, Mass. 2002.
Griffin, John und Mary, Ein Prozent Vorteil. Wie wenig uns vom Affen trennt. Basel 1998.
Grober, Ulrich, Der leise Atem der Zukunft. München 2016.
Haeckel, Ernst, Die Welträtsel. Ausgabe Leipzig 1919.
Harari, Yuval N., Eine kurze Geschichte der Menschheit. München 2013.
Harari, Yuval N., 21 Lektionen für das 21. Jahrhundert. München 2020.
Hardin, Garrett, Exploring New Ethics for Survival. New York 1972.
Harris, Marvin, Menschen. Wie wir wurden, was wir sind. Stuttgart 1991.
Hassenstein, Bernhard, Verhaltensbiologie des Kindes. München 1987.
Henke, Anja, Wachstum in gesättigten Märkten. Wiesbaden 2015.
Hooton, Earnest A., Up from the Ape. New York 1946.
Hrdy, Sarah B., Mutter Natur. Die weibliche Seite der Evolution. Berlin 2000.
Hrdy, Sarah B,. Mütter und Andere. Berlin 2010.
Hrdy, Sarah B., Father Time. A Natural History of Men and Babies. Princeton, N. J. 2023.
Hsü, Kenneth J., Klima macht Geschichte. Menschheitsgeschichte als Abbild der Klimaentwicklung. Zürich 2000.
Huizinga, Johan, Homo ludens. Vom Ursprung der Kultur im Spiel. Reinbek bei Hamburg 1987.
Hunt, Morton, Das Rätsel der Nächstenliebe. Der Mensch zwischen Egoismus und Altruismus. Frankfurt 1992.
Hutchinson, G. Evelyn, The Ecological Theatre and the Evolutionary Play, New Haven, CT, 1965.
Jones, Steve, Der Mann. Ein Irrtum der Natur? Reinbek bei Hamburg 2003.
Kaplan, Leon, Das Mona Lisa Syndrom. Düsseldorf 1990.
Kauffman, Stuart A., Reinventing the Sacred. A New View of Science, Reason, and Religion. New York 2008.
Klaatsch, Hermann, Der Werdegang der Menschheit und die Entstehung der Kultur. Berlin 1922.
Koenig, Otto, Kultur und Verhaltensforschung. München 1970.
Kolbert, Elizabeth, Wir Klimawandler. Wie der Mensch die Natur der Zukunft erschafft. Berlin 2021.
Kotrschal, Kurt, Mensch. Woher wir kommen, wer wir sind, wohin wir gehen. Wien 2019.
Krause, Johannes mit Thoas Trappe, Die Reise unserer Gene. Eine Geschichte über uns und unsere Vorfahren. Berlin 2020.
Lehmann, Christian, Der genetische Notenschlüssel. Warum Musik zum Menschsein gehört. München 2010.
Lewis, Michael, Scham. Annäherung an ein Tabu. Hamburg 1993.
Lieberman, Daniel, The Story of the Human Body, Evolution, Health and Disease. New York 2013.
Lieberman, Daniel, Exercised. The Science of Physical Activity, Rest and Health. New York 2020.

Liedtke, Max Hrsg., Kulturethologie. Über Grundlagen kultureller Entwicklungen. München 1994.
Lomborg, Bjorn, Klimapanik. Warum uns eine falsche Klimapolitik Billionen kostet und den Planeten nicht retten wird. München 2022.
Lorenz, Konrad, Das sogenannte Böse. Zur Naturgeschichte der Aggression. Wien 1963.
Lorenz, Konrad, Die acht Todsünden der zivilisierten Menschheit. München 1973.
Lorenz, Konrad, Der Abbau des Menschlichen. München 1983.
Lorenz, Konrad und Paul Leyhausen, Antriebe tierischen und menschlichen Verhaltens. München 1968.
Losos, Jonathan B. ed., The Princeton Guide to Evolution. Princeton, N. J. 2014.
Losos, Jonathan B., Glücksfall Mensch. Ist Evolution vorhersagbar? München 2018.
Maaz, Hans-Joachim, Der Lilith Komplex. Die dunklen Seiten der Mütterlichkeit. München 2005.
MacNeill, John R., Blue Planet. Die Geschichte der Umwelt im 20. Jahrhundert. Frankfurt 2000.
Markl, Hubert, Evolution, Genetik und menschliches Verhalten. München 1986.
McCrone, John, Als der Affe sprechen lernte. Die Entwicklung des menschlichen Bewusstseins. Frankfurt 1992.
McNeill, Daniel, Das Gesicht. Eine Kulturgeschichte. Wien 2001.
Mitscherlich, Alexander, Auf dem Weg zur vaterlosen Gesellschaft. München 1963.
Moffett, Mark W., Was uns zusammenhält. Eine Naturgeschichte der Gesellschaft. Frankfurt 2019.
Morgan, Elaine, The Aquatic Ape Hypothesis. London 1997.
Mörike, Klaus D. und Walter Mergenthaler, Biologie des Menschen. Heidelberg 1959.
Morris, Desmond, Der nackte Affe. München 1968.
Nicolis, Grégoire und Ilya Prigogine, Die Erforschung des Komplexen. Der Weg zu einem neuen Verständnis der Naturwissenschaften. München 1987.
Niemitz, Carsten, Das Geheimnis des aufrechten Gangs. Unsere Evolution verlief anders. München 2004.
Olson, Steve, Herkunft und Geschichte des Menschen, Was die Gene über unsere Vergangenheit verraten. Berlin 2003.
Ostler, Nicholas, Empires of the Word. A Language History of the World. New York 2005.
Owens, Mark und Delia, Der Ruf der Kalahari. München 1987.
Paglia, Camille, Die Masken der Sexualität. Berlin 1992.
Popper, Karl R., Auf der Suche nach einer besseren Welt. München 1984.
Popper, Karl R. und John C. Eccles, Das Ich und sein Gehirn. München 1977.
Preger, Anne, Globale Überdosis. Stickstoff, die unterschätzte Gefahr für Umwelt und Gesundheit. Köln 2022.
Prinzinger, Roland, Das Geheimnis des Alterns. Die programmierte Lebenszeit bei Mensch, Tier und Pflanze. Frankfurt 1996.
Radkau, Joachim, Die Ära der Ökologie. Eine Weltgeschichte. München 2011.

Rensch, Bernhard, Biophilosophie auf erkenntnistheoretischer Grundlage, Stuttgart 1968.
Ridley, Matt, Eros und Evolution. Die Naturgeschichte der Sexualität. München 1985.
Ridley, Matt, Die Biologie der Tugend. Warum es sich lohnt, gut zu sein. Berlin 1997.
Riedl, Rupert, Die Ordnung des Lebendigen. Systembedingungen der Evolution. Hamburg 1975.
Riedl, Rupert, Evolution und Erkenntnis. München 1982.
Rutherford, Adam, Eine kurze Geschichte von jedem, der jemals gelebt hat. Reinbek bei Hamburg 2018.
Rutherford, Adam, The Book of Humans. The Story of How We Became Us. London 2018.
Safina, Carl, Beyond Words. What Animals Think and Feel. New York 2015.
Sapolsky, Robert, Behave. The Biology of Humans at Our Best or Worse. London 2017.
Schönwiese, Christian, Klimaänderungen. Daten, Analysen, Prognosen. Heidelberg 1995.
Schulze, Gerhard, Die beste aller Welten. Wohin bewegt sich die Gesellschaft im 21. Jahrhundert? München 2003.
Schulze-Westrum, Thomas, Biologie des Friedens. Auf dem Weg zu solidarischem Verhalten. München 1974.
Schuman, Michael, Die ewige Supermacht. Eine chinesische Weltgeschichte. Berlin 2021.
Sherratt, Thomas und David M. Wilkinson, Big Questions in Ecology and Evolution. Oxford 2009.
Shipman, Pat, The Invaders. How Humans and Their Dogs Drove Neanderthals to Extinction. Cambridge, Mass. 2015.
Slimak, Ludovic, The Naked Neanderthal. Dublin 2022.
Sommer, Karl, Der Mensch. Anatomie, Physiologie, Ontogenie. Berlin 1984.
Sommer, Volker, Wider die Natur? Homosexualität und Evolution. München 1990.
Sommer, Volker, Lob der Lüge. Täuschung und Selbstbetrug bei Tier und Mensch. München 1992.
Steinig, Wolfgang, Als die Wörter tanzen lernten. Ursprung und Gegenwart der Sprache. Heidelberg 2007.
Sterne, Carus, Werden und Vergehen. Eine Entwicklungsgeschichte des Naturganzen. Berlin 1906.
Stringer, Chris und Robin McKie, Afrika, Wiege der Menschheit. Die Entstehung, Entwicklung und Ausbreitung des Homo sapiens. München 1996.
Strum, Shirely C., Leben unter Pavianen. Wien 1990.
Suddendorf, Thomas, The Gap. The Science of What Separates Us From Other Animals. New York 2013.
Suzman, James, Affluence without Abundance. The Disappearing World of the Bushmen. New York 2017.
Symons, Donald, The Evolution of Human Sexuality. Oxford 1979.

Tattersall, Ian und Rob Desalle, The Accidental Homo Sapiens. Genetics, Behavior, and Free Will. New York 2019.
Thompson, William I., Der Fall in die Zeit. Mythologie, Sexualität und der Ursprung der Kultur. München 1985.
Waal, Frans de, Der Affe und der Sushimeister. Das kulturelle Leben der Tiere. München 2002.
Wangenheim, Thomas, Kultur und Ingenium, Eine fraktale Geometrie der Weltgeschichte. Waltersdorf 2013.
Wendt, Herbert und Norbert Loacker Hrsg., Kindlers Enzyklopädie. Der Mensch, München 1983.
Westerman, Frank, Was uns zu Menschen macht. Berlin 2020.
Wilczek, Frank, A Beautiful Question. Finding Nature's Deep Design. New York 2015.
Wilkinson, Richard und Kate Pickett, The Spirit Level. Why Equality is Better for Everyone. New York 2010.
Wills, Christopher, Das vorauseilende Gehirn. Die Evolution der menschlichen Sonderstellung. Frankfurt 1996.
Wilson, Edward O., Sociobiology. The New Synthesis. Cambridge, Mass. 1975.
Wilson, Edward O., Biophilia. The human bond with other species. Cambridge, Mass. 1984.
Wilson, Edward O., Der Wert der Vielfalt. Die Bedrohung des Artenreichtums und das Überleben der Menschen. München 1992.
Wilson, Edward O., Die Einheit des Wissens. Berlin 1998.
Wilson, Edward O., Die Zukunft des Lebens. Berlin 2002.
Wilson, Edward O., Half Earth. Our Planet's Fight for Life. New York 2016.
Wobser, Florian Hrsg., Anthropozän. Frankfurt 2024.
Wrangham, Richard, Feuer fangen. Wie uns das Kochen zum Menschen machte – eine neue Theorie der menschlichen Evolution. München 2009.
Wrangham, Richard, Die Zähmung des Menschen. Warum Gewalt und friedlicher gemacht hat. Eine neue Geschichte der Menschwerdung. München 2019.
Wuketits, Franz M., Verdammt zur Unmoral? Zur Naturgeschichte von Gut und Böse. München 1993.
Wuketits, Franz, Warum uns das Böse fasziniert. Stuttgart 2000.
Wulf, Christoph Hrsg., Der Mensch und seine Kultur (Vom Menschen. Handbuch historische Anthropologie). Weinheim 1997 / Köln 2010.

Register